23. 5. 2013

Jürgen Ehlers
Die Nordsee

Jürgen Ehlers

Die Nordsee

Vom Wattenmeer
zum Nordatlantik

Die Deutsche Nationalbibliothek verzeichnet diese Publikation
in der Deutschen Nationalbibliografie; detaillierte bibliografische Daten
sind im Internet über http://dnb.d-nb.de abrufbar.

© 2008 by WBG (Wissenschaftliche Buchgesellschaft), Darmstadt
Die Herausgabe des Werkes wurde durch die Vereinsmitglieder
der WBG ermöglicht.
Redaktion: Christiane Martin, Köln
Layout und Prepress: schreiberVIS, Seeheim
in Zusammenarbeit mit Elke Göpfert, Mörlenbach–Weiher
Gedruckt auf säurefreiem und alterungsbeständigem Papier
Printed in Germany

Besuchen Sie uns im Internet: www.primusverlag.de

ISBN 978-3-89678-638-8

Inhalt

Vorwort

Meine Neugier auf das Meer und die Küste weckte „Oma" Allrutz, eine alte Dame, die in meiner Kindheit bei uns zu Hause zur Untermiete wohnte und die mir Geschichten erzählte von ihrem Mann, dem Kapitän, und von ihrer Reise mit der „Ubena" nach Südafrika. Damals war ich sicher, dass auch ich Kapitän werden würde. Doch das geriet in der Schulzeit in Vergessenheit.

Mein Geographiestudium hat mich dann dem Meer und der Küste wieder nähergebracht. Zusammen mit meinem Lehrer, Prof. Dr. Horst Mensching, hatte ich die Gelegenheit, die Geomorphologische Karte 1 : 25.000 Blatt Wangerooge zu erarbeiten. Das Wattenmeer ließ mich nicht mehr los, und so konnte ich 1988 „The Morphodynamics of the Wadden Sea" veröffentlichen.

Seit meinem Studium habe ich an vielen Tagungen der „Arbeitsgemeinschaft Norddeutscher Geologen" teilgenommen, in denen häufig Fragen der Küstenmorphologie und des Küstenschutzes zur Sprache kamen. Heute bin ich beim Geologischen Landesamt Hamburg beschäftigt. Meine Hauptaufgabe dort ist die geologische Landesaufnahme. Da der Untergrund Hamburgs im Wesentlichen durch die Eiszeiten geprägt worden ist, liegt hier der Schwerpunkt auf der Quartärforschung, die sich mit den jüngsten geologischen Vorgängen befasst. Während des Quartärs sind die heutigen Küstenformen entscheidend geprägt worden. Diesen geologischen Vorgängen konnte ich im Bereich der englischen Küste während eines sechsmonatigen Forschungsaufenthaltes in Cambridge nachgehen.

England ist auch das klassische Land der Krimis, der „mysteries". Auch in der geowissenschaftlichen Forschung geht es darum, Rätsel zu lösen und aus unscheinbaren Indizien zu rekonstruieren, wie sich zum Beispiel die Küste im Laufe der Jahrhunderte verändert hat. Der Spionageroman „Das Rätsel der Sandbank" von Erskine Childers stellt die Verbindung zwischen Fantasie und Wirklichkeit her.

Als Wolfram Schwieder von der WBG mich im Herbst 2005 angesprochen und gefragt hat, ob ich bereit wäre, ein Buch über die Nordsee zu schreiben, habe ich gern zugestimmt. Das Projekt hat meiner Familie und mir eine Reihe interessanter Aufenthalte an den Küsten der Nordsee beschert, und ich danke meiner Frau Uta und den Kindern Ann-Kathrin und Jan-Erik für ihr Engagement und ihre Unterstützung.

Die meisten Fotos in diesem Buch habe ich selbst aufgenommen. Wichtige Aufnahmen stammen auch von Simon Kench, Mike Page, Katja Rohmann und Wolfram Schwieder. Ashley Sampson aus North Walsham stellte mir ein Video über die Küstenentwicklung in Norfolk zur Verfügung. Dem Eigentümer der zum Untergang verurteilten Intack Farm südlich von Withernsea, Yorkshire, danke ich für die Hilfe und die Bereitstellung von Unterlagen über den Uferabbruch. Von Holger Weitzel, Aufwind Luftbilder, stammen die Schrägluftbilder von der deutschen Küste. Dr. Hans-Georg Carls, Luftbilddatenbank Würzburg, hat freundlicherweise die beiden historischen Luftbilder von 1945 besorgt.

Wichtig waren die Diskussionen mit zahlreichen Fachkollegen, von denen ich an dieser Stelle Prof. Dr. Dieter Kelletat, Universität Duisburg-Essen, sowie Dr. Hansjörg Streif und Dr. Jobst Barckhausen, beide vom früheren Niedersächsischen Landesamt für Bodenforschung, Hannover, besonders hervorheben möchte.

Hamburg, im April 2008
Dr. Jürgen Ehlers

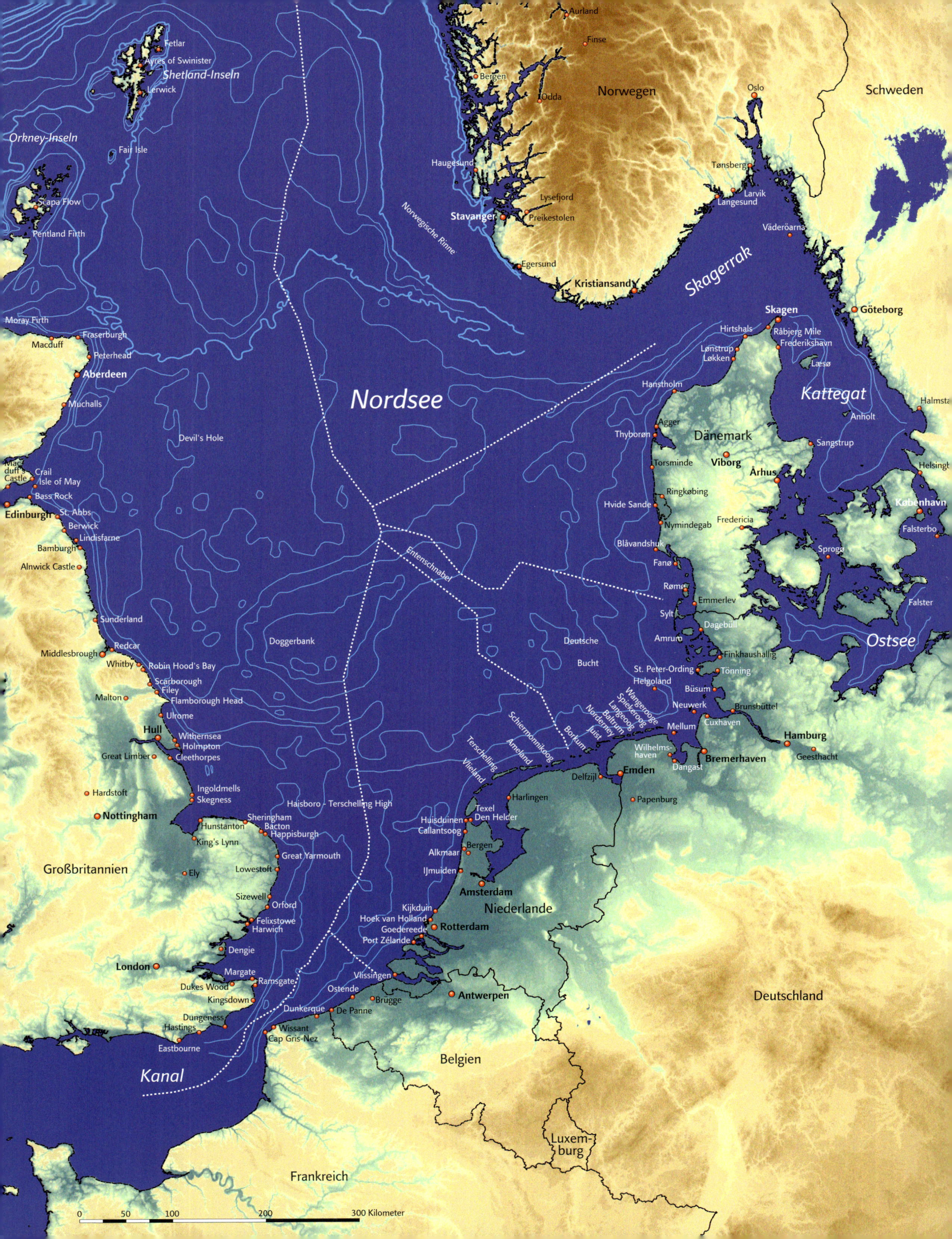

Rund um die Nordsee – ein Überblick

Abgrenzung des Gebiets

Die Nordsee ist ein Randmeer des Nordatlantiks. Im Nordwesten grenzt sie an das Norwegische Becken, das fast 4000 Meter tief ist. Als Grenze wird hier die 200-Meter-Tiefenlinie angenommen (Abb. 1.1). Sie verläuft von Schottland aus westlich der Orkney- und Shetland-Inseln bis nach Norwegen. Skagerrak und Kattegat sind Teile der Nordsee; die Abgrenzung gegen die Ostsee liegt im Bereich der dänischen Inseln Fyn und Seeland.

Die Nordsee lässt sich aufgrund ihrer **Wassertiefen** in vier große Teilbereiche untergliedern: die Nördliche Nordsee (nördlich von 57° N) mit Wassertiefen von 100 bis 200 Metern, die Norwegische Rinne mit Wassertiefen von 200 bis 700 Metern, die Mittlere Nordsee (54 bis 57° N) mit Wassertiefen von 40 bis 100 Metern und die Südliche Nordsee (südlich 54° N), die weniger als 40 Meter tief ist. Die stärksten Gezeitenströmungen treten in der Südlichen Nordsee, in der Deutschen Bucht und zwischen den Orkney- und Shetland-Inseln auf.

Die **Wassertemperatur** in der Nordsee unterliegt erheblichen jahreszeitlichen Schwankungen. Am stärksten sind diese beim Oberflächenwasser. Die größten Temperaturunterschiede weisen die Flachwassergebiete der südöstlichen Nordsee auf. Im Wattenmeer beträgt die Wassertemperatur im Winter bis zu −1 °C, im Sommer bis zu +22 °C.

In den Sommermonaten bildet sich in der Mittleren und Nördlichen Nordsee eine vertikale Temperaturschichtung mit scharfer Trennung zwischen Wassermassen unterschiedlicher Wärme – eine Thermokline – aus. In den Herbstmonaten, wenn durch den Einfluss der Stürme das Wasser bis in große Tiefe durchmischt wird, löst diese Trennschicht sich auf. Auch in horizontaler Richtung ist das Wasser der Nordsee nicht einheitlich aufgebaut. Auf Satellitenbildern ist erkennbar, dass sich an der Oberfläche immer wieder Wirbel verschiedener Größe ausbilden. Zum Teil handelt es sich um Übergangsphänomene an der Grenze zwischen verschiedenen Wassermassen, zum Teil sind es stationäre Bildungen im Bereich bestimmter Hindernisse (zum Beispiel seewärts von Flamborough Head an der englischen Ostküste).

Drei Arten von Frontensystemen können beobachtet werden:

- Gezeitenfronten, in denen das durch Tideströme durchmischte Wasser auf das geschichtete Wasser in größerer Küstenferne trifft
- Auftriebswasserfronten, die sich an der Küste bilden können, wenn ablandiger Wind das Oberflächenwasser vom Land forttreibt, sodass kaltes Tiefenwasser aufdringt
- Salinitätsfronten, die entstehen, wo geringsalziges Wasser auf Wasser mit höherem Salzgehalt trifft

Letzteres ist am deutlichsten im Kattegat der Fall. Die Frontalzonen sind gekennzeichnet durch ein starkes horizontales Temperaturgefälle.

Süßwasser wird der Nordsee nicht nur durch die Flüsse Elbe, Weser, Rhein, Maas, Schelde, Themse und Humber zugeführt, sondern in starkem Maße auch durch Überlauf aus der Ostsee. Der **Frischwasserzufluss** aus der Ostsee liegt bei 470 Kubikkilometern pro Jahr. Der Salzgehalt des Ostseewassers liegt bei 8,5 bis 10 Promille. Dem steht das Atlantikwasser mit einem Salzgehalt von über 35 Promille gegenüber. Da das Nordseewasser sich im Norden frei mit dem Atlantikwasser vermischen kann und da außerdem durch den Ärmelkanal salzhaltiges Atlantikwasser zugeführt wird, liegt der Salzgehalt des Nordseewassers nur knapp unterhalb des Atlantikwassers (34 bis 35,3 Promille).

Die geschätzten maximalen **Sturmfluthöhen** sind mit über 4,50 Metern im Bereich der Elbe- und Wesermündung am höchsten. Die größten **Wellen** treten dagegen erwartungsgemäß am äußeren nordwestlichen Rand der Nordsee auf. Hier

1.1 (linke Seite) Übersichtskarte der Nordsee.

liegen die 50-jährigen Maximalwerte bei 32 Metern und einer Frequenz von 20 Sekunden. Etwa zehn Kilometer vor der deutschen und dänischen Küste liegt die maximale Wellenhöhe immerhin noch bei 14 Metern, der Abstand zwischen den Wellen nur noch bei 15 Sekunden. Während die maximalen Sturmflutwerte für die englische Ostküste deutlich unter den Werten für die deutsche Nordseeküste liegen, erreichen die Wellen dort eine erheblich größere Höhe. Von Yorkshire bis nach Schottland ist direkt an der Küste mit Wellen von über 18 Metern Höhe zu rechnen.

Der Unterschied zwischen Niedrigwasser und Hochwasser – der **Tidenhub** – ist am größten, wenn sich die Anziehungskraft von Mond und Sonne addieren (Springtide). Im Bereich des Wattenmeeres nimmt der Springtidenhub zum Inneren der Deutschen Bucht hin zu. Er liegt jedoch deutlich unter den Werten, die im Bereich des Wash (über sechs Meter) und des Ärmelkanals (über acht Meter) erreicht werden. An der ganzen britischen Ostküste von East Anglia bis nach Schottland liegt der Springtidenhub über vier Meter. Die Tidewelle dringt von Nordwesten her in die Nordsee ein. Eine zweite, geringere Tidewelle stößt gleichzeitig durch den Kanal nach Nordosten vor. Durch das Zusammenspiel dieser Gezeitenwellen kommt es in der Nordsee zur Ausbildung einer Drehtide, die sich um drei Zentren dreht. Im Bereich dieser Amphidromien ist der Tidenhub null.

Der Meeresboden der Nordsee ist überwiegend flach. An größeren morphologischen Besonderheiten sind die Doggerbank und die Norwegische Rinne zu nennen. Die Doggerbank ist ein ausgedehntes Endmoränengebiet in der Mittleren Nordsee mit Wassertiefen von 13 bis 20 Metern, die Norwegische Rinne ein bis zu über 700 Meter tiefer Einschnitt, der sich vom Kattegat entlang der norwegischen Küste bis auf die Höhe von Ålesund verfolgen lässt, wo er am Kontinentalrand ausläuft.

Satellitenbilder

Außer Karten und Luftbildern stehen heute für geographische Fragestellungen verschiedene Satellitenbilder zur Verfügung. Für dieses Buch wurden zwei Arten von Aufnahmen genutzt:

- **LANDSAT7 ETM+** = *Enhanced Thematic Mapper*. Der Satellit wurde am 15.4.1999 gestartet. Er zeichnet sechs Kanäle im sichtbaren und infraroten Bereich auf (30 Meter Auflösung), zwei Bänder im Bereich des thermischen Infrarot (60 Meter Auflösung) und einen panchromatischen Kanal (15 Meter Auflösung). Die Bilder zeigen ein Gebiet von 185 mal 185 Kilometern. Der Satellit ist seit März 2003 auf Grund technischer Probleme nur noch begrenzt einsatzfähig.

- **ASTER** = *Advanced Spaceborne Thermal Emission and Reflection Radiometer*. Der Erdbeobachtungssatellit Terra (EOS-1) mit dem Instrument ASTER wurde am 18.12.1999 gestartet. Aster zeichnet drei Hauptspektralgruppen mit insgesamt 14 Bändern auf: drei Kanäle im sichtbaren Licht (15 Meter Bodenauflösung), sechs Kanäle im kurzwelligen Infrarotbereich (SWIR) mit 30 Meter Bodenauflösung und fünf Kanäle im thermischen Infrarotbereich (90 Meter Auflösung). Die Bilder geben ein Gebiet von 60 mal 60 Kilometer wieder.

1.2 Landsat-7-ETM-Aufnahme des Hardangerfjords in Norwegen. Das Wasser der Seen, die direkten Zufluss von Gletscherwasser erhalten, ist durch die Gletschertrübe milchig gefärbt. Auch das Wasser des Hardangerfjords weist im Ostteil Gletschertrübe auf (21.7.2000).

1

Die Nordsee – ein Überblick

Morphologischer Überblick

Fjordküste in Norwegen

Der spektakulärste Teil der Nordseeküste liegt an ihrem nordöstlichen Rand (Abb. 1.2). Die größten Fjorde Norwegens wie zum Beispiel der Storfjord mit dem Nebenarm des Geirangerfjords, der Sognefjord, der Hardangerfjord und der Lysefjord bei Stavanger mit der Felstafel Preikestolen gehören alle zum Einzugsgebiet der Nordsee. Fjorde sind von der Gletschererosion übertiefte Rinnen, die häufig in mehrere Teilbecken untergliedert sind und seewärts mit einer Schwelle aus Fels- oder Gletscherablagerungen abschließen. Die glazial geprägte Landschaft setzt sich unter dem Meer bis zum Schelfrand fort. Vor der Mündung der untermeerischen Fjordrinnen haben die Schmelzwässer der Vereisungen gewaltige submarine Schwemmfächer aufgeschüttet. Diese belegen, dass das Eis nicht wie eine riesige Decke auf der Landschaft gelegen hat, sondern dass die Dynamik der pleistozänen Eisschilde in starkem Maße durch Eisströme gesteuert worden ist. Der größte Eisstrom der norwegischen Küste verlief entlang der Norwegischen Rinne. Durch ihn sind vor allem gegen Ende der Vereisungen große Teile des südlichen skandinavischen Eisschilds in Richtung Meer abgeflossen. Vor seiner Mündung wurde der gewaltige Nordseeschwemmfächer aufgeschüttet (KING et al. 1998). Die Eisströme haben am Boden der Nordsee stromlinienförmig verlaufende Lineationen hinterlassen (*megaflutes*), die die Fließrichtung des Eises widerspiegeln und die sich bis zum Schelfrand verfolgen lassen (MANGERUD 2004).

Schärenküste

Südlich von Stavanger treten die tiefen Einschnitte zurück, und die Fjordküste geht allmählich in eine Schärenküste über. Eine Schärenküste entsteht dort, wo ehemals vergletschertes Festgestein vom Meer überflutet wird. Die dünne Moränendecke wird abgetragen, und ein mit groben Blöcken übersätes Relief aus glazigenen Rundhöckern bleibt zurück (KELLETAT 1999). Diese Küstenform findet sich abseits der großen Eisströme auch in Norwegen, vor allem aber an der schwedischen Westküste.

Fördenküste

Der Limfjord im Norden Dänemarks ist ein typisches Formelement der Fördenküste, wie man sie sonst nur in der Ostsee findet. Er ist Teil eines Tunneltalsystems, das von den subglazial – also unter dem Eis – abfließenden Schmelzwässern der Eiszeiten geprägt wurde. Die jüngste Überformung des Rinnensystems ist in der Weichsel-Eiszeit erfolgt, doch gibt es Hinweise darauf, dass zumindest Teile des Systems wesentlich älter angelegt sind. Der Limfjord war bis in das 19. Jahrhundert hinein von der Nordsee durch eine durchgehende Dünenbarriere getrennt. Bei einer Sturmflut im Jahre 1825 wurde dieser Wall durchbrochen und die Insel Vendsyssel von Jütland abgetrennt.

Ausgleichsküste in Jütland

Die Westküste Jütlands ist eine Ausgleichsküste (Abb. 1.3). Sie ist durch keine größeren Flussmündungen untergliedert, und ehemals vorhandene Buchten sind durch Nehrungen vom Meer abgetrennt. Diese Küste wurde wegen ihres Mangels an Zufluchtmöglichkeiten für Schiffe in Not früher als die „Eiserne Küste" bezeichnet. Durch die Anlage von Häfen in Hirtshals, Hanstholm, Hvide Sande und Esbjerg trifft dieses Attribut heute nicht mehr zu. Die Küste besteht überwiegend aus pleistozänen und holozänen Ablagerungen – doch gibt es auch Ausnahmen. Bei Bulbjerg sind 15 Meter Bryozoenkalk-Ablagerungen des unteren Dan aufgeschlossen, die von mächtigen eiszeitlichen Schichten überlagert werden. Bryozoen sind Moostierchen, deren Fossilien in diesem Kalkstein massenhaft vorkommen. Das Dan ist ein Ab-

1.3 Ausgleichsküste in Jütland – die „Eiserne Küste". Im Norden sieht man die Mündung des Limfjords, der seit 1825 mit der Nordsee verbunden ist. Sehr gut erkennt man das Flutdelta auf der Landseite der Mündung. Auch die beiden großen Strandseen Nissum Fjord und Ringkøbing Fjord haben eine künstliche Verbindung zum Meer erhalten. Beim Ringkøbing Fjord ist der alte, stark nach Süden versetzte Auslass bei Nymindegab durch den Durchstich beim neu angelegten Fischereihafen Hvide Sande ersetzt worden (9.5.2001).

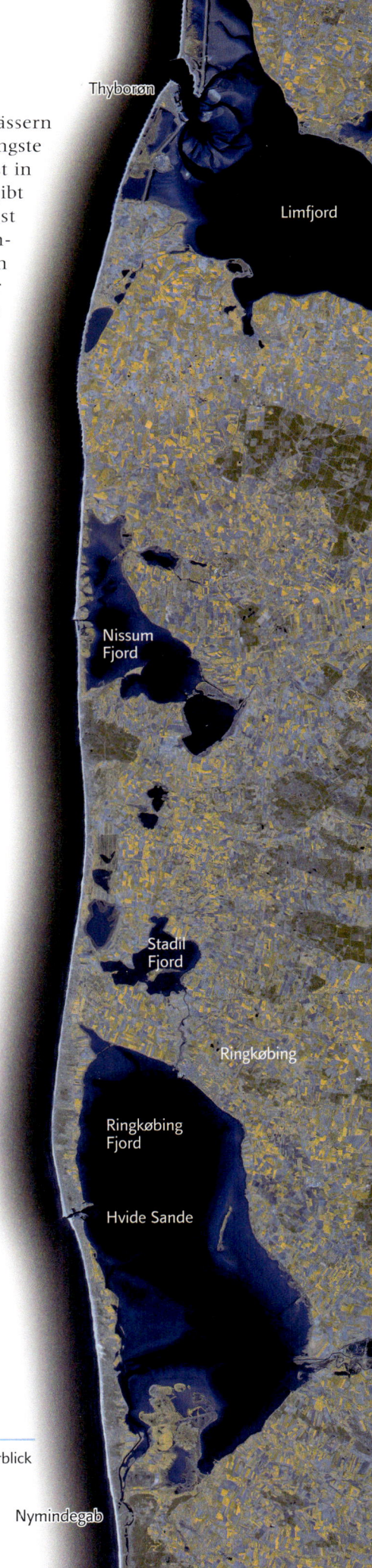

1.4 Rotes Kliff auf Sylt. Grundmoräne der Saale-Eiszeit über Kaolinsanden des Pliozän. Der Name „Rotes Kliff" geht auf die rostrote Verfärbung der Grundmoräne durch die Bodenbildung zurück. Durch die Sandvorspülungen ist der Kliffaufschluss heute nur noch selten sichtbar (1979).

schnitt des Erdzeitalters; es wurde früher als jüngste Stufe der Kreidezeit angesehen, heute gilt es als das älteste Tertiär. Etwa 60 Meter seewärts des Kliffs stand bis vor kurzem der einzige Brandungspfeiler der dänischen Nordseeküste – Skarreklit. Der 16 Meter hohe Einzelfelsen ist am 19.9.1978 eingestürzt; nur ein kleiner Stumpf ist übrig geblieben.

Die Westküste Jütlands wird von Skagen bis zur Halbinsel Skallingen von Dünen begleitet. Diese finden sich selbst oberhalb der höchsten Steilufer. In einigen Gebieten sind Wanderdünen über sechs Kilometer weit landeinwärts vorgedrungen (zum Beispiel bei Stenbjerg). Auf den Nehrungen vor den Strandseen dagegen ist der Dünengürtel zum Teil auf unter 30 Meter Breite zusammengeschrumpft und wird bei Sturmfluten überspült. Der Dünengürtel setzt sich über die Inseln des Wattenmeeres entlang der deutschen, niederländischen und belgischen Küste bis nach Frankreich fort.

Das Wattenmeer

Südlich von Blåvandshuk wird der geschlossene Dünengürtel der Ausgleichsküste durch ein System von Barriereinseln abgelöst, das heißt von Düneninseln, die jeweils durch Seegats voneinander getrennt sind. Dieses System reicht im Norden von Fanø bis zum Süderoogsand, im Süden von Texel bis zur Jademündung. Die Größe der Barriereinseln nimmt zum Inneren der Deutschen Bucht hin ab, während der Tidenhub zunimmt. Wo der Tidenhub am stärksten ist, fehlt die Inselbarriere.

Fast alle Inseln des Wattenmeeres bestehen aus jungen Ablagerungen. Lediglich Sylt (Abb. 1.4), Föhr und Amrum weisen Geestkerne auf.

Ausgleichsküste der Niederlande

Ähnlich wie im Norden, in Jütland, grenzt das Wattenmeer auch im Süden an eine Ausgleichsküste, die überwiegend von einem breiten Dünengürtel gesäumt wird. Strandseen fehlen hier. Der Verlauf der Dünenzüge lässt erahnen, dass die Küstenlinie früher eine andere Gestalt hatte. Von der Rheinmündung in Richtung Norden lässt sich einige Kilometer landeinwärts ein breiter Gürtel alter Dünen verfolgen. Diese alten Dünen biegen bei Bergen (Niederlande, nordwestlich von Alkmaar) unvermittelt nach Westen ab. Sie markieren einen früheren Verlauf der Küste, die bei Entstehung dieser Dünen in Nordholland deutlich weiter seewärts gelegen haben muss. Das Abbiegen der Dünen ist zum Beispiel bei Google Earth sehr gut zu erkennen.

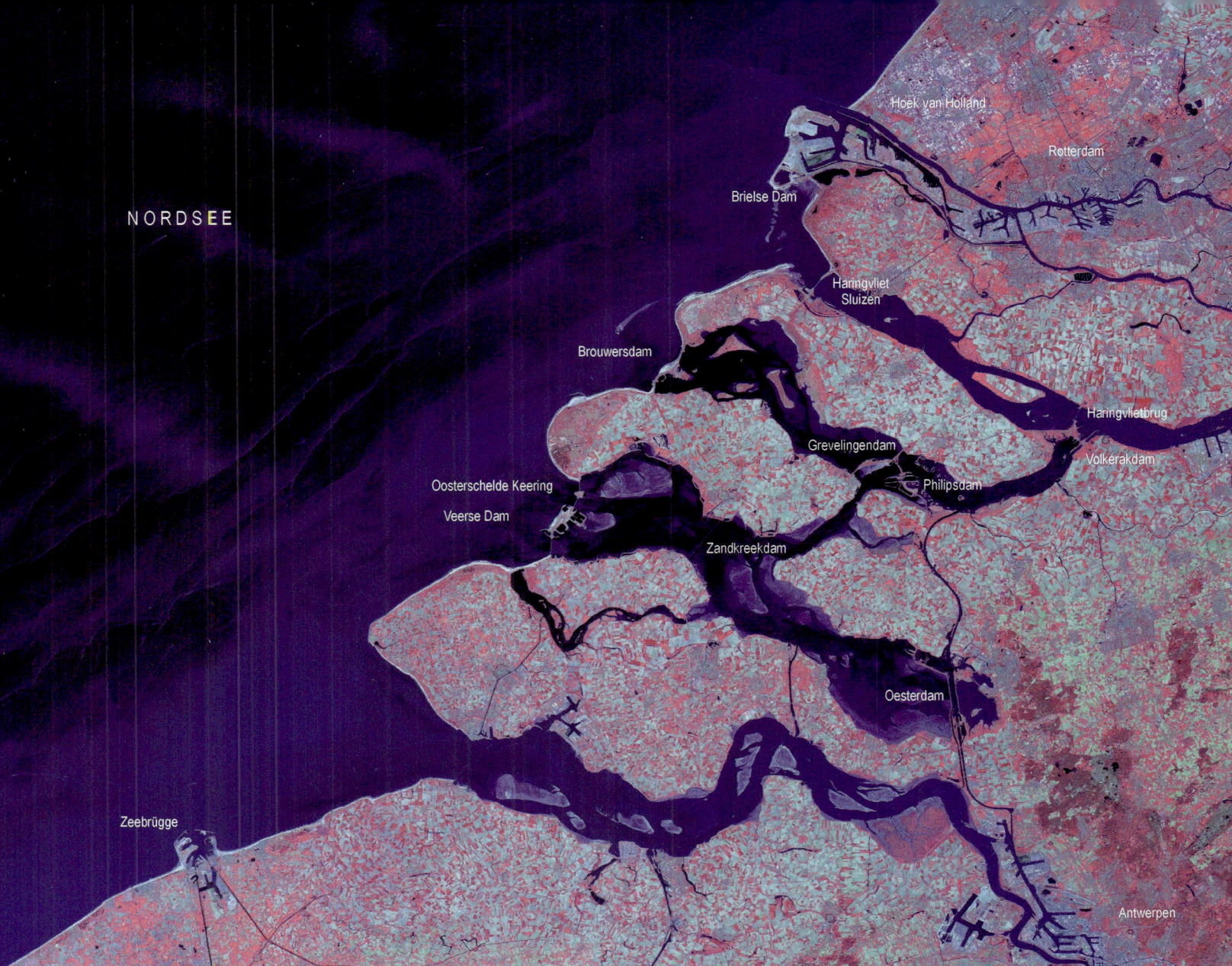

Im Bild beschriftete Orte und Bauwerke:

NORDSEE

Hoek van Holland
Rotterdam
Brielse Dam
Haringvliet Sluizen
Brouwersdam
Haringvlietbrug
Grevelingendam
Volkerakdam
Oosterschelde Keering
Phillipsdam
Veerse Dam
Zandkreekdam
Oesterdam
Zeebrügge
Antwerpen

Rhein- und Maasmündung

Im Süden schließen sich die großen Flussmündungen von Rhein und Maas mit ihren Binnendeltas an (Abb. 1.5). Diese amphibische Landschaft ist heute in starkem Maße durch menschliche Eingriffe umgestaltet worden. Durch die Schutzbauten des Deltawerks sind die tief gelegenen Gebiete heute vor den Auswirkungen von Sturmfluten geschützt.

Ausgleichsküste in Belgien

Die belgische Ausgleichsküste ist, wie die holländische Küste zwischen Den Helder und der Rheinmündung, gekennzeichnet durch Sandstrände und einen vor allem im östlichen Teil des Landes recht schmalen Dünengürtel. Im Unterschied zur holländischen Küste ist der Tidenhub hier größer, sodass diese Küste zum makrotidalen Bereich zählt. Die Ausgleichsküste mit den Dünenzügen setzt sich bis nach Sangatte in Frankreich fort. Die meisten Dünen sind heute festgelegt. Lediglich im Naturschutzgebiet Westhoek zwischen de Panne und der französischen Grenze kann man heute noch äolische Umlagerungen in größerem Umfang beobachten.

Kanalküste

Der Ärmelkanal (englisch English Channel, französisch La Manche) bildet den südlichen Rand der Nordsee. Er ist an seiner engsten Stelle in Schichten der Kreide eingeschnitten. Die weißen Felsen von Dover (England) und Cap Blanc Nez (Frank-

1.5 Landsat-7-ETM-Satellitenbild der Rhein- und Maasmündung. In der Sturmflut vom 31.1./1.2.1953 war dieses Gebiet am schwersten betroffen. Eingezeichnet sind die Bauten des Deltawerks (23.5.2001).

reich, Abb. 1.6) bestehen aus Schichten der Oberkreide, das graue Kliff von Cap Gris Nez dagegen aus Ablagerungen der Unterkreide. Die Felsen an der französischen Kanalküste gehören zur Kreideschichtstufe in der Umrahmung des Pariser Beckens. Ihr englisches Gegenstück wird dem Schichtstufenland zwischen dem Londoner Becken und der Weald-Antiklinale zugeordnet.

Die Kreidekliffs zwischen Dover und Kingsdown in Kent repräsentieren das östliche Ende der North Downs. Sie sind zwischen 30 und 110 Meter hoch. Sie sind damit weniger hoch als ihr französisches Gegenstück Cap Blanc Nez mit 132 Metern, wirken aber spektakulärer auf Grund der steileren Felshänge. Die Kliffs weisen nahezu vertikale Wände auf, die durch das Abrutschen großer Schollen zurückverlegt werden. Diese Erosionsereignisse werden vor allem durch Frostwechsel und hohe Niederschläge ausgelöst. Das Kliff wird im Schnitt um etwa 0,2 Meter pro Jahr zurückverlegt (MAY & HANSOM 2003).

Der Kanal ist in der Elster-Eiszeit entstanden, vor etwa 450 000 Jahren. Skandinavisches und britisches Eis blockierten den Abfluss der großen Flüsse durch die Nordseesenke nach Norden. Ein riesiger Eisstausee entstand. Schließlich wurde die bei etwa 30 Meter über NN liegende Schwelle der Weald-Artois-Antiklinale überspült. Das nach Südwesten abströmende Wasser schnitt sich rasch in die nicht allzu harten Gesteine der Kreide ein. In der Saale-Kaltzeit bildete sich erneut ein großer Eisstausee in der Nordsee, diesmal aber wesentlich weiter nördlich. Seine Südgrenze war die Schwelle des sogenannten Haisboro-Terschelling-High. Da dieser Rücken nur aus Lockergestein besteht, kam es schließlich zu einem katastrophalen Durchbruch der Schmelzwässer. Diese zweite große Flut erweiterte den Kanal, bis schließlich der heutige, etwa 34 Kilometer breite Durchlass entstand (GUPTA et al. 2007, GIBBARD 2007).

Holozäne Marschen von Essex und Suffolk

Im Unterschied zur spektakulären Kliffküste südlich der Themse ist die Nordseeküste nördlich der Themsemündung durch breite ertrunkene Flusstäler und ausgedehnte Salzmarschen gekennzeichnet. Lediglich dort, wo höher gelegene ältere Schichten bis ans Ufer reichen, haben sich Kliffküsten ausgebildet. Salzmarschen zeugen davon, dass sich die Küstenlinie hier im Laufe der Jahrhunderte seewärts verlagert hat. Bei Sales Point in Essex sind die Salzmarschen auf der Seeseite durch mobile Strandwälle begrenzt, die zu etwa 50 Pro-

zent aus Muschelschalen bestehen. Diese Formen werden in der englischen Literatur mit den Cheniers des Mississippi-Deltas verglichen (Abb. 1.7). Über die morphologischen Veränderungen dieses Gebiets gehen die Auffassungen in der Literatur weit auseinander. Nach Greensmith & Tucker (1977) wird die Küste hier um etwa vier Meter pro Jahr zurückverlegt (vergleiche auch Steers 1981). Boorman & Ranwell (1977) schrieben dagegen, dies sei eine der wenigen Salzmarschen in Großbritannien, in der der Anwachs überwiege. Dies lässt sich mit einfachen Mitteln klären. Erosionskanten und mächtiger Strandwall sprechen für ein Überwiegen der Abtragung. Eine eigene Luftbildauswertung ergab für die Zeit von 1981 bis 2006 einen Uferrückgang von etwa zwei Metern pro Jahr (Abb. 1.8).

In Suffolk macht sich der Einfluss des starken südwärts gerichteten Sandtransports bemerkbar. An der Mündung des Flusses Ore (südlich von Aldeburgh) hatte sich erst ein Sandhaken gebildet (6,6 Kilometer lang), dann die Sandspitze von Orfordness (weitere 7,5 Kilometer lang) und schließlich ein verlängerter, nach Südsüdwesten gerichteter Haken (etwa 2,5 km lang, MAY & HANSOM 2003).

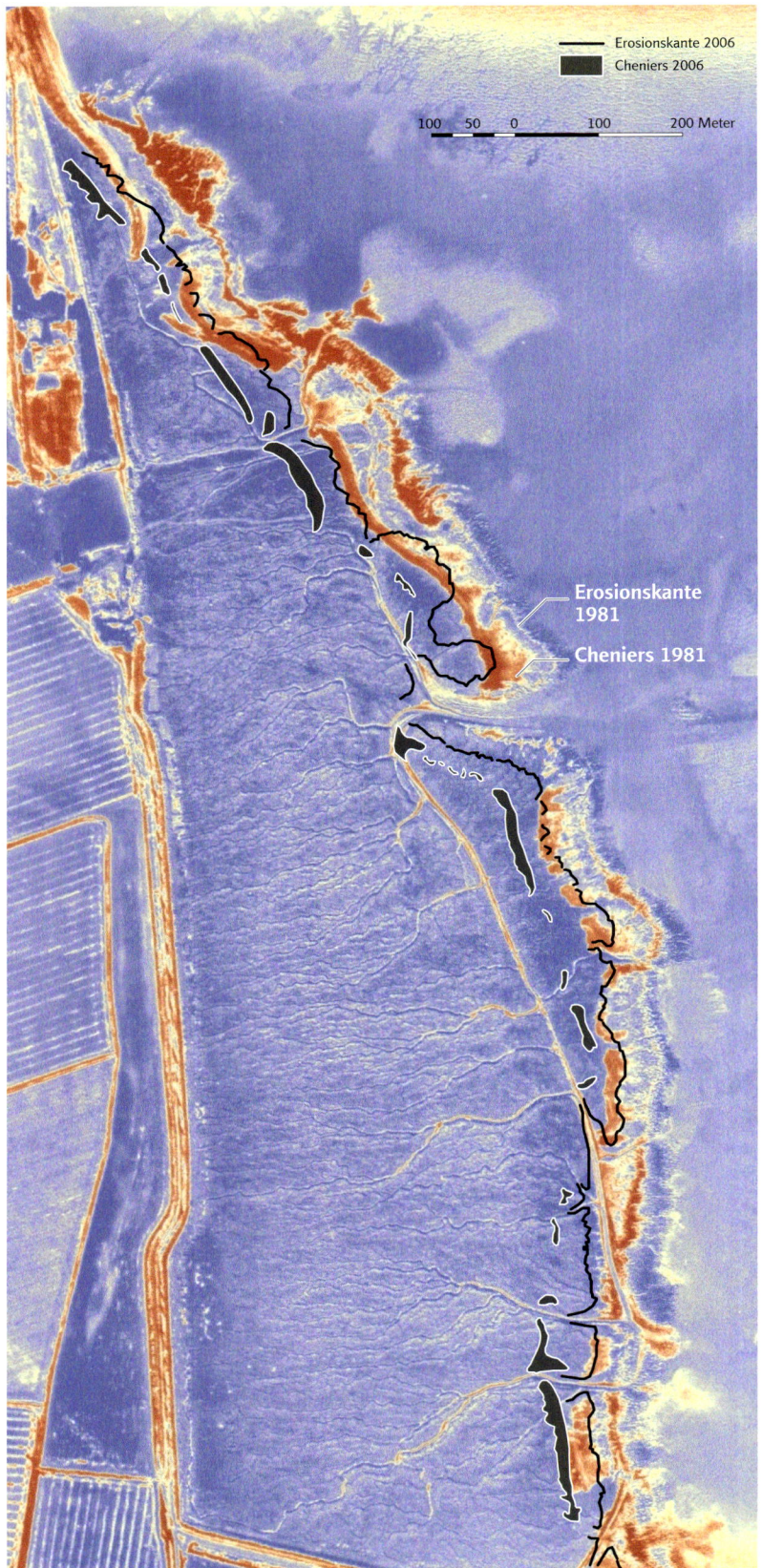

100   50   0   100   200 Meter

Erosionskante 1981

Cheniers 1981

Erosionskante 2006

Cheniers 2006

1.8 Erosion der Marschkante in Essex bei Sales Point, Dengie Peninsula, und Verlagerung der Strandwälle (Cheniers) von 1981 bis 2006. Die Strandwälle sind auf dem Luftbild von 1981 rotorange hervorgehoben; ihre heutige Position und die heutige Erosionskante sind in schwarz eingezeichnet (1981 und 2006).

Pleistozäne Kliffküsten in Norfolk

Die Gletscher des Eiszeitalters sind in England nur bis nach London vorgestoßen. Die Elstervereisung (Anglian) hat die Themse zur Laufverlegung vom Vale of St. Albans zu ihrem heutigen Lauf gezwungen. An der englischen Nordseeküste ist die Vergletscherung nicht über Aldeburgh hinaus vorgestoßen. In East Anglia bilden die pleistozänen Ablagerungen oft nur eine geringmächtige Decke über den Schichten des Tertiärs und der Kreide. Lediglich im Osten liegen die älteren Sedimente so tief, dass die heutige Küstenlinie durch holozäne Prozesse bestimmt ist, wie zum Beispiel im Bereich der ausgedehnten amphibischen Landschaft der Norfolk Broads nördlich von Norwich. Von Happisburgh an in Richtung Westen besteht die Küste durchgehend aus einem Kliff in pleistozänen Seeablagerungen und Grundmoränen der Elster-Eiszeit, die in westlicher Richtung zwischen Cromer und Weybourne zunehmend stark durch Gletscherdruck gestört sind (EHLERS & GIBBARD 1997).

Die pleistozänen Kliffs mit ihren zum Teil spektakulären Diapiren und Stauchstrukturen unterscheiden sich von den dänischen Kliffs unter anderem dadurch, dass die Kreide fast überall knapp oberhalb oder knapp unterhalb des Meeresniveaus ansteht, während in Dänemark, zum Beispiel in Lønstrup (PEDERSEN 2005), die pleistozänen Ablagerungen bis in eine Tiefe von mehreren Zehnern von Metern unter das Strandniveau reichen. Vor Cromer und Sheringham ist bei Niedrigwasser die aus Kreide bestehende Schorre sichtbar. Lediglich ein schmaler Saum von Geröll und Sand begleitet den Klifffuß.

Westlich von Weybourne folgt ein Küstenabschnitt, den man als englisches Gegenstück des Wattenmeeres bezeichnen kann. Ähnlich der Wattenmeerküste bei Esbjerg und Den Helder haben sich hier an beiden Endpunkten des Systems in Weybourne und Skegness große, Dünen tragende Sandhaken ausgebildet (Blakeney Point und Gibraltar Point). Westlich von Weybourne findet sich die einzige komplett ausgebildete Barriereinsel der englischen Küste (Scolt Head Island). Wo der Tidenhub zu groß wird, im Bereich des Wash, ist die Barriereküste durch offene Wattflächen ersetzt.

An der Küste des Wash, im Bereich der Fens, ist der Nordsee durch zunehmende Landgewinnung mehr und mehr Boden entrissen worden. Der wesentliche Unterschied zur Küste des Wattenmeeres auf der Ostseite der Nordsee besteht darin, dass der Tidenhub erheblich größer ist.

Kliffküste von Hunstanton

Während entlang der Ostküste East Anglias die Schichten der Kreide von tertiären und frühpleistozänen Sanden überlagert werden (Red Crag, Coralline Crag), steigt die Oberfläche der Schreibkreide nach Westen deutlich an. Westlich von Weybourne ist die alte Kliffküste vollständig überwachsen und durch vorgelagertes Watt verborgen. An der Ostküste des Wash tritt die Schichtstufe der Kreide jedoch in einem dramatischen Kliff zutage (Abb. 1.9). In diesem Gegenstück zu den Kreidefelsen von Dover am nördlichen Rand des Londoner Beckens sind Lagen von Carrstone, Red Chalk und Schreibkreide übereinander aufgeschlossen. Der sandige, stark erosionsempfindliche Carrstone wird von der Brandung unterhöhlt und abgetragen, und die überlagernden Schichten der Kreide brechen nach. Obwohl der Carrstone mehr als die Hälfte der Kliffhöhe ausmacht, finden sich am Strand kaum Gerölle aus diesem Material. Der Gesteinsbruch des gering verfestigten Sandsteins wird von der Brandung rasch zu Sand zerrieben.

Hier wie an den anderen Küsten aus Festgestein ist der Uferrückgang äußerst gering. Ein Vergleich der 1886 aufgenommenen Erstausgabe der Karte *Six Inches to One Mile* mit Luftbildern von 2006 ergibt einen Rückgang von maximal 15 bis 20 Metern in 120 Jahren. Das sind 0,12 bis 0,17 Zentimeter pro Jahr. Da entlang des gesamten Kliffs die Bebauung in gebührendem Abstand von der Kliffkante erfolgt ist, sind die Häuser zur Zeit nicht von der Erosion gefährdet.

Lincolnshire

In Lincolnshire zwischen dem Wash und der Humbermündung gibt es keine Kliffs. Östlich der Kreideschichtstufe der Lincolnshire Wolds fällt das Gelände sanft in Richtung Nordsee ein. Seit dem Mittelalter sind hier Landverluste von mehreren Hundert Metern eingetreten (MAY & HANSOM 2003). Ein schmaler Marschsaum geht seewärts in relativ breite Sandstrände über. Das Küstengebiet ist durch Deiche geschützt, die nach der Sturmflutkatastrophe von 1953 erheblich ausgebaut worden sind. In jüngster Zeit hat man versucht, die Situation durch Sandvorspülung weiter zu verbessern, sodass die Küste hier auf der gesamten Länge in einem knappen Gleichgewicht verharrt.

Pleistozäne Kliffküste in Holderness

Nördlich der breiten Trichtermündung des Humber schließt sich die pleistozäne Kliffküste der Halbinsel Holderness an. Diese Küste unterliegt starkem Abbruch, wobei die maximalen Beträge bei etwa zwei Metern im Jahr liegen (VALENTIN 1954). Die Halbinsel läuft nach Süden in einen langgezogenen, mit Dünen bestandenen Haken

1.9 Kliffküste bei Hunstanton. Obwohl der größte Teil des Kliffs aus dem braunen Carrstone und der roten Red Chalk besteht, ist der Strand vor allem mit erosionsresistenteren Schreibkreide-Geröllen übersät (2006).

(The Spurn) aus. Dieser Haken hat sich im Zuge der Rückverlegung der Küstenlinie ebenfalls westwärts verlagert. Obwohl dieser sechs Kilometer lange und im Schnitt nur etwa 30 Meter breite Dünensporn äußerst empfindlich aussieht, handelt es sich um ein sehr stabiles Gebilde. Verschiedene Durchbrüche durch den Haken sind im Laufe des 19. Jahrhunderts erfolgt und wieder verheilt (PRINGLE 2003).

Kreideküste von Flamborough Head

Im Nordteil der Halbinsel Holderness tritt Kreide an die Stelle der Grundmoränen. Bereits in der Eem-Warmzeit verlief hier die Küstenlinie der Nordsee. Das fossile Kreide-Kliff des Eem-Meeres ist im heutigen Steilufer bei Sewerby angeschnitten und gut erkennbar. In Yorkshire lag der Meeresspiegel damals höher als heute.

Die Ausprägung einer Küstenlinie im Festgestein hängt nicht allein von den Kräften des Meeres ab, sondern in starkem Maße von der Festigkeit des Gesteins. Die Erosionsfestigkeit wird dabei außer von der Gesteinshärte wesentlich von seiner tektonischen Beanspruchung bestimmt.

Die Halbinsel Flamborough Head lässt sich in drei morphologische Einheiten untergliedern: die steile, wenig gegliederte Südküste, einen durch Buchten stark untergliederten östlichen Abschnitt (zwischen Kettlemere Hole und Long Ness) und die nahezu ungegliederten, bis zu über 110 Meter hohen Bempton Kliffs. Die unterschiedliche Ausprägung der verschiedenen Abschnitte ist auf die unterschiedliche tektonische Beanspruchung der Kreide zurückzuführen. Dort, wo die Schichten stark verstellt und von Verwerfungen durchzogen sind, haben sich tief eingeschnittene Buchten gebildet, die in der englischen Literatur als *„geos“* bezeichnet werden. Es gibt zahlreiche Brandungstore, tiefe Brandungshöhlen und eindrucksvolle Brandungspfeiler *(sea stacks)*. Die Kreideküste unterliegt einer ständigen Umgestaltung. Trotz der sichtbaren Veränderungen erfolgt der generelle Rückgang der Küstenlinie außerordentlich langsam. Er wird auf etwa 0,1 Meter pro Jahr geschätzt.

Die Höhe des Kliffs entspricht der Steilküste des Ärmelkanals, aber das Aussehen dieses Kreidekliffs unterscheidet sich deutlich von den Formen, die man in Dover antrifft. Die Halbinsel Flamborough Head ist von einer Decke pleistozäner Ablagerungen überzogen, die im Osten über zehn Meter mächtig ist und dem Kliff ein deutlich zweigeteiltes Profil verleiht. Die pleistozänen Moränenablagerungen werden vor allem durch Rutschungen abgetragen, während die Kreide durch

1.10: Robin Hood's Bay, Blick von der breiten Brandungsplattform. Hohe Ufermauern schützen den Ort vor der Erosion. Die Zweigliederung des Kliffs in Liasgestein und stark rutschungsgefährdete pleistozäne Schichten ist rechts im Bild erkennbar (2006).

Unterhöhlung und Einsturz übersteilter Partien zurückverlegt wird.

Jura in North Yorkshire

Je weiter man sich an der englischen Küste nach Norden bewegt, desto älter werden die Gesteine. Nördlich anschließend an Flamborough Head liegt die Bucht Filey Bay, die im Norden von der Felsrippe der Filey Brigg abgeschlossen wird. Die Basis

der Filey Brigg besteht aus dem Sandstein des Lower Calcareous Grit des Oberen Jura.

Die Küste von North Yorkshire ist die Küste der Fossiliensammler. Südlich von Ravenscar stehen deltaische Sandsteine des Dogger an, in denen gut erhaltenes Treibholz gefunden wird. Selbst die Rinde ist noch intakt. Zwischen Scarborough im Süden und der Mündung des Tees (Runswick Bay) im Norden bestehen die Kliffs aus Schichten des Oberen, Mittleren und Unteren Lias. Hier sind es vor allem die Ammoniten, die die meisten Sammler reizen. Bei Boulby erreicht das Kliff eine Höhe von 200 Metern; es ist damit eines der höchsten Kliffs in England. Der Untere Lias tritt vor allem bei Robin Hood's Bay zutage (Abb. 1.10), wo die Schichten des Untergrunds nach oben gewölbt sind (Robin Hood's Bay Dome, HOWARTH 2002). Die Abtragung ist hier geringer als in den weicheren Schichten des Mittleren und Oberen Lias; der Rückgang der oberen Kliffkante beträgt nur etwa 0,03 Meter pro Jahr. Der Uferrückgang ist in den Buchten größer als im Bereich der Felsvorsprünge, sodass – im Gegensatz zu einer Ausgleichsküste – hier die Tendenz zu einer stärkeren Zergliederung der Küstenlinie festzustellen ist. Diese ist darauf zurückzuführen, dass sich die Buchten in Schwächezonen gebildet haben, die Felsvorsprünge dagegen aus härterem Gestein bestehen.

Wie alt eine Felsküste ist, lässt sich in den meisten Fällen kaum beantworten. Der Bereich um Robin Hood's Bay weist jedoch mit 400 Metern eine auffällige, sehr breite Brandungsplattform auf. Bei den geringen Erosionsraten und einem Küstenrückgang von einem Meter in 30 Jahren ergibt dies ein theoretisches Alter der Plattform von mindestens 12 000 Jahren. Da der Spiegel der Nordsee aber erst vor etwa 3000 Jahren sein heutiges Niveau erreicht hat, liegt die Vermutung nahe, dass zumindest ein Teil der Plattform bereits in vorausgegangenen Zeiten mit hohem Meeresspiegel (zum Beispiel in der Eem-Warmzeit vor ungefähr 125 000 Jahren) gebildet worden ist.

Der obere Teil des hohen Kliffs bei Robin Hood's Bay besteht nicht aus Lias, sondern aus stark rutschungsgefährdeten pleistozänen Ablagerungen. Bei einem besonders dramatischen Erdrutsch ging 1780 der obere Teil der damaligen Hauptstraße (King Street) mit zwei Reihen von Häusern verloren. Es wird geschätzt, dass zwischen 1780 und 1980 insgesamt etwa 200 Häuser durch Rutschungen zerstört worden sind. Um künftigen Verlusten vorzubeugen, wurde 1975 eine massive Ufermauer errichtet.

Trias- und Permküste von Tyne und Tees

Die Mündung des Tees weist ausgedehnte Flächen von Schlickwatt auf. Weiter nördlich schließen sich erneut Abschnitte mit steilen Felsküsten an. Zwischen Tees und Tyne, das heißt zwischen den Städten Middlesbrough und Newcastle, stehen Schichten der Trias und des Perm an. Das Perm umfasst hier mächtige Sedimentationszyklen aus marinen Kalken und Dolomiten. Sie sind nahe dem Westrand der damaligen Nordsee abgelagert worden (BARNE et al. 1995). Spektakuläre Kliffs und Brandungspfeiler in *Magnesian Limestone* (Perm) findet man bei Marsden Bay.

Felsinseln und Watt bei Lindisfarne

Zwischen Tyne und Berwick-upon-Tweed treten die spektakulären Kliffs zurück. Große Teile der Küste sind von Dünen gesäumt; vor allem die Umgebung von Lindisfarne weist ausgedehnte Dünengebiete auf. Der Untergrund besteht hier aus Kalken und Sandsteinen des Oberkarbon, die verschiedentlich von Quarzdoleritgängen durchzogen sind. Dieses harte Intrusivgestein bildet den Südrand der Holy Island (Lindisfarne) und den Kern der Farne Islands (BARNE et al. 1995). Im Schutze dieser Inseln hat sich ein sandiges Watt ausgebildet. Der mittlere Springtidenhub liegt hier bei über vier Metern, sodass die Straße nach Holy Island bei Hochwasser unpassierbar ist. Entlang der Küste überwiegt ein südwärts gerichteter Sedimenttransport.

Schottland und die nördlichen Inseln

Die glazial geprägte Landschaft Schottlands weist große Ähnlichkeit mit Norwegen auf. Bezüglich ihrer Nordseeküsten bestehen allerdings große Unterschiede zwischen den beiden Ländern. Während die schottische Westküste zum Teil fjordartige glaziale Täler aufweist, fehlen diese an der Nordseeküste. Die Küstenlinie ist meist wenig untergliedert und lediglich durch die fünf großen Buchten des Firth of Forth, Firth of Tay, Moray Firth, Cromarty Firth und Dornoch Firth unterbrochen. Diese sind überwiegend fördenartige, von Gletscherströmen geprägte Talungen, deren jüngere Ausgestaltung im Zuge des postglazialen Meeresspiegelanstiegs erfolgt ist. Lediglich Teile des inneren Dornoch Firth erinnern an Fjorde (STEERS 1973). In den meisten Gebieten besteht die Küste aus Gesteinen des Devon. Am Firth of Forth tritt Karbon zu Tage. In Aberdeenshire besteht der Untergrund überwiegend aus metamorphen Gesteinen der Kaledoniden, zum Teil auch aus Granit (Abb. 1.11). An vielen Stellen lassen sich verschiedene marine Terrassen ausgliedern, deren ältere nach Westen hin in Schmelzwasserablagerungen übergehen. Die Oberfläche der Terrassen fällt unterschiedlich stark in Richtung Nordsee ab. Während die ältesten Terrassen in East Fife ein Gefälle von 1,26 Meter pro Kilometer aufweisen, beträgt dieses für die *Main Postglacial Terrace* nur noch 0,076 Meter pro Kilometer (SISSONS 1977).

Die **Orkney-Inseln** sind von der Nordspitze Schottlands nur durch den zehn Kilometer breiten Wasserarm des Pentland Firth getrennt. Die Inselgruppe besteht aus Sandsteinen des Devon, die nicht gefaltet, sondern nur an verschiedenen Stellen zerbrochen sind. Die höchste Erhebung ist der Ward Hill auf der Insel Hoy (479 Meter). Die Landschaft ist stark von den Gletschern der Eiszeiten

überprägt worden, die das Gebiet von Schottland her überfahren haben. Die Inseln wurden auf Grund der frühen Enteisung des britischen Vergletscherungsgebiets rasch isostatisch gehoben, sodass sich der nacheiszeitliche Anstieg des Meeresspiegels erst um 9400 v. h. bemerkbar machte. Etwa um 6000 bis 5000 v. h. wurde das heutige Meeresniveau erreicht (DE LA VEGA-LEINERT et al. 2007).

Die **Shetland-Inseln** sind ein Rest des Kaledonischen Gebirges, der ziemlich abrupt von einer Wassertiefe von gut 80 Metern bis über die heutige Meeresoberfläche aufragt. Zahlreiche Transgressionen haben seit dem Jura dafür gesorgt, dass die Küstenlinie der Inseln weiter zurückverlegt wurde. Die Küste senkt sich. Holozäne Moore sind überflutet worden, und an vielen Stellen liegen Torf und sandige Uferbereiche im Abbruch (SMITH 1993a).

Die Oberflächengestalt der Shetland-Inseln ist von den Gletschern der Eiszeiten geprägt. Die flachwellige Glaziallandschaft (höchste Erhebung: Ronas Hill, 450 Meter) ist weitgehend von einer Torfdecke überzogen, die zum Teil abgebaut wird – vor allem zu Brennzwecken.

Die Küste weist zahlreiche **Tombolos** auf. Das sind Sandzungen, durch die Inseln mit dem Festland oder untereinander verbunden sind. Der bekannteste Tombolo der Shetlands ist wahrscheinlich St. Ninian's Tombolo, eine etwa 500 Meter lange Sandzunge, die die Hauptinsel Mainland mit der kleinen St. Ninian's Isle verbindet. Während die meisten Tombolos aus Kies, Steinen oder gar groben Blöcken bestehen, ist dieser zumindest an der Oberfläche aus Sand aufgebaut. SMITH (1993b) nimmt an, dass der Sand gröberes Material überlagert. Da außer einigen Dünen kein Sandstrand zu erkennen ist, von dem das Ausgangsmaterial für den Tombolo stammen könnte, nimmt man an, dass die Form vor langer Zeit entstanden ist. Zumindest seit dem Mittelalter besteht der Tombolo etwa in seiner heutigen Form. Es ist unklar, ob er sich einem steigenden Meeresspiegel anpassen kann.

Auch die Insel Fora Ness ist mit der Hauptinsel Mainland durch einen Kieswall verbunden. Hier sind drei solcher Wälle ausgebildet (The Ayres of Swinister, Abb. 1.12), doch nur einer davon (South Ayre) stellt tatsächlich eine durchgehende Verbindung zwischen den beiden Inseln dar. North Ayre

1.12 Die Ayres of Swinister, ein dreifacher Tombolo, auf den Shetland-Inseln. Die kiesigen Rücken verbinden die Hauptinsel mit der kleinen Insel Fora Ness im Hintergrund (2007).

und der namenlose Kieswall etwa 20 Meter nördlich von South Ayre sind von Fora Ness durch eine Rinne getrennt. Der Abstand der beiden Hauptwälle beträgt etwa 500 Meter. Die Bucht von Swinister Voe liegt auf der Ostseite der Shetlands, sodass die Ayres vor hohen Wellen geschützt sind. Auch die Gezeitenströmung ist gering; der Springtidenhub beträgt hier nur etwa 1,5 Meter (MAY & HANSOM 2003).

Politischer Status

Noch bis nach dem Zweiten Weltkrieg war der größte Teil der Nordsee politisch ein Niemandsland. Die angrenzenden Staaten nahmen nur schmale Küstengewässer für sich in Anspruch.

Zum Schutz der Fischerei beanspruchten viele Länder schon seit dem 17. Jahrhundert eine **Dreimeilenzone** für sich. Da diese für einen wirkungsvollen Schutz der Fischerei zu klein ist, wurde sie von den meisten Ländern auf zwölf Meilen ausgedehnt. Auch die an die Nordsee grenzenden Länder beanspruchen die Zwölfmeilenzone, in der sie beispielsweise das exklusive Recht zur Fischerei wahrnehmen. Nachdem Island in den sogenannten Kabeljaukriegen von 1958, 1972 und 1974 seine Schutzzone Zug um Zug auf 200 Meilen ausgedehnt hat und nachdem diese Regelung vom Seerechtsübereinkommen der Vereinten Nationen (UNCLOS) von 1982 legalisiert worden war, haben auch die EU-Staaten und Norwegen ihre Hoheitsgewässer entsprechend ausgedehnt und damit das Wasser der Nordsee unter sich aufgeteilt.

Der Meeresboden war schon vorher verteilt worden. Nach der *Continental Shelf Convention* von 1958 hat jedes Land das Recht, **Bodenschätze** vor seiner Küste bis zu einer Wassertiefe von 200 Metern zu fördern. Als am Boden der Nordsee Öl- und Gaslagerstätten gefunden wurden, nahm zunächst Norwegen dieses Recht für sich in Anspruch. Die anderen Staaten haben sich angeschlossen. Der Nordseeboden ist weitgehend nach dem Mittellinienprinzip aufgeteilt, demzufolge der Meeresboden auf einer gedachten Mittellinie zwischen zwei Küstenstaaten geteilt wird. Einzig zwischen den Niederlanden, Deutschland und Dänemark wurde der Boden nach langwierigen Auseinandersetzungen und einem Spruch des Internationalen Gerichtshofs anders verteilt. Da Deutschland aufgrund seiner geographischen Position sonst nur einen sehr kleinen Anteil im Vergleich zur Länge seiner Küstenlinie erhalten hätte, wurde nachträglich der sogenannte Entenschnabel (Abb. 1.1) dem deutschen Anteil zugeschlagen.

Während bezüglich der Fischerei und der Bodenschätze die Nordsee vollständig aufgeteilt worden ist, galt dies zunächst nicht für **Umweltschutz** und **Meeresverschmutzung**. Die entsprechenden Bestimmungen galten zunächst für die 25- beziehungsweise 50-Meilen-Zone. Das 1983 abgeschlossene MARPOL-Abkommen *(marine pollution)* und das **Os**lo-**Par**iser Abkommen (OSPAR) von 1992 sind weiter gefasst und beziehen den Meeresschutz in der gesamten Nordsee ein. Für den Schutz des Wattenmeeres sind jeweils die nationalen Staaten zuständig, die dieses Problem unterschiedlich lösen. Um das Vorgehen zu vereinheitlichen, ist eine trilaterale Wattenmeerkommission von Dänemark, Deutschland und den Niederlanden eingerichtet worden.

Durch die Nordsee führen zahlreiche stark befahrene Schifffahrtsrouten. Für **Schiffssicherheit** und eine Koordinierung des Seeverkehrs sorgt die Europäische Agentur für die Sicherheit des Seeverkehrs, die Anfang 2003 ihre Arbeit aufgenommen hat und in der außer den EU-Staaten auch Norwegen und Island vertreten sind. Nach dem 1978 verabschiedeten *Paris Memorandum of Understanding* haben sich alle EU-Staaten verpflichtet, regelmäßig 25 Prozent der Schiffe, die einen EU-Hafen anlaufen, auf die Einhaltung internationaler Sicherheitsbestimmungen zu überprüfen. Das Wattenmeer und die Küsten Großbritanniens, Belgiens und Frankreichs gelten als *Particularly Sensitive Sea Areas*. Die strengsten Auflagen der MARPOL-Konventionen bezüglich der Abwasser- und Müllentsorgung der Schiffe gelten heute in der gesamten Nord- und Ostsee.

Umweltschutz

Die Erde wird wärmer. Die Beobachtungen zeigen übereinstimmend ein Ansteigen der Temperaturen und eine Verringerung des gefrorenen Anteils, der Kryosphäre. Doch die Erwärmung der Erde erfolgt nicht gleichmäßig. Die Lufttemperatur liegt heute nördlich von 65°N um 1°C höher als im Jahre 1980, während auf der Südhalbkugel südlich von 65°S keine deutliche Erwärmung nachweisbar ist. Dennoch überwiegt auch im Bereich der Antarktis das **Abschmelzen des Inlandeises.** Das genaue Ausmaß dieser weltweiten Abschmelzvorgänge ist trotz Satelliten-Höhenvermessung noch immer außerordentlich schwer abzuschätzen. Ein historischer Vergleich wird zusätzlich dadurch erschwert, dass zwar die Ausdehnung des Eises recht gut bekannt ist, über die Eisdicke aber nur wenige Informationen vorliegen. Nach den Schätzungen des IPCC *(Intergovernmental Panel on Climate Change)* führten das Abschmelzen kleiner Gletscher und Eiskappen, das Abschmelzen des grönländischen Inlandeises und die Verringerung des antarktischen Eisschildes von 1993 bis 2003 zu einem Anstieg des Meeresspiegels von 0,77 bis 1,60 Millimeter pro Jahr. Wählt man den Beobachtungszeitraum länger, so ergeben sich geringere Beträge. Für den Zeitraum 1961 bis 2003 wären es 0,22 bis 1,15 Millimeter pro Jahr (IPCC 2007).

Der **Anstieg des Meeresspiegels** ist heute höher als im Durchschnitt in den letzten 100 Jahren, doch zeigt der Vergleich mit Pegelmessungen, dass auch früher schon ähnliche Werte erreicht worden sind. Man stellt sich den mittleren Meeresspiegel meist als eine weltweit gleichmäßige Oberfläche vor. Diese Vorstellung ist falsch; es gibt Höhenunterschiede in einer Größenordnung von etwa 180 Metern. Die größten Abweichungen liegen bei Sri Lanka (−104 Meter) und Neuguinea (+74 Meter). Doch auch im Atlantik treten Höhenunterschiede des Meeresspiegels von 118 Metern auf. Schwereanomalien im Untergrund bewirken Anomalien des Meeresspiegels, wobei die Auswirkungen des Erdmantels stärker spürbar sind als die des Erdkerns. Besonders deutlich ist der Einfluss der Erdkruste und des Reliefs des Meeresbodens, zum Beispiel des Mittelozeanischen Rückens, erkennbar (EMERY & UCHUPI 1984).

In den meisten Gebieten steigt der Meeresspiegel, aber es gibt auch Gegenden, in denen er fällt. Die Unterschiede sind auf Veränderungen in der Temperatur und im Salzgehalt zurückzuführen sowie auf Veränderungen der Meeresströmungen. Etwa die Hälfte des heutigen Meeresspiegelanstiegs geht auf die Erwärmung des Meerwassers zurück, die andere Hälfte auf das Abschmelzen des Eises (IPCC 2007).

Die weitere Entwicklung des Meeresspiegels ist schwer abzuschätzen; man rechnet jedoch mit einer Beschleunigung des Anstiegs. Die Schätzungen für das Jahr 2100 liegen zwischen 22 und 44 Zentimetern, wobei für das Jahr 2100 ein mittlerer jährlicher Anstieg um vier Millimeter vorausgesagt wird. Längerfristige Prognosen sind nicht möglich, da der weitere Anstieg stark von der Entwicklung der Emission von Treibhausgasen abhängt (IPCC 2007).

Während im Kampf gegen *global warming* eine weltweite Zusammenarbeit erforderlich ist, lassen sich viele Probleme des Umweltschutzes durch regionale Kooperation lösen. Zum Schutz der Nordsee trafen die Anliegerstaaten verschiedene Abkommen. Das Bonner Abkommen von 1969 war das erste internationale Abkommen zum Umweltschutz in der Nordsee und betraf ausschließlich die möglichen negativen Folgen der Ölförderung. Die Abkommen von Oslo (1972) und Paris (1974) be-

schäftigten sich erstmals in größerem Maßstab mit Schadstoffen im Meer; in ihrer Folge verabschiedeten die Anliegerstaaten 1992 die Oslo-Paris-Konvention. Für den Umweltschutz an den Küsten sind die Anliegerländer zuständig, wobei die Belange des Naturschutzes mit den Erfordernissen des Küstenschutzes und des Fremdenverkehrs abzustimmen sind. Oft wird wirtschaftlichen Interessen (Ölförderung auf der Mittelplate, Gasförderung auf Ameland) oder militärischen Interessen (Schießplätze der Luftwaffe zum Beispiel auf Rømø und Vlieland) der Vorrang vor dem Naturschutz eingeräumt.

Die Nordsee – ein Überblick

Entstehung und Verwandlung der Nordsee

Die Entstehung der Nordsee

Die heutige Nordsee ist Teil eines Senkungsraums, der große Teile Englands, die Niederlande, Norddeutschland, Dänemark und Teile Polens umfasst (Abb. 2.1). Die Senkung begann im ausgehenden Paläozoikum (stratigraphische Einheiten und Altersangaben siehe Abb. 2.2). Die Nordsee ist damit älter als der Atlantik, dessen Öffnung durch das Auseinanderdriften der Nordamerikanischen und der Eurasischen Platte erst im Jura einsetzte. Die Trennung Grönlands von Europa erfolgte sogar erst im Tertiär (FRISCH & MESCHEDE 2005).

Die Absenkung des Nordseeraums wurde wiederholt von Hebungsphasen unterbrochen. Nicht alle Abschnitte der jüngeren Erdgeschichte sind daher durch marine Sedimente vertreten. Die roten Buntsandsteinfelsen von Helgoland verdanken ihre Entstehung beispielsweise einem Wechsel terrestrischer und mariner Sedimentation (BRUUN-PETERSEN & KRUMBEIN 1975). Langfristig überwog jedoch eindeutig die Senkungstendenz. Die Mächtigkeit der Sedimentgesteine beträgt in Ostfriesland etwa 4500 Meter, in Dithmarschen gar 6000 Meter. Erst seit dem Tertiär konzentrieren sich die Senkungsbewegungen auf das Gebiet der heutigen Nordsee. Die Mächtigkeit der tertiären Ablagerungen beträgt im zentralen Teil des Beckens bis zu über 3500 Meter (PETROLEUM EXPLORATION SOCIETY OF GREAT BRITAIN 2007).

Die heutige Nordsee hat sich aus zwei großen Teilbecken entwickelt. Das südliche und das nördliche Becken werden durch das Ringköbing-Fünen-Hoch beziehungsweise sein englisches Gegenstück, das Mittel-Nordsee-Hoch, voneinander getrennt. Beide Becken sind mit mehrere Tausend Meter mächtigen Sedimenten gefüllt. In beiden Becken haben sich unter der enormen Auflast der Deckschichten **Salzstöcke** gebildet. Die Anlage der Diapire und Salzmauern geht bis in die Trias zurück. Die Ausrichtung der Salzstöcke folgt weitgehend dem Verlauf von Störungen im tieferen Untergrund. Im Miozän verlor das Ringköbing-Fünen-Hoch seinen dominierenden Einfluss, und das gesamte Nordseebecken begann, sich stark abzusenken. Diese Senkung dauerte im Quartär an. Während die Mächtigkeit der quartären Sedimente bei Sylt nahe null ist (Aufragung des pliozänen Kaolinsands), beträgt sie in der Mitte der Nordsee an der Spitze des „Entenschnabels" etwa 830 Meter (BRÜCKNER-RÖHLING et al. 2005).

Der Untergrund der Nordsee ist tektonisch stark beansprucht worden. Die gesamte Nordsee wird von einem zentralen Grabensystem durchzogen, das sich von der Küste der Niederlande bis an den Schelfrand zwischen den Shetland-Inseln und Norwegen verfolgen lässt. Der **Zentralgraben** erreicht eine Breite von 100 Kilometern; in einigen Gebieten ist die Basis des Zechsteins innerhalb des Grabens auf Tiefen über 10 000 Meter abgesenkt. Der Zentralgraben durchschneidet das Mittel-Nordsee-Ringköbing-Fünen-Hoch. Die Grabenfüllung ist auf Grund der großen Sedimentmächtigkeiten besonders stark von der Halokinese erfasst worden. Ein zweiter, kleinerer Graben verläuft zwischen dem Zentralgraben und der dänischen Nordseeküste ebenfalls annähernd in nordsüdlicher Richtung. Er ist erheblich schmaler und durchtrennt das Ringköbing-Fünen-Hoch nicht (WALTER 2007).

Die Verbreitung der Salzstöcke im südlichen Becken reicht von Borkum (Salzstock Borkum) bis nach Eiderstedt (Salzstock Oldenswort). Der Durchbruch der Salzstöcke durch die Deckschichten vollzog sich in der Zeitspanne vom Keuper (Borkum, Juist-West, Juist-Ost, Norderney, Wichter Ee, Langeoog, Spiekeroog), Lias (Scharhörn-Eversand-Mellum), Dogger (Wangerooge), Kreide (Oldenswort-Süd) bis hin zum Tertiär und Quartär (Borkum-Nord, Harle-Riff – Roter Sand – Feuerschiff Elbe 1, Oldenswort-Mitte und Oldenswort-Nord; JARITZ 1973). Deutlichstes Kennzeichen der

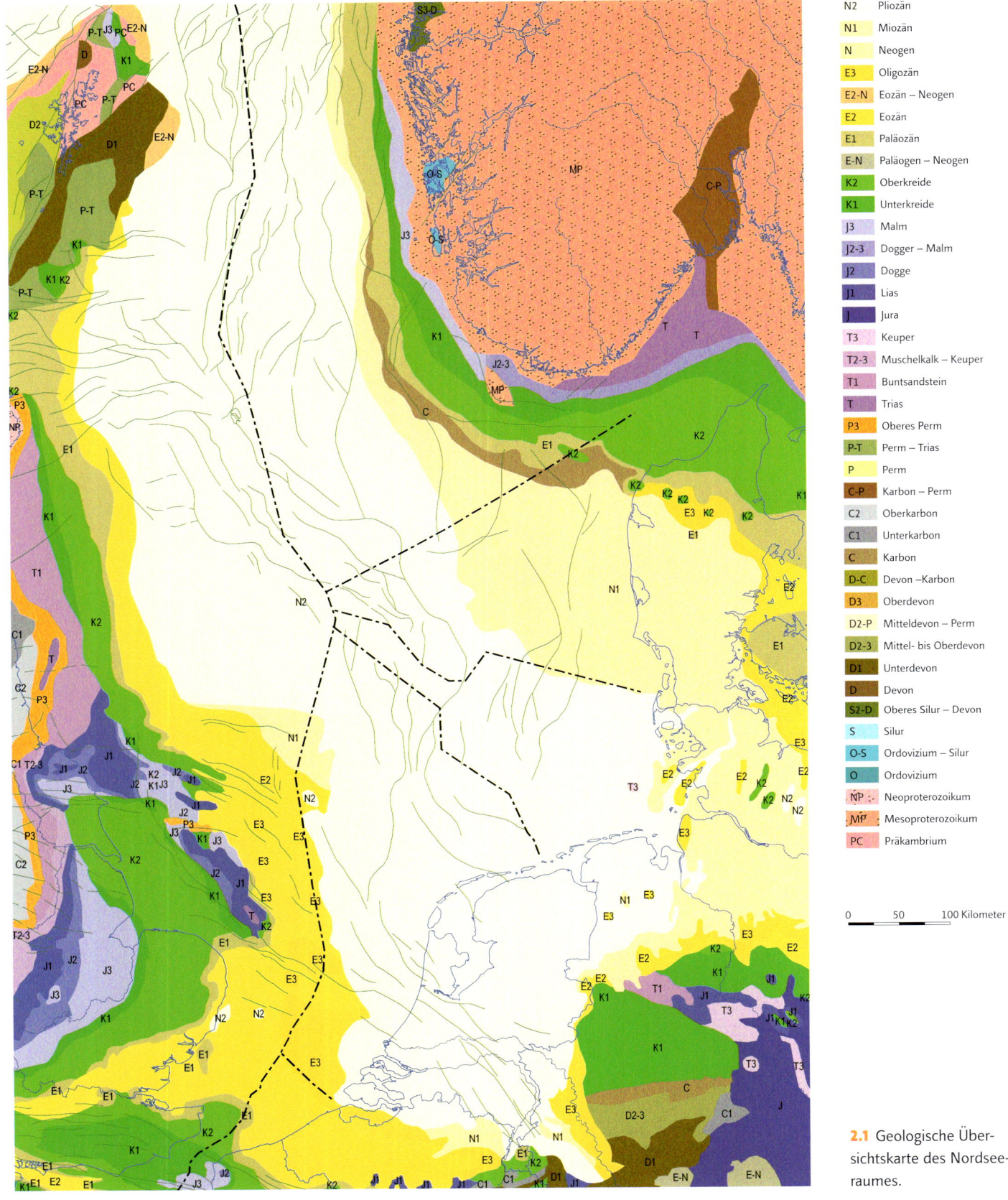

N2	Pliozän
N1	Miozän
N	Neogen
E3	Oligozän
E2-N	Eozän – Neogen
E2	Eozän
E1	Paläozän
E-N	Paläogen – Neogen
K2	Oberkreide
K1	Unterkreide
J3	Malm
J2-3	Dogger – Malm
J2	Dogge
J1	Lias
J	Jura
T3	Keuper
T2-3	Muschelkalk – Keuper
T1	Buntsandstein
T	Trias
P3	Oberes Perm
P-T	Perm – Trias
P	Perm
C-P	Karbon – Perm
C2	Oberkarbon
C1	Unterkarbon
C	Karbon
D-C	Devon –Karbon
D3	Oberdevon
D2-P	Mitteldevon – Perm
D2-3	Mittel- bis Oberdevon
D1	Unterdevon
D	Devon
S2-D	Oberes Silur – Devon
S	Silur
O-S	Ordovizium – Silur
O	Ordovizium
NP	Neoproterozoikum
MP	Mesoproterozoikum
PC	Präkambrium

0   50   100 Kilometer

2.1 Geologische Über-sichtskarte des Nordsee-raumes.

Entstehung und Verwandlung der Nordsee

Salinartektonik ist die Felseninsel Helgoland, die aus halokinetisch gehobenen Buntsandsteinschichten besteht (Abb. 2.3, BINOT 1991). Von dieser Ausnahme abgesehen, ist jedoch kein Einfluss der Salzstöcke auf die Ausbildung der heutigen Küstenlinie festzustellen.

Während die heutige Nordsee ein Randmeer des Nordatlantiks darstellt, war die paläogeographische Lage im Verlauf der Erdgeschichte äußerst

2.3 Rippelmarken im Mittleren Buntsandstein am Strand von Helgoland. Die Rippelmarken belegen, dass der Sandstein in flachem Wasser abgelagert worden ist. Ob es sich um Gezeitenablagerungen oder die Sedimente eines flachen Salzsees handelt, ist nicht sicher (Clemmensen 1979). Der Sandstein ist fossilarm, jedoch sind Muscheln, Ostrakoden und zwei Fragmente von Schädeln des Sauriers Parotosaurus helgolandiae auf Helgoland gefunden worden (2007).

Erdzeitalter				Alter in Millionen Jahren
			Quartär	1,6
Phanerozoikum	Känozoikum	Tertiär	Neogen	2,3
			Paläogen	65
	Mesozoikum		Kreide	142
			Jura	206
			Trias	248
	Paläozoikum		Perm	295
			Karbon	354
			Devon	416
			Silur	442
			Ordovizium	495
			Kambrium	544
Präkambrium	Proterozoikum		Neo-	1000
			Meso-	1500
			Paläo-	2500
	Archaikum			4600

2.2 Geologische Zeittafel.

wechselhaft. Nach der festländischen Phase der Trias drang das Meer im Oberen Keuper und Jura von Süden – von der Thetis, dem Ur-Mittelmeer her – bis in den Nordseeraum vor. Erst im Tertiär wurde die Verbindung zur Thetis unterbrochen. Im Miozän kam es noch einmal zu einer deutlichen Erwärmung. Die Jahresmitteltemperatur lag in Deutschland bei 13 bis 16 °C (heute: 9 bis 10 °C). Üppige Vegetation breitete sich aus, deren Spuren man in den Braunkohlelagerstätten findet. Im Mittelmeer kam es zu extrem starker Verdunstung („Messinian Salinity Crisis"), und das Meer trocknete zeitweilig aus. Die Nordsee hatte bereits annähernd ihre heutige Gestalt, reichte in Norddeutschland aber noch bis ins Rheinland und über Hamburg hinaus nach Osten. In der zweiten Hälfte des Miozäns setzte Abkühlung ein, die allmählich zum Klima des Eiszeitalters überleitete.

Im Känozoikum wurden die Gebiete in der Umrahmung der Nordsee (Norwegen, Schottland, Mitteleuropa) gehoben, während sich gleichzeitig das Nordseebecken stark absenkte. Die Folge war verstärkte Abtragung im Bereich der gehobenen Gebiete und Auffüllung des Nordseebeckens mit Sedimenten. Die Mächtigkeit der känozoischen Ablagerungen aus dem Tertiär und Quartär übersteigt in den zentralen Bereichen der Nordsee drei Kilometer (HUUSE 2002).

Eiszeit

Das Ausgangsrelief der heutigen Nordsee vor der holozänen Transgression wurde in erster Linie durch die pleistozänen Vereisungen geprägt. Das Nordseebecken ist während des Quartärs mindestens in drei Eiszeiten (Elster-, Saale- und Weichsel-Eiszeit) vom Inlandeis ganz oder teilweise bedeckt worden. Forschungsergebnisse aus den Niederlanden und aus England deuten darauf hin, dass den drei bekannten Eiszeiten weitere Vereisungen vorausgegangen sind. Spuren dieser älteren Vereisungen konnten in Norddeutschland bisher nicht sicher nachgewiesen werden (EHLERS et al. 2004).

Die Ausdehnung der einzelnen Vereisungen war regional sehr unterschiedlich: Während der Elster-Vereisung *(Anglian)* erreichten die Gletscher in England ihre maximale Ausdehnung. Der Vorstoß des Inlandeises reichte bis in den Raum der heutigen nördlichen Vororte Londons; die Themse musste ihren Lauf verlegen (GIBBARD 1994). In den Niederlanden konnten dagegen bisher nur an zwei Stellen Grundmoränen nachgewiesen wer-

Woher stammen die Findlinge?

2.4 Einen hat der Teufel geworfen … a) Der Stane of Crail im Überblick und b) im Detail, 2007).

The Blue Stane of Crail, der Blaue Stein von Crail, in der Grafschaft Fife in Schottland (Abb. 2.4) ist aus einem Gestein, das auf der Isle of May ansteht. Der Teufel hat mit diesem Stein geworfen — so die Legende —, als im 12. Jahrhundert in Crail die Kirche gebaut wurde. Er hat sie verfehlt; der Stein liegt etwa 50 Meter vor dem Gotteshaus am Eingang des Friedhofs. Die Schrammen, die man auf dem Stein sieht, gelten als Daumenabdruck des Teufels. Die örtlichen Einwohner haben später, so heißt es, ihre Schwerter auf diesem Stein geschärft; denn das galt als Garantie für den Sieg. Bei heutigen Internetnutzern ist der Stein weniger populär. Er wird zwar in verschiedenen Websites aufgeführt, aber stets als eher unbedeutend eingestuft. Eine Beschreibung beginnt mit dem Satz: „Dieser unglaublich langweilige Stein sei nur der Vollständigkeit halber hinzugefügt …"

Findlinge wie der Blaue Stein von Crail sind in aller Regel vom Gletscher transportiert worden. Schottland war — genau wie Skandinavien — in den Eiszeiten ein Zentrum der Vergletscherung, von dem die Gletscher in Richtung Nordsee vorgestoßen sind, und die Landschaft um Crail zeigt eindeutige Spuren glazialer Überprägung. Der Stein birgt aber doch ein interessantes Rätsel: Die Isle of May liegt etwa acht Kilometer vom Fundort entfernt. Keine große Entfernung für einen Gletscher, aber die Insel liegt südsüdöstlich von Crail, sodass der Transport durch schottisches Eis nicht nur quer zur Bewegungsrichtung, sondern obendrein noch ein Stück weit stromaufwärts erfolgt sein muss. Hatte am Ende doch der Teufel seine Hand im Spiel?

Geschiebe, deren Herkunftsgebiet genau bekannt ist, geben Auskunft über die eiszeitliche Gletscherbewegung; einige sind nur acht Kilometer, andere 800 Kilometer weit transportiert worden. Der Påskallavik-Porphyr aus Småland (östliches Schweden) ist ein leicht erkennbares Leitgeschiebe (SCHULZ 2003). Typisch sind die 0,5 bis 3 Zentimeter großen Kalifeldspat-Einsprenglinge mit den abgerundeten Ecken, die diesem Gestein (Abb. 2.5) ein blutwurstartiges Aussehen geben. Außerdem hat der Stein ein bis vier Millimeter große, unauffällige, runde Quarzeinsprenglinge sowie viele kleine Einsprenglinge von dunklem Glimmer (Biotit). Den Påskallavik-Porphyr findet man an der östlichen Küste der Nordsee, von den Niederlanden bis nach Dänemark. Er fehlt in Großbritannien. Eis aus der Ostsee-Senke hat die Nordsee also nicht überschritten.

Weit verbreitet sind dagegen an der Ostküste Englands und Schottlands Geschiebe aus dem Oslo-Geden, die aus der Elster-Vereisung stammen könnten. Das Vorkommen von zum Teil über 300 Meter tiefen Rinnen in den nördlichen Niederlanden (DE MULDER et al. 2003) deutet jedoch darauf hin, dass die elsterzeitliche Vereisung zumindest die nördlichen Niederlande noch betroffen hat. Im niedersächsischen Emsland ist Elster-Grundmoräne nachgewiesen worden – wenn auch nur an wenigen Punkten (MEYER 1970).

Während der Saale-Vereisung *(Wolstonian)* erreichten die Gletscher in den Niederlanden ihre maximale Ausdehnung (LABAN & VAN DER MEER 2004). In England liegt der äußerste Eisrand der Saale-Vereisung dagegen knapp südlich des Wash. Die meisten Teile East Anglias sind von der Saale-Vereisung nicht mehr betroffen worden.

Die Weichsel-Vereisung *(Devensian)* reichte in England bis an die Nordküste Norfolks. In Norddeutschland hat das Eis die Elbe nicht überschritten. Im Norden Dänemarks, bei Viborg, griff der Eisschild weiter nach Westen aus. Hier lag der Eisrand im Gebiet der heutigen Nordsee (HOUMARK-NIELSEN 2004). Die Gletscher Norwegens und Schottlands standen zeitweilig im Bereich der

2.5 … die anderen kamen mit den Gletschern der Eiszeit. Påskallavik-Porphyr aus Südostschweden; Fundort: Blåvandshuk, Dänemark (2006).

2.6 Der große rosa Stein (zweiter von rechts) ist der Dalsetter-Findling auf Shetland, ein Tønsbergit-Geschiebe aus dem Oslo-Gebiet (2007).

biet (Rhombenporphyre und Larvikite). In East Anglia sind sie durch die Gletscher der Elster-Eiszeit verbreitet worden. In den Grundmoränen der Halbinsel Holderness (Yorkshire) finden sie sich in der unteren Moräne (dem *Basement Till*), die der Saale-Eiszeit zugerechnet wird. Die norwegischen Geschiebe sind am Strand leicht zu identifizieren. Aber Vorsicht! Für den Küstenschutz sind in jüngerer Zeit große Mengen von Larvikit eingesetzt worden (zum Beispiel vor Withernsea in Yorkshire). Von dort haben

sich Larvikit-Gerölle am Strand bis zur Spitze der Halbinsel Spurn ausgebreitet. Strandfunde sich daher ungeeignet, um frühere Eisbewegungen nachzuweisen. Es ist erforderlich, die im Kliff anstehenden Moränen zu beproben. Eine Probe von 500 Geschieben kleiner zwei Zentimeter aus dem *Basement Till* von Holmpton (Holderness) ergab zwei Larvikite, einen Rhombenporphyr, einen fraglichen Tønsbergit, aber auch zahlreiche Geschiebe schottischer Herkunft, unter anderem einen devonischen Lapillituff

von St. Abbs Head (Bestimmung: Roland Vinx, Hamburg).

Dass zumindest einmal während der Eiszeiten das Eis von Skandinavien bis über die Shetland-Inseln hinaus an den Schelfrand gereicht hat, ist durch einen Findling belegt. Dieser von Finlay (1928) entdeckte, aus Norwegen stammende Tønsbergit-Findling mit einem Durchmesser von etwa einem Meter findet sich in einer Feldbegrenzung auf der Ostseite der Straße knapp nördlich des Hofes Dalsetter (Abb. 2.6).

Nordsee miteinander in Kontakt. Die Grenzen der Weichsel-Vereisung lassen sich aufgrund der Verbreitung der Tunneltäler am Meeresboden gut kartieren (EHLERS & WINGFIELD 1991).

Der Boden der Nordsee ist außerordentlich eben. Es ist daher nur in wenigen Fällen möglich, aus den heutigen Oberflächenformen Rückschlüsse auf die quartäre Entwicklung zu ziehen; man muss bei der Rekonstruktion der eiszeitlichen Überprägung fast ausschließlich auf die Ergebnisse geologischer und geophysikalischer Untersuchungen zurückgreifen. Dies bietet Vor- und Nachteile. Während im festländischen Bereich der Bau des Untergrunds aus punktuellen Informationen (Bohrungen) rekonstruiert werden muss, bieten im marinen Bereich seismische Verfahren die Möglichkeit, den Aufbau ganzer Profilschnitte kontinuierlich zu erfassen. Die dabei ausgegliederten seismostratigraphischen Einheiten lassen sich jedoch nicht unmittelbar mit der festländischen Litho- und Chronostratigraphie korrelieren. Dies geht nur über die Auswertung gezielt angesetzter Bohrungen, die als Richtprofile innerhalb des seismostratigraphischen Grundgerüsts verwendet werden können.

Das Unter- und Mittelpleistozän der Mittleren und Nördlichen Nordsee besteht fast ausschließlich aus marinen Sedimenten. Die auffälligste Besonderheit in den seismischen Profilen ist eine Diskordanz, die wahrscheinlich durch die **Elster-Kaltzeit** hervorgerufen worden ist. In der Südlichen Nordsee wird diese Diskordanz von bis zu 550 Meter mächtigen Ablagerungen des Unter- und Mittelpleistozäns unterlagert. Diese Sedimente sind im Wesentlichen Deltaablagerungen der großen Flüsse, insbesondere von Rhein und Maas, die während der Kaltphasen des frühen Pleistozäns bei abgesenktem Meeresspiegel weit in die Nordsee hinein vorgeschüttet worden sind (BUSSCHERS 2008). Sie bilden die seewärtigen Ausläufer der kaltzeitlichen Flussterrassen. Oberhalb der Diskordanz finden sich überwiegend glaziomarine Ablagerungen, die im Gegensatz zur gleichmäßigen Schichtung der älteren Sedimente teils Gletscherstauchungen aufweisen, teils durch tiefe, kaltzeitlich geformte Rinnen zerschnitten sind (CARR 2004, HUUSE & LYKKE-ANDERSEN 2000b).

In der Südlichen Nordsee belegen Stauchungen der unter- und mittelpleistozänen Ablagerungen im Gebiet der Brown Bank und im niederländischen Sektor einen ersten (wahrscheinlich elsterzeitlichen) Eisvorstoß bis mindestens 52°20′N. In East Anglia reichen die Elster-Grundmoränen südlich bis Ipswich (52°N). Es wird davon ausgegan-

gen, dass in der Elster-Kaltzeit ein Kontakt zwischen britischem und skandinavischem Eis bestanden hat (LONG et al. 1988, EHLERS 1988b). Die Verbreitung von Grundmoränen am Boden der Nordsee ist äußerst lückenhaft. Wo Moränenmaterial gefunden wird, ist eine genaue altersmäßige Einstufung oft nur schwer möglich. So sprechen BEETS et al. (2005) denn auch nur von zwei mittelpleistozänen Moränenlagen, die im niederländischen Sektor bei 54°N und 5°E erbohrt worden sind.

Die ältesten Rinnen der Südlichen Nordsee sind im Wesentlichen mit subglazialen und glaziolakustrinen (Eisstausee-)Ablagerungen der Elster-Kaltzeit gefüllt. Im oberen Teil der Rinnenfüllung kommen auch holsteinzeitliche marine Ablagerungen vor. In der Mittleren Nordsee ist die Situation dagegen anders: Hier fehlt die elsterzeitliche Rinnenfüllung weitgehend, und geringmächtige holsteinzeitliche Sedimente nahe der Rinnenbasis werden von saalezeitlichen glaziomarinen Schichten überlagert. In diesem Bereich der Nordsee ist auch während der Weichsel-Kaltzeit eine große Zahl von Rinnen nicht verfüllt worden (*Devils Hole*) (LONG & STOKER 1986). Bei der Auswertung von 3-D-Seismik lassen sich der Verlauf der Rinnen und die Abfolge der Rinnenbildung wesentlich genauer rekonstruieren. KRISTENSEN et al. (2007) unterscheiden sieben größere Phasen der Rinnenbildung, die sich Eisrand-Oszillationen mehrerer Vereisungen zurechnen lassen.

Der glaziale Formenschatz steuerte die Ausdehnung der jeweiligen interglazialen Transgressionen. So drang das **Holstein-Meer** in großen Förden, die dem Verlauf elsterzeitlicher Tunneltäler folgten, weit ins Innere Dänemarks, Norddeutschlands, der Niederlande und Belgiens ein. In East Anglia sind Meeresablagerungen im Nar Valley nachgewiesen, etwa 20 Kilometer von der heutigen Küste entfernt.

Die früher angenommene großflächige Überflutung Norddeutschlands (WOLDSTEDT & DUPHORN 1974) entspricht nicht mehr dem heutigen Kenntnisstand. Im Hamburger Raum, aber auch weiter westlich, ergibt sich ein wesentlich differenzierteres Bild. Es ist keine Folge späterer Erosion, dass die Vorkommen mariner Holstein-Ablagerungen auf die elsterzeitlichen Rinnen beschränkt sind.

In den Niederlanden ist das Eis der **Saale-Vereisung** bis südlich von Amsterdam vorgestoßen. Man ist früher davon ausgegangen, dass sich skandinavisches und britisches Eis in der Nordsee getroffen haben (VAN DEN BERG & BEETS 1987, RAPPOL et al. 1989). Im niederländischen Sektor der Nordsee lässt sich die entsprechende Grundmoräne von

Entstehung und Verwandlung der Nordsee

der Küste aus lediglich bis etwa 40 Kilometer seewärts verfolgen (JOON et al. 1990). Sie fehlt auch im größten Teil der Mittleren und Nördlichen Nordsee. Daraus wird abgeleitet, dass in der Südlichen Nordsee kein Kontakt zwischen britischem und skandinavischem Eis bestanden habe (LABAN 1995, LABAN & VAN DER MEER 2004).

Der Verlauf der Küstenlinie der **Eem-Warmzeit** ist vor allem im Bereich des europäischen Festlandes heute recht genau bekannt (BOSCH et al. 2000). Schwieriger ist die Rekonstruktion an der britischen Küste. Marine Ablagerungen aus der Eem-Warmzeit sind nur an wenigen Stellen gefunden worden. Großbritannien war in der letzten Warmzeit überwiegend nicht von Wasser bedeckt. Die Transgression des Eem-Meeres blieb in der Regel hinter der Maximalausdehnung der holozänen Nordsee zurück. Die großen Meeresbuchten des Holozäns sind jedoch jeweils durch eemzeitliche Vorläufer gekennzeichnet (Zuider Zee, Lauwerszee, Dollart, Jadebusen). In Schleswig-Holstein bestand zeitweilig eine Verbindung zwischen Nord- und Ostsee – etwa entlang des heutigen Nord-Ostsee-Kanals (KONRADI et al. 2005).

Im Gegensatz zu den weit landeinwärts reichenden Förden des Holstein-Meeres sind die Meeresbuchten der Eem-Warmzeit von geringerer Ausdehnung. Sie folgten im Wesentlichen ehemaligen Flusstälern. Da die Dauer der Eem-Warmzeit der des Holozäns vergleichbar war, ist davon auszugehen, dass sich ähnlich wie heute eine Barriereküste ausgebildet hat, auch wenn der Meeresspiegel im Bereich des heutigen Wattenmeeres zur Eem-Zeit etwas niedriger war. Belege hierfür konnten jedoch bisher nicht festgestellt werden. Es muss angenommen werden, dass die Barriere weiter seewärts lag und der marinen Erosion im Holozän zum Opfer gefallen ist.

Während an der englischen Ostküste die Vorkommen eemzeitlicher Sedimente auf einen deutlich höheren Meeresspiegelstand hinweisen (in der als tektonisch „stabil" angesehenen Zone bei etwa + 7,5 Meter), liegen in Norddeutschland die Oberflächen der holstein- und eemzeitlichen marinen Sedimente deutlich tiefer als der heutige Meeresspiegel. Dies wird auf die allgemeine Senkungstendenz der deutschen Nordseeküste zurückgeführt, die in den hier betrachteten Zeiträumen von gut 100 000 (seit Ende der Saale-Eiszeit) beziehungsweise mehr als 300 000 Jahren (seit der Elster-Eiszeit) bereits stark zum Tragen kommt, während sie innerhalb des kurzen Abschnitts der holozänen Transgression (unter 10 000 Jahre) keine nennenswerte Rolle spielt.

Während der **Weichsel-Vereisung,** als der Meeresspiegel um etwa 110 bis 130 Meter abgesenkt war (SHACKLETON 1987), waren die eisfreien Gebiete am Nordseeboden genau wie das heutige Festland periglazialer Umformung ausgesetzt. Es sind Spuren von Eiskeilen gefunden worden, und am Boden der Südlichen Nordsee lassen sich Flugsandvorkommen nachweisen. Auch die asymmetrische Verfüllung einer Reihe von Rinnen mag auf periglaziale Solifluktion (Bodenfließen über Dauerfrostboden) zurückzuführen sein. Eine geschlossene Grundmoränendecke *(Bolders Bank Formation)* lässt sich von der Küste East Anglias über 100 Kilometer weit nach Nordosten verfolgen. Eiszeitliche Beckentone und Moränenmaterial sind südlich und östlich der Doggerbank gefunden worden. Weiter im Norden sind dagegen die Vorkommen von Grundmoränen der Weichsel-Vereisung auf einen meist unter 100 Kilometer breiten Streifen östlich der britischen Küste begrenzt. Alle Forscher gehen heute davon aus, dass sich britisches und skandinavisches Eis während des Weichsel-Maximums nicht getroffen haben (LONG et al. 1988, EHLERS & WINGFIELD 1991). CARR (2004) nimmt an, dass ein Kontakt zwischen beiden Eismassen bereits früher, um 70 000 v. h. stattgefunden hat (MIS4).

An den Ufern der Nordsee finden sich markante **Stauchmoränen** bei Rudbjerg Knude (Lønstrup Klint, PEDERSEN 2005), wo eine ursprünglich 40 Meter mächtige Schichtenfolge vom norwegischen Eis der frühen Weichsel-Kaltzeit zu einem 80 Meter mächtigen Stauchkomplex zusammengepresst worden ist. Ein knappes Drittel des Kliffs besteht jedoch aus jungen Dünen, die auf dem Stauchkomplex aufsitzen. Eine weitere Stauchmoräne findet sich bei Bovbjerg am äußersten Rand der Weichsel-Vereisung in Jütland (ANDERSEN 1994).

Die Oberfläche des Nordseebodens weist nur wenige morphologische Besonderheiten auf. Neben den bereits erwähnten Rinnen (zum Beispiel Outer Silver Pit) gehört hierzu das große Stauchmoränengebiet der Doggerbank (FITCH et al. 2005). Auch die kiesreichen Gebiete des Nordseebodens, wie zum Beispiel der Borkum-Riffgrund, werden als Endmoränen gedeutet. Seismische Untersuchungen haben darüber hinaus an einigen Stellen starke Stauchungen des Untergrunds festgestellt. Hierzu zählen die von BORTH-HOFFMANN (1980) beschriebenen Strukturen nördlich von Helgoland und die von ANDERSEN (2004) entdeckten Stauchungen westlich von Mandø. In beiden Fällen ist die Stauchung aus östlicher bis ostnordöstlicher Richtung erfolgt; die Störungen im dänischen

2   Entstehung und Verwandlung der Nordsee

Gletscher und ihre Schmelzwässer (Abb. 2.7) haben den überwiegenden Teil der Landschaft im Umkreis der Nordsee geprägt. Man neigt dazu, die formende Tätigkeit vor allem den Gletschern zuzuschreiben. In Wirklichkeit ist jedoch der Anteil der Schmelzwässer an der Formung der Landschaft ebenso hoch.

Auch außerhalb des Vereisungsgebiets ist das Gelände unter dem Einfluss des eiszeitlichen Klimas geprägt worden. Der Untergrund war ganzjährig gefroren. Lediglich die oberste Bodenschicht ist in den Sommermonaten aufgetaut. Da das Wasser im Dauerfrostboden nicht versickern konnte, entstand in der Auftauschicht ein wassergesättigter Brei, der schon bei geringer Hangneigung talabwärts gewandert ist. Ein Ergebnis derartigen Bodenfließens ist der Streifenboden, den man heute in Norwegen beobachten kann (Abb. 2.8).

2.7 Nigardsbreen in Norwegen. Die Gletscher Skandinaviens sind keine Überreste aus der Eiszeit, sondern haben sich nach dem holozänen Wärmeoptimum neu gebildet. Nach einem Vorstoß in den 1980er-Jahren schmelzen die Gletscher jetzt wieder stark ab (2006).

2.8 Streifenboden bei der Juvasshytta, Norwegen. In der Auftauschicht über dem Dauerfrostboden kommt es durch den Frostwechsel zur Sortierung des Gesteinsschutts, der bei einer Neigung ab 2° als Fließerde hangabwärts kriecht (2006).

2.9 Saale-Grundmoräne im Emmerlev-Kliff in Dänemark. Der obere, ockerfarbene Teil des Profils ist entkalkt und verwittert, der untere, graue Teil zeigt den frischen Geschiebemergel (2006).

Wattenmeer fallen mit einem Winkel von 10 bis 40° ein und reichen bis in eine Tiefe von 200 bis 360 Metern. Die Stauchschuppen lassen sich in nordsüdlicher Richtung über fünf Kilometer weit verfolgen (HUUSE & LYKKE-ANDERSEN 2000a, ANDERSEN 2004). Da während der großen Inlandvereisungen der Meeresspiegel um über 100 Meter erniedrigt war, war zu dieser Zeit der Nordseeboden Teil des Festlands. Das Elbe-Urstromtal lässt sich am Boden der Nordsee bis in den Bereich der Doggerbank verfolgen (FIGGE 1980).

Während an der britischen Nordseeküste an vielen Stellen eiszeitliche Gletscherablagerungen aufgeschlossen sind, sind derartige Punkte an der östlichen Nordseeküste rar. In den Niederlanden ist der Geestkern der Insel Texel von jüngeren Ablagerungen verhüllt. In Niedersachsen reichen eiszeitliche Ablagerungen südlich von Cuxhaven bis an die Nordseeküste, doch ist das frühere Kliff heute überwachsen und nicht mehr aktiv. Kleinere Aufschlüsse findet man auf Amrum (Kliff Ual anj auf der Wattseite) und Föhr (Goting-Kliff). Das Rote Kliff auf Sylt, in dem früher pliozäne Kaolinsande, gestauchte elsterzeitliche Grundmoräne und an der Geländeoberfläche mehrere Meter mächtige saalezeitliche Grundmoräne aufgeschlossen waren, ist heute durch die Sandvorspülung fast vollständig verhüllt (Abb. 1.4). Der einzige gut erhaltene Aufschluss eiszeitlicher Schichten an der Küste des Wattenmeeres ist das Emmerlev-Kliff in Dänemark (Abb. 2.9).

Schwankungen des Meeresspiegels

Eustasie

Die Höhe des Meeresspiegels in den Kalt- und Warmzeiten hängt in starkem Maße davon ab, wie viel Wasser in Form von Gletschereis gebunden ist. Die Bildung ausgedehnter Inlandeismassen führt zu einem Absinken des Meeresspiegels, ihr Abschmelzen dagegen zu einem Wiederanstieg. Die damit verbundenen Veränderungen werden als eustatische Meeresspiegelschwankungen bezeichnet. Wie stark waren diese Schwankungen? Im Meerwasser kommt Sauerstoff in zwei Isotopen vor: ^{16}O und ^{18}O. Da ^{18}O schwerer ist, wird von der Verdunstung vor allem das leichtere ^{16}O betroffen. Wenn sich das Klima nicht verändert, gelangt dieses ^{16}O über Niederschlag und den Abfluss der Flüsse wieder ins Meer zurück. In einer Kaltzeit wird dagegen ein großer Teil des Niederschlags in den Gletschern und Eisschilden des Festlandes gebunden, sodass sich der Anteil von ^{16}O im Meerwasser verringert. Daher gibt das Sauerstoffisotopenverhältnis der Tiefsee-Bohrkerne Auskunft über das globale Eisvolumen und ist somit gleichzeitig ein Mittel, um die eustatischen Schwankungen des Meeresspiegels zu rekonstruieren. Nach Untersuchungen von SHACKLETON (1987) wird von einer maximalen Absenkung um 130 Meter während der letzten Eiszeit ausgegangen.

Isostasie

Die Belastung der vergletscherten Gebiete durch zum Teil mehrere Tausend Meter mächtige Eisschilde führt dazu, dass in diesen Gebieten die Erdkruste absinkt. Man spricht von isostatischen Ausgleichsbewegungen. Die isostatische Belastung und Entlastung der Erde durch die quartären Eisdecken kann benutzt werden, um die Elastizität der Erdkruste und die Zähigkeit der unterlagernden Schichten abzuschätzen. Eine zunehmend bessere Ermittlung der tatsächlich beteiligten Eismassen verbessert die entsprechenden Möglichkeiten. Die Kontinentalschollen der Erdkruste sind im Schnitt etwa 30 Kilometer dick und „schwimmen" auf dem Erdmantel. Dieser besteht aus drei Lagen, die ein unterschiedliches Verformungsverhalten aufweisen: Die oberste Schicht ist die etwa 200 Kilometer dicke, relativ harte Lithosphäre. Diese überlagert die etwa 500 Kilometer dicke, weiche Asthenosphäre, und darunter folgt die 2200 Kilometer dicke, wieder relativ harte Mesosphäre. Unter dem Gewicht des Inlandeises wird die Erdkruste nach unten gedrückt; beim Abschmelzen des Eisschilds steigt sie wieder empor. Der Ausgleich zwischen dem belasteten, absinkenden Krustenteil und der Umgebung erfolgt in der Asthenosphäre.

Während die vergletscherten Gebiete unter der Eislast nach unten sanken, wurden gleichzeitig die angrenzenden eisfreien Gebiete leicht angehoben. Dass auch beim Aufbau des nordeuropäischen Eisschilds eine randliche Anhebung stattgefunden hat, konnte erst in jüngster Zeit eindeutig nachgewiesen werden (COHEN 2003, BUSSCHERS 2008). Die Hebung im Bereich des Randwulsts betrug etwa 20 Meter.

Die postglaziale Hebung der ehemals vergletscherten Gebiete dauert nach wie vor an. Im Bereich des spätweichselzeitlichen Vereisungszentrums in Schottland werden Beträge um 1,5 Millimeter pro Jahr gemessen (SHENNAN 1989, SHENNAN et al. 2000), im Zentrum des skandinavischen Hebungsgebietes sind es sogar 9,3 Millimeter pro Jahr (DONNER 1980). Ein Teil der heutigen Landhebung in Skandinavien ist allerdings möglicherweise nicht mehr isostatisch bedingt, sondern auf echte Tektonik zurückzuführen (NESJE & DAHL 1990). Aus der Verteilung der postglazialen Landhebung lässt sich ableiten, dass praktisch der gesamte Bereich des Vereisungsgebiets von der isostatischen Absenkung und nachfolgenden Hebung betroffen gewesen ist. Entsprechend großräumigere Senkungen und Hebungen sind für die ausgedehnteren Vereisungen der Elster- und Saale-Kaltzeit anzunehmen.

Die isostatische Absenkung der vergletscherten Gebiete hat in vielen Fällen spätglaziale Meeresvorstöße begünstigt, die wiederum Einfluss auf das Fließverhalten der Eismassen haben: Wo der Eisrand aufschwimmt, kommt es unter Gezeiteneinfluss zum Ablösen großer Eisberge. Der Massenverlust wird durch rascheres Nachströmen wettgemacht. Dies führt zu einer Absenkung der Gletscheroberfläche und zu verstärktem Zustrom von Eis. Starker Eisverlust führt zur Ausbildung einer Bucht im Eisrand, einer *Calving Bay*. Der rasche Eisabbau schnell fließender Eisströme durch Kalben kann so zu einer Kettenreaktion und zum raschen Zusammenbruch einer Eismasse führen (HUGHES 1987).

Da während der Vereisungen der Meeresspiegel stark abgesenkt war, hat sich der Kontakt zwischen Inlandeis und Meerwasser meist in Bereichen abgespielt, die heute überflutet und damit für Untersuchungen schwer zugänglich sind. Die Bedeutung glaziomariner Prozesse für die Entwicklung der Eisschilde ist daher erst in jüngerer Zeit erkannt worden. Bisher waren glaziomarine Ablagerungen aus Norddeutschland gänzlich unbekannt. Seitdem jedoch HINSCH (1993) nachgewiesen hat, dass der basale Teil des elsterzeitlichen Lauenburger Tons in der Bohrung Eggstedterholz marine Fauna enthält, ist zumindest im küstennahen Bereich mit weiteren Funden zu rechnen. Es besteht kein Zweifel, dass das Ausmaß der isostatischen Absenkung mancher Vereisungsgebiete und die Bedeutung glaziomariner Schichten bisher unterschätzt worden sind.

Während die eustatischen Veränderungen des Meeresspiegels weltweit annähernd gleichzeitig spürbar geworden sind, sind die Veränderungen des Eisvolumens der einzelnen Vereisungsgebiete nicht zeitgleich erfolgt. Der eustatische Meeresspiegelanstieg am Ende der Weichsel-Kaltzeit hat etwa 14 000 v. h. begonnen. Das ist in etwa der Zeitraum, in dem das Abschmelzen sowohl des nordwesteuropäischen als auch des laurentischen Eisschilds eingesetzt hat. Während in Großbritannien die Enteisung schon 1000 Jahre früher weit fortgeschritten war, setzte sie zum Beispiel auf Westspitzbergen erst erheblich nach dem Zerfall der großen Eismassen ein. Sie fand dort erst nach 11 000 v. h. ihren Abschluss (BOULTON 1990). Infolge dieser differenzierten Entwicklung haben sich die spätglazialen und postglazialen Meeresspiegelschwankungen in den verschiedenen Gebieten unterschiedlich stark ausgewirkt:

Im Bereich des britischen Vereisungsgebietes machte sich aufgrund der frühen Enteisung die isostatische Landhebung bemerkbar, als der Meeresspiegel noch kaum verändert war. Das Ausmaß der hiermit verbundenen Regression ist unbekannt. Eyles & McCabe (1989) gehen für die Küsten der Irischen See von Werten bis zu 100 Meter aus. Mit Einsetzen des weltweiten Meeresspiegelanstiegs kam es in Großbritannien trotz andauernder Landhebung fast überall zur Transgression. Lediglich in Schottland übertraf die Landhebung weiterhin den Meeresspiegelanstieg. In den übrigen Gebieten ereigneten sich kräftige Meereseinbrüche. Heute liegt die Küstenlinie von 9000 v. h. im Bereich des Wash etwa 50 Meter unter dem Meeresspiegel, im Bereich des Englischen Kanals bei etwa −40 Metern. Das Minimum im Bereich des Wash wird mit dem Abbau des isostatischen Randwulstes erklärt.

Im Bereich des nordwesteuropäischen Vereisungsgebiets gibt es eine klare Zweiteilung zwischen überwiegend isostatischem und überwiegend eustatischem Einflussbereich. Der zentrale Teil des Vereisungsgebietes ist nur von der isostatischen Hebung betroffen gewesen. Der randliche Bereich des Vereisungsgebiets (Nordjütland, Westnorwegen) hat bei der Enteisung zunächst eine kurzfristige Transgression erlebt, die jedoch rasch von der isostatischen Landhebung übertroffen worden ist (Andersen & Sjørring 1992). Das Überwiegen des eustatischen Meeresspiegelanstiegs ist auf die nicht vergletscherten Gebiete beschränkt

Tsunami

2.10 Tsunami-Lage (hell) im Torf bei Sullom Voe (Hintergrund) auf den Shetland-Inseln. Durch eine große Rutschung am Kontinentalhang ist vor gut 8000 Jahren eine Seebebenwelle erzeugt worden, die die Küsten der Nördlichen Nordsee überflutet hat (2007).

Am Kontinentalrand fällt der Meeresboden steil zur Tiefsee ab. Da im Bereich des Norwegischen Schelfs dieser Randbereich im Laufe der Vereisungen in immer mehr zunehmendem Maße mit Sediment überschüttet worden ist, hat sich auf diesem Hang ein Sedimentkörper ausgebildet, dessen Lagerung recht instabil war. Schließlich kam es etwa 8150 Kalenderjahre v. h. etwa 100 Kilometer seewärts von Ålesund zu einer gewaltigen Rutschung *(Storegga Slide)*, bei der 2400 Kubikmeter Sediment den Kontinentalabhang hinuntergeglitten sind. Modellrechnungen haben gezeigt, dass sich die Rutschung mit einer Geschwindigkeit von etwa 25 bis 30 Meter pro Sekunde vollzogen hat, wobei es zur Ausbildung einer bis zu 20 Meter hohen Flutwelle gekommen ist. Die Sedimente, die von dieser Flutwelle mitgerissen worden sind, findet man heute als Sand- und Kiesschicht in den Moor- und Marschgebieten der angrenzenden Küsten. Sie sind nachträglich bei fortschreitender Vermoorung wieder von Torf bedeckt worden (Abb. 2.10). Die Spuren dieses Storegga-Tsunami sind in Norwegen, in Schottland und auf den Shetland-Inseln im Gelände nachweisbar (Bondevik et al. 2003 und 2005).

und macht sich am stärksten im Bereich des ehemaligen Randwulstes bemerkbar.

Die Beispiele zeigen, dass es kein allgemeingültiges Schema für den Ablauf der marinen Trans- und Regressionen im Laufe des Eiszeitalters gibt, sondern dass die Entwicklung regional starke Unterschiede aufweist. Meeresspiegelkurven sind daher immer nur regional gültig.

Die postglaziale Transgression

Die Klimaentwicklung nach dem Ende der letzten Eiszeit wird in fünf Abschnitte untergliedert. Im **Präboreal** (bis 9000 v. h.) stiegen die Temperaturen deutlich an und Wald breitete sich in Europa aus. Im **Boreal** (bis 8000 v. h.) setzte sich die Erwärmung fort. Das **Atlantikum** (bis 5000 v. h.) war das nacheiszeitliche Klimaoptimum. In Norddeutschland waren die Sommer 2 bis 3 °C wärmer als heute. Im **Subboreal** (bis 2500 v. h.) sanken die Temperaturen wieder, und im anschließenden **Subatlantikum** wurde es noch feuchter und kühler.

Am Ende der Weichsel-Eiszeit stieg der Meeresspiegel relativ rasch wieder an. Torfvorkommen belegen, dass die Doggerbank im Boreal noch Festland war. Um diese Zeit erreichte die Transgression erst die −45-Meter-Linie (BEHRE & MENKE 1969). Bevor das Meer im Atlantikum bis in den Bereich der heutigen Küstenlinie vordrang, kam es aufgrund der sich verändernden Vorflutverhältnisse zu einer zunehmenden Vernässung des Küstenbereichs, und es setzte ausgedehnte Vermoorung ein. Hierbei entstand der sogenannte Basaltorf (das unterste Glied der holozänen Schichtenfolge), der sich in Bohrungen fast im gesamten Küstenbereich nachweisen lässt. In diese Moore drang das Meer ein. Ausgehend von tiefen Gezeitenrinnen wurden die Torfgebiete überflutet und mit Kleischichten bedeckt (BAETEMAN et al. 2002).

Unter dem Einfluss des milden Klimas im Atlantikum schmolzen zusätzlich Teile der zirkumpolaren Eiskappen ab. Doch auch dieser Prozess verlangsamte sich am Ende des Atlantikums. Dadurch verlangsamte sich auch der postglaziale Meeresspiegelanstieg erheblich. Die Öffnung des Ärmelkanals brachte eine Veränderung der Tideverhältnisse mit sich (Ausbildung einer zweiten Amphidromie) und beeinflusste damit die Sedimentation an den Küsten der Südlichen Nordsee (STREIF 1986). Örtlich verlagerte sich die Küstenlinie seewärts. Später kam es unter zunehmendem Süßwassereinfluss im Küstenbereich zu ausgedehnter Vermoorung. Diese Phase der Regressi-on fand an der niederländischen Küste etwa 1700 v. Chr. ihr Ende. An der deutschen und dänischen Küste machte sich die erneute Transgression erst später bemerkbar. Sie dauert, mit Unterbrechungen, zum Beispiel während der „Kleinen Eiszeit", einer Kälteperiode, die vom Ende des 14. bis zur Mitte des 19. Jahrhundert auf der Nordhalbkugel zu einem Anwachsen der Gletscher führte, bis heute an.

Die Entstehung der Küstenbarriere

Der postglaziale Meeresspiegelanstieg wird in der älteren Literatur in zwei große Transgressionsphasen untergliedert:

- die Calais-Transgression
- die Dünkirchen-Transgression

Heute geht man davon aus, dass eine ganze Reihe von regional unterschiedlichen Transgressionen und Regressionen stattgefunden hat. Das, was seinerzeit unter „Transgression" und „Regression" zusammmengefasst wurde, sind nicht tatsächliche Schwankungen des Meeresspiegels, sondern lediglich örtlich begrenzte Ausbreitungen des Meeres auf Kosten des Landes und umgekehrt. Im Bereich eines labilen Küstenniveaus ist es schwierig, die Ursachen für einen relativen Meeresspiegelanstieg zu interpretieren. Die angeblichen Trans- und Regressionen sind durch die Konfiguration der Küstenlinie, Sedimentzufuhr und regionale Neotektonik beeinflusst. In den Niederlanden hat man daher die alte Untergliederung aufgegeben und ist zu einer rein lithologischen Kartierung der Sedimente zurückgekehrt (WEERTS et al. 2005).

Während der ersten Jahrtausende des Holozäns stieg der Meeresspiegel außerordentlich rasch. Am flachen Nordseeboden verschob sich dabei die Küstenlinie im Schnitt um 267 Meter im Jahr in landwärtiger Richtung (BÄSEMANN 1979). Dabei reichte die Zeit nicht aus, dass sich eine Ausgleichsküste oder ein Barrieresystem wie im heutigen Wattenmeer aufbauen konnte.

Die Situation änderte sich erst, als etwa 8000 v. h. die horizontale Transgression nahezu zum Erliegen kam. Dies war die Geburtsstunde der heutigen **Küstenbarriere.** In der Folge entstand im Bereich der niederländischen Küste ein Strandwallsystem, in dessen Schutz sich lagunäre Ablagerungen und Wattsedimente in großer Mächtigkeit bilden konnten. Auf den Strandwällen wurden

2   **Entstehung und Verwandlung der Nordsee**

2.11 Die Ostfriesische Insel Langeoog weist drei Dünenkerne auf, die ursprünglich durch das niedrig gelegene Große und Kleine Sloop voneinander getrennt waren. Diese Durchlässe wurden bei Sturmfluten überspült. Erst seit 1890 bzw. 1906 sind die Dünenkerne miteinander verbunden.

schon bald die sogenannten „Alten Dünen" aufgeweht, die – zum Teil von jüngeren Dünen überdeckt – entlang der holländischen Westküste von südlich Den Haag bis nördlich Alkmaar zu verfolgen sind. In dieser ersten Phase der Barrierebildung stieg der Meeresspiegel noch immer so rasch an (0,06 bis 0,10 Zentimeter pro Jahr), dass der Sedimentnachschub nicht ausreichte, um die entstehenden Watten aufzufüllen. Es entstanden große Lagunenbereiche, in den Niederlanden das *Holland Tidal Basin*. Um 5000 v. h. nahm die Sedimentzufuhr so stark zu, dass die Strandwälle sich zu einer durchgehenden Küstenbarriere schließen konnten, in deren Schutz sich Seen, Süßwassermarschen und Moore ausbreiteten (BEETS & VAN DER SPEK 2000, BEETS et al. 2003).

Etwa in diese Zeit fällt auch die Bildung eines großen Teils der ausgedehnten Marschgebiete in Schleswig-Holstein. Auch im nördlichen Dithmarschen begann die marine Transgression etwa um 5000 v. h. wirksam zu werden. Während der Transgression wurden stellenweise bis über 15 Meter mächtige marine Sedimente abgelagert. Früh begann die Aufschüttung von nordsüdlich streichenden Strandwällen aus Kies, grobkörnigem Sand und Schill. Diese Sedimentkörper beeinflussten die Sedimentation in ihrem Hinterland stark; im Schutz dieser Barriere, der sogenannten „Lundener Nehrung", konnte hier vor allem feines Material abgelagert werden (HUMMEL & CORDES 1969). Etwa um Christi Geburt, zu Beginn der römischen Besiedlung, endete diese Phase der Strandwall- und Dünenbildung.

Die heutigen **Barriereinseln** des Wattenmeeres sind sehr junge Gebilde. Die Existenz Langeoogs (Abb. 2.11) lässt sich frühestens ab 1000 v. Chr. belegen (BARCKHAUSEN 1969), die ältesten Salzmarschablagerungen (Grodenschichten) auf Juist ergeben ein ^{14}C-Alter um Christi Geburt (STREIF 1986). Veränderungen im Tidegeschehen und eine verstärkte Sandzufuhr werden für die Entstehung der Düneninseln verantwortlich gemacht. Während der Meeresspiegelanstieg sich am Ende des Atlantikums erheblich verlangsamte, nahm die Sedimentation im Küstenraum stark zu (STREIF 1975).

Man geht heute davon aus, dass die Barriereinseln der Nordsee durch über das Meeresniveau anwachsende Sandbänke entstanden sind. Dieser Gedanke wurde zuerst von ORDEMANN (1912) geäußert. In Anlehnung an die Entstehung der Insel Memmert, die sich „vor unseren Augen" vollzogen habe, postulierte KEILHACK (1925) folgende Phasen der Inselentwicklung:

1. Sandzufuhr von See führt zur Entstehung von Sandbänken vor der Küste.
2. Andauernde Sandzufuhr führt zu weiterer Aufhöhung, bis die Sandbänke bei Niedrigwasser trockenfallen.
3. Wenn die Sandzufuhr anhält, bleiben die Sandbänke schließlich auch bei gewöhnlicher Flut hochwasserfrei.
4. Unter dem Einfluss des Windes werden Teile der Sandbank bis über Springtidehochwasser aufgehöht. Eine Düneninsel entsteht.

KEILHACK (1925) führte die Sandzufuhr auf küstenparallelen Sandtransport zurück. Er nahm an, dass unter dem Einfluss der Gezeitenströmung aus dem Bereich der leicht erodierbaren tertiären Ablagerungen an der belgischen und nordfranzösischen Küste Sand nach Norden wandere. Nachdem VAN VEEN (1936) gezeigt hatte, dass zumindest die rezente Sedimentbewegung durch den Englischen Kanal unbedeutend ist, schloss WILDVANG (1938), dass die Sedimentzufuhr im Wesentlichen vom Boden der Nordsee erfolgte. Diese Interpretation gilt noch heute (HOSELMANN & STREIF 1997), wobei der Einfluss alter Geestkerne auf die Anlage der Inseln nicht unterbewertet werden darf (STREIF 1990).

Die Inselbarriere der Nordsee – wie andere Inselbarrieren, zum Beispiel die der amerikanischen Ostküste – passt sich Änderungen des Meeresspiegels an (VAN GOOR et al. 2003). Ein steigender Meeresspiegel führt zu einer landwärtigen Verlagerung der Barriere. Unter natürlichen Bedingungen vollzieht sich dieser Prozess unter seeseitigem Dünenabbruch und äolischem Sandtransport ins Inselinnere, bei gleichzeitiger Durchbrechung der Dünenzüge und „Washover-Prozessen". Die Festlegung der Dünenzüge und die starre Küstenverteidigung wirken dieser natürlichen Anpassung entgegen; es bedarf entsprechend großer Anstrengungen, die Küstenlinie in der derzeitigen Position zu halten (EHLERS 1988a).

Der heutige Rückgang der Küstenlinie fast entlang der gesamten Nordseeküste ist im Wesentlichen ein Resultat des Meeresspiegelanstiegs. Weltweit wird gegenwärtig von einem Anstieg von etwa 20 Zentimeter pro Jahrhundert ausgegangen (IPCC 2007). Abgesehen von regionalen Unterschieden kann dieser Wert kurzfristig erheblich unter- oder überschritten werden. So würden die an zwölf Pegeln der deutschen Nordseeküste für die Zeit von 1959 bis 1983 gemessenen Werte einem Meeresspiegelanstieg von 64 ± 15 Zentimetern pro Jahrhundert entsprechen (JENSEN 1984). Extrapolationen aus so kurzen Zeitreihen sind jedoch immer problematisch.

Der heutige Anstieg des Meeresspiegels lässt sich nicht allein mit dem weiteren Abschmelzen der Gletscher erklären; man muss davon ausgehen, dass die **thermische Ausdehnung** des Meerwassers einen wesentlichen Anteil an der gegenwärtigen Transgression hat. Der ständig wachsende CO_2-Gehalt der Atmosphäre führt zu einer allmählichen globalen Erwärmung, deren Auswirkungen bisher erst in Ansätzen spürbar sind. Die Klimatologen gehen davon aus, dass diese Erwärmung in den Polargebieten am stärksten spürbar sein wird, sodass mit einer erheblichen Steigerung der Abschmelzgeschwindigkeit der Eiskappen und entsprechendem Anstieg des Meeresspiegels zu rechnen ist (Kapitel 11, IPCC 2007).

Wind, Wellen, Eis und Gezeiten – formende Kräfte am Werk

Tidenhub

Die großmorphologische Gliederung der Küste der südöstlichen Nordsee ist – wenn man von der Modifizierung durch den Seegang absieht – ein Ergebnis des unterschiedlichen Tidenhubs. Wo der Tidenhub gering ist, herrscht eine geschlossene Ausgleichsküste vor, die durch einen breiten Dünengürtel gesäumt wird. Dies ist sowohl an der belgischen und holländischen Küste der Fall als auch an der Nordseeküste Jütlands.

Wo der Tidenhub 1,35 Meter überschreitet (Den Helder: 1,36 Meter und Esbjerg: 1,44 Meter), wird der geschlossene Dünengürtel durch ein System von Barriereinseln abgelöst, das heißt von Düneninseln, die durch Seegats voneinander getrennt sind. Dieses System reicht im Süden von Texel bis zur Jademündung, im Norden von Fanø bis zum Süderoogsand. Die Größe der Barriereinseln nimmt zum Inneren der Deutschen Bucht hin ab, während der Tidenhub steigt (DIJKEMA 1980). Wo der Tidenhub 2,90 Meter überschreitet, fehlt die Inselbarriere. Im Inneren der Meldorfer Bucht wird ein maximaler Tidenhub von 3,44 Meter gemessen, im Inneren des Jadebusens 3,73 Meter. Im Inneren der Deutschen Bucht können sich keine Barriereinseln ausbilden, sondern nur breite Wattflächen mit zum Teil sehr hoch gelegenen Sandbänken (Blauort, Tertius und so weiter). Einige dieser Sandbänke scheinen sich zeitweilig zu Barriereinseln weiterzuentwickeln (Mellum, Großer Knechtsand, Scharhörn, Trischen). Sie bleiben jedoch äußerst bewegliche Gebilde, die raschen Veränderungen unterworfen sind.

HAYES (1975 und 1979) hat ein Schema ausgearbeitet, mit dem sich die Oberflächenformen im Bereich einer gezeitendominierten Barriereküste erklären lassen (Abb. 3.1a). Die Breite der jeweiligen Säulen entspricht der Häufigkeit der entsprechenden Formen in Abhängigkeit vom Tidenhub. Das Modell, das für die amerikanische Ostküste

entwickelt wurde, lässt sich – mit gewissen Abänderungen – auch für die Nordseeküste anwenden (Abb. 3.1b).

Der Tidenhub geht im Bereich des Wattenmeeres nicht über 3,72 Meter hinaus. Der makrotidale Bereich nach DAVIES (1964) wäre damit nicht vertreten. Der Formenschatz dieses Bereichs bestimmt jedoch das Oberflächenbild des Wattenmeeres zwischen Eiderstedt und der Jademündung (Tidenhub über 2,90 Meter). Die Küstenformen der südöstlichen Nordsee weisen zusätzlich eine ganze Reihe von Besonderheiten auf:

Das System wird dort modifiziert, wo anstelle der leicht erodierbaren holozänen Sande ältere, stärker verfestigte Sedimente anstehen. Die Küstenlinie springt bei Sylt weit nach Westen vor. Die Insel Sylt besitzt einen Geestkern, der der Erosion stärkeren Widerstand leistet. Die ungewöhnliche Länge der Insel (38 Kilometer) rührt daher, dass sich vor dem Kern der Insel die Sandtransportrichtung in einen nach Süden und einen nach Norden gerichteten Weg teilt, wodurch sich über zehn Kilometer lange Nehrungshaken an den Geestkern angelegt haben.

Zwischen Amrum und Eiderstedt ist die Inselbarriere besonders schwach ausgebildet, und tiefe Wattströme reichen weit landeinwärts. Dies sind Folgen der schweren Sturmfluten des Mittelalters. Durch die Setzung der mächtigen Kleischichten war hier ein tiefgelegenes Gebiet entstanden, das besonders anfällig für Meereseinbrüche war. Im Schutz des seewärtigen Dünengürtels und der frühen Bedeichung war außerdem der Marschboden durch Entwässerung und Salztorfgewinnung tiefergelegt worden (BANTELMANN 1966). Daher kam es zu schweren Meereseinbrüchen, und das Kulturland wurde bis auf die Reste der Halligen und die Marschinseln Nordstrand und Pellworm vernichtet.

Auf der Halbinsel Eiderstedt ist der Dünengürtel heute direkt mit der Marsch des Festlandes verbun-

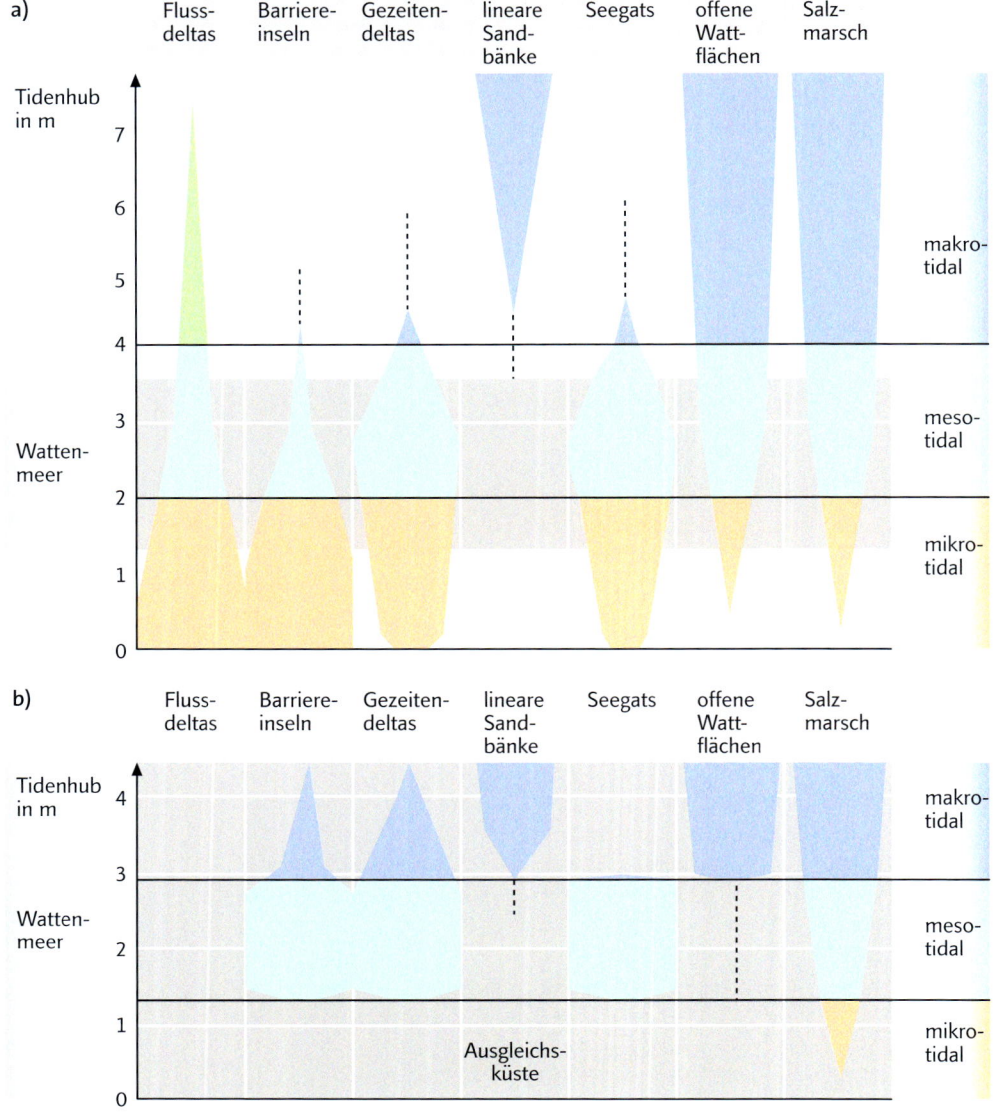

a)

Fluss-deltas | Barriere-inseln | Gezeiten-deltas | lineare Sand-bänke | Seegats | offene Watt-flächen | Salz-marsch

Tidenhub in m

Wattenmeer

makro-tidal

meso-tidal

mikro-tidal

b)

Fluss-deltas | Barriere-inseln | Gezeiten-deltas | lineare Sand-bänke | Seegats | offene Watt-flächen | Salz-marsch

Tidenhub in m

Wattenmeer

makro-tidal

meso-tidal

mikro-tidal

Ausgleichs-küste

3.1 Oberflächenformen im Bereich einer Barriereküste:
a) an der amerikanischen Ostküste, grau unterlegt der Bereich, der dem Wattenmeer der Nordsee entsprechen würde und
b) Oberflächenformen im Bereich des Wattenmeeres.

den Bereich der deutschen Nordseeküste spricht man von einer „leichten Sturmflut", wenn Wasserstände von 1,50 bis 2,50 Metern über mittlerem Hochwasser erreicht werden. Leichte Sturmfluten kommen im Mittel einmal alle zwei Jahre bis maximal zehn Mal im Jahr vor. Eine „schwere Sturmflut" mit 2,50 bis 3,50 Metern über mittlerem Hochwasser kommt im Schnitt alle 2 bis 20 Jahre vor, und bei einer „sehr schweren Sturmflut" mit über 3,50 Metern über mittlerem Hochwasser werden Scheitelwasserstände erreicht, die nur alle 20 Jahre oder seltener vorkommen. Am Pegel Cuxhaven liegt das Mittlere Tidehochwasser (MThw) bei 1,52 Metern über NN. Daraus ergeben sich folgende Sturmflut-Scheitelhöhen:
- leichte Sturmflut:
  3,02 bis 4,01 Meter über NN
- schwere Sturmflut:
  4,02 bis 5,01 Meter über NN
- sehr schwere Sturmflut:
  ab 5,02 Meter über NN

den. Die Marschbildung wurde hier zum Teil durch die Strandwälle von Garding und Tholendorf begünstigt, die bisher als Nehrungshaken eines untergegangenen Geestkerns im Mündungsbereich der Norderhever gedeutet werden (MENKE 1976).

Sturmfluten

Unter dem Einfluss des Windes können die Gezeiten der Nordsee zu Sturmfluten von extremer Höhe auflaufen. Sturmfluten lassen sich nicht allein auf Grund der Pegelstände abgrenzen, da diese von Ort zu Ort – in Abhängigkeit vom Tidenhub und von der Windrichtung – verschieden sind. Für

Die **Häufigkeit** der Sturmfluten hat in den letzten Jahrzehnten zugenommen.

Die Höhe der Wasserstände an den einzelnen Pegeln ist von ihrer Lage innerhalb des Wattenmeeres abhängig. Am Außenrand der Watten sind die Unterschiede zwischen Hoch- und Niedrigwasser erheblich geringer als in den inneren Bereichen. Dieses Phänomen verstärkt sich noch bei Sturmfluten, wenn sich das Wasser unter dem Druck des Windes vor der Küste staut. PETERSEN & ROHDE 1977 geben für vier Profile durch das schleswig-holsteinische Wattenmeer die Höhenunterschiede an:
- Höhenunterschiede der Wasserstände zwischen Hörnum auf Sylt und dem Südwesthörn im

Friedrich-Wilhelm-Lübke-Koog (Entfernung: 24 Kilometer): normales MThw: 34 Zentimeter Differenz, Sturmflut vom 17. 2. 1962: 64 Zentimeter Differenz, Sturmflut vom 3. 1. 1976: 110 Zentimeter Differenz

■ Höhenunterschiede der Wasserstände zwischen Amrum und Dagebüll (Entfernung: 23 Kilometer): normales MThw: 10 Zentimeter Differenz, Sturmflut vom 17. 2. 1962: 45 Zentimeter Differenz, Sturmflut vom 3. 1. 1976: 57 Zentimeter Differenz

■ Höhenunterschiede der Wasserstände zwischen der Hevermündung und Husum (Entfernung: 32 Kilometer): normales MThw: 24 Zentimeter Differenz, Sturmflut vom 17. 2. 1962: 70 Zentimeter Differenz, Sturmflut vom 3. 1. 1976: 91 Zentimeter Differenz

■ Höhenunterschiede der Wasserstände zwischen Trischen und Meldorf (Entfernung: 25 Kilometer): normales MThw:12 Zentimeter Differenz, Sturmflut vom 17. 2. 1962: 78 Zentimeter Differenz, Sturmflut vom 3. 1. 1976: 81 Zentimeter Differenz

Auswirkung der Sturmfluten

Sturmfluten wurden in früherer Zeit kaum nach der tatsächlichen Wasserstandshöhe beurteilt; maßgeblich war in der Regel der Schaden, der dabei entstanden war. Bei Durchsicht der Schadensberichte fällt auf, dass die Barriereinseln von den Katastrophenfluten in der Regel weniger betroffen wurden als die eingedeichten Marschgebiete des Festlandes. Menschenleben waren hier nur selten zu beklagen. Häufiger ist dagegen die Rede von zerstörten Häusern oder vom Eindringen des Salzwassers in die Gärten und Weideflächen und von der Übersandung des Nutzlandes.

Die deutlichsten Veränderungen an der Küste des Wattenmeeres in Folge schwerer Sturmfluten sind die starken Abbrüche an den Dünen der Barriereinseln sowie am pleistozänen Geestkern der Insel Sylt. In geringerem Maße werden auch die Steilufer des Festlandes und die Kliffs der Inselrückseiten abgetragen (Goting-Kliff auf Föhr, Morsum-Kliff auf Sylt, Kliff auf Amrum).

Die Steilkanten der Halligen, die wattseitigen Grodenkanten und die Marschufer des Festlandes werden stärker durch leichte Sturmfluten betroffen, bei denen sich die Wellen im Bereich der Grodenkanten brechen. Bei schweren Sturmfluten steht dagegen der gesamte Groden unter Wasser, und die Wellen branden erst über dem Vorland oder am Fuß des Deiches. Wesentlich größer sind die Landverluste im Bereich der ungeschützten Steilufer aus Lockergestein an der britischen Nordseeküste.

Im Watt ist die unmittelbare Wirkung der Sturmfluten begrenzt. Die starke Erweiterung des Strömungsquerschnittes auf den Wattflächen führt bei höheren Wasserständen dazu, dass die Strömungsgeschwindigkeiten relativ niedrig bleiben; deshalb kommt es hier kaum zu nennenswerten Sedimentbewegungen. Stärkere Umlagerungen sind dagegen auf den an das Seegat grenzenden Platen möglich. Vor allem kann aber der am Ende der Sturmflut bei raschem Tidefall erheblich verstärkte Ebbstrom zu einer starken Ausräumung und vorübergehenden Vertiefung der Seegats führen (Petersen & Rohde 1977).

Grundsätzlich werden zwei Typen von Sturmfluten unterschieden. Zu einer Sturmflut vom **Windstau-Typ** kommt es, wenn länger anhaltender Nordwestwind Wassermassen in die Nordsee treibt, die sich in der südöstlichen Nordsee anstauen. Sie lassen sich gut vorhersagen, da sich der Aufbau der hohen Wasserstände über 18 bis 24 Stunden hinzieht. Zu diesem Typ gehörte die Sturmflut vom 17. 2. 1962 sowie die Halligflut von 1825. Schwieriger ist die Vorhersage bei einer Sturmflut vom **Zirkular-Typ,** bei der ein kleines Orkantief mit hoher Geschwindigkeit von West nach Ost über die Nordsee zieht und sich über dem Meer verstärkt. Hier stehen vor dem Eintritt des Ereignisses nur wenige Stunden zur Verfügung. Zu diesem Typ gehörte die Sturmflut vom 3. 1. 1976 (Jensen et al. 2006).

Fast alle Sturmfluten sind „positive" Sturmfluten, das heißt, sie führen zu erhöhten Wasserständen. **„Negative" Sturmfluten,** bei denen aufgrund ablandigen Windes extreme Niedrigwasserstände eintreten, sind jedoch auch denkbar. Diese könnten besonders im Bereich des Ärmelkanals mit seinen hoch liegenden Sandbänken erhebliche Probleme für die Schifffahrt mit sich bringen. Geelhoed (1973) hat dieses Problem für die Südliche Nordsee untersucht, und er ist zu dem Ergebnis gekommen, dass negative Sturmfluten mit einer Erniedrigung des Hoch- und Niedrigwassers jeweils um etwa ein Meter alle zehn Jahre vorkommen. Deutlich machen sich solche „negativen" Sturmfluten in den Ästuaren bemerkbar, zum Beispiel bei den Themsehäfen Tilbury und Southend. In der Elbe sind die Auswirkungen in Cuxhaven noch gering, nehmen aber flussaufwärts zu. Am Pegel Hamburg-St. Pauli sind zum Beispiel von März bis Juni 1992 zwei negative Sturmfluten mit Abweichungen des Niedrigwassers von mehr als −70 Zentimeter vom vorhergesagten Wasserstand aufgetreten (Gönnert et al. 2001).

Formungsvorgänge im Wattenmeer

Die Formungsvorgänge im Wattenmeer sind fast ausschließlich auf das Fließen von Wasser zurückzuführen. Ebbe- und Flutstrom sind in der offenen Nordsee annähernd entgegengesetzt gerichtet. Der Flutstrom fließt nach Osten und Südosten, in das Innere der Deutschen Bucht hinein, während der Ebbstrom nach Westen und Nordwesten gerichtet ist. Die Strömungsgeschwindigkeiten nehmen zum Inneren der Deutschen Bucht hin zu. Die höchsten Werte werden jeweils in den engen Seegats und Wattströmen gemessen.

Auf den Wattflächen sind die Fließgeschwindigkeiten wesentlich geringer. Die Strömungsgeschwindigkeiten wechseln stark innerhalb der Tide. Der Flutstrom setzt bei Überflutung der Wattflächen mit hohen Strömungsgeschwindigkeiten ein. Diese nehmen im Verlauf der Tide erst langsam, dann rascher ab. Etwa eine Stunde vor Hochwasser treten bereits keine Strömungen mehr auf.

Der Ebbstrom weist eine höhere, aber kürzer andauernde Strömungsspitze auf, die von weiteren, kleineren Spitzen gefolgt sein kann, wenn das letzte Wasser von den Wattflächen abläuft.

Eine Fließgeschwindigkeit von 20 Zentimetern pro Sekunde reicht aus, um Feinsand zu erodieren. Bei 50 Zentimetern pro Sekunde kann bereits Feinkies von zwei Millimetern Korndurchmesser aufgearbeitet werden. Bei 150 Zentimetern pro Sekunde könnten Steine von 15 Zentimetern Durchmesser erodiert und transportiert werden; derartig grobes Material kommt jedoch im Wattenmeer nur selten vor, nämlich nur dort, wo pleistozäne Schichten im Untergrund angeschnitten werden.

Die **Strömungsgeschwindigkeit** auf den Wattflächen überschreitet selten 50 Zentimeter pro Sekunde. Da die Watten überwiegend aus Fein- bis Mittelsand bestehen, reicht das jedoch aus, um einen Materialtransport zu ermöglichen. In den Prielen liegen die Strömungsspitzen bei 100 Zentimetern pro Sekunde; in einem kleinen Seegat wie der Wichter Ee zwischen Norderney und Baltrum werden Geschwindigkeiten von 150 Zentimetern pro Sekunde erreicht und nicht selten überschritten (KOCH & NIEMEYER 1980). Während auf den Wattflächen die Strömungsgeschwindigkeit des Ebbstromes deutlich höher ist als die des Flutstromes, ist dieser Unterschied im Bereich der Seegats nicht mehr spürbar. Hier sind die Strömungsverhältnisse in erster Linie davon abhängig, ob man die Ebbe- oder die Flutrinne des Seegats betrachtet. In den Ebberinnen erreicht die Geschwindigkeit des Ebbstromes Spitzenwerte, und der Flutstrom ist schwächer ausgebildet, während in den Flutrinnen die Verhältnisse genau umgekehrt sind.

Ebb- und Flutstrom sind im offenen Meer ohne den Einfluss des Winds und bei ausreichender Wassertiefe annähernd gleich stark und annähernd entgegengesetzt gerichtet. Stellt man die an einem Punkt gemessenen Bewegungsvektoren über den Verlauf einer Tide als Vektorenzug dar, so erhält man eine symmetrische Ellipse. Im Flachwasserbereich des Wattenmeeres gelten diese Verhältnisse nicht. Durch die fehlende Wassertiefe kann Wasserbewegung nur noch während eines Teils der Tide (in der Nähe des Tidehochwassers) stattfinden; entsprechend nähern sich die an einem Punkt gemessenen Bewegungsvektoren eher einer Halbellipse an. Misst man die Wasserbewegung an einem Punkt im Flachwasserbereich über mehrere Tiden, so erhält man einen girlandenförmigen Vektorenzug, der in die Richtung weist, in die die Strömung zur Zeit des Tidehochwassers gerichtet ist. Die auf diese Weise erzeugte Strömung wird als Restströmung bezeichnet. Sie kann zur Ermittlung des wahrscheinlichen Sedimenttransports herangezogen werden (GÖHREN 1979).

Neben der reinen Tideströmung werden im Küstenbereich auch Strömungen wirksam, die auf den Einfluss des Winds zurückzuführen sind. Diese sogenannten **Triftströmungen** (GÖHREN 1968) sind – außer von der Windgeschwindigkeit – vor allem von der Wassertiefe abhängig. Sie werden umso stärker wirksam, je geringer die Wassertiefe wird. Auf den Wattflächen wird schon bei mittleren Windstärken der Einfluss des Winds so stark, dass die Tideströmung von der Triftströmung übertroffen wird. Die Richtung des Triftstroms hängt auch von der Lage und vom Verlauf der Stromrinnen im Watt ab. In tiefen Prielen ist der Windeinfluss natürlich geringer als auf den Wattflächen. Hier kann sich daher das über die Wattflächen verdriftete Wasser sammeln und unter Umständen entgegengesetzt zur Windrichtung abfließen.

Wind

Neben der Tide trägt der Wind entscheidend zur Gestaltung der Wattflächen und Inseln bei. Während die tidebedingten Strömungen in erster Linie durch den Verlauf der Priele gesteuert werden, unterliegt der Wind nicht dieser Beschränkung, sondern kann im Wattenmeer flächenhaft und gleichgerichtet wirken. Besonders in den Bereichen, die weiter von den nächsten Vorflutern entfernt liegen, bleibt über große Teile des Niedrigwassers ein mehrere Zentimeter mächtiger Wasserfilm stehen, der aufgrund des geringen Gefälles nur schwer ablaufen kann. Bei auflandigem Wind kann dieses Wasser im Watt und im Nassstrandbereich in erheblichem Maße zur Gestaltung des Kleinreliefs beitragen. Der Wind treibt den Wasserfilm mit relativ hohen Fließgeschwindigkeiten über die Sandflächen hinweg, wobei die wassergesättigte Oberfläche in Bewegung gerät. Der Sand wird dabei in langen Zungen fortbewegt. Bei längerem Andauern des Prozesses kommt es zur Ausbildung von Sandleisten, die sich parallel über den Strand hinziehen.

Seegang

Die Wellen, die man an der Meeresoberfläche sieht, werden vom Wind erzeugt und schreiten in der Windrichtung fort. Das Wasser bewegt sich jedoch nicht in gleichem Maße wie die Wellen; vielmehr bewegen sich die Wasserteilchen – genügende Wassertiefe vorausgesetzt – beim Durchlauf der Welle in einer Kreisbahn und kehren annähernd zum Ausgangsort zurück (Oszillationswellen). Die vorwärtsgerichtete Bewegung der Wasserteilchen im Wellenkamm ist in jedem Fall kleiner als die Bewegung der Welle. Die Höhe der Wellen kann in der Südlichen Nordsee zehn Meter erreichen, im Wattenmeer werden lediglich Wellen von bis zu vier Metern Höhe gemessen.

Wenn die Wassertiefe geringer wird als die halbe Wellenlänge, kommt es zur **Refraktion** (Brechung) der Wellen. Dabei werden schräg auf die Küste zulaufende Wellen mit abnehmender Wassertiefe immer stärker abgelenkt, bis die Wellenkämme schließlich parallel zu den Tiefenlinien verlaufen. Hieraus ergibt sich für den Betrachter am Ufer der Eindruck, dass die Wellen jeweils rechtwinklig auf den Strand zulaufen.

Anders sind die Verhältnisse im Watt. Die Wellen werden hier in der Regel bereits an der Außenkante der Wattflächen gebrochen, sodass sich auf dem Watt selbst kein starker Seegang aufbauen kann. An den Prielmündungen kommt es jedoch durch die Refraktion zu einem Einschwenken der Wellen in den Priel hinein, und auf diese Weise können Wellen in den Wattwasserläufen unter ständigem Energieverlust weit prielaufwärts wandern und zur Materialumlagerung beitragen.

Von der Refraktion unterschieden wird die **Diffraktion** (Ablenkung) der Wellen. Hierzu kommt es besonders hinter Hindernissen wie zum Beispiel Wellenbrechern oder Molen. Doch auch hinter natürlichen Hindernissen wie zum Beispiel Sandbänken kann es zur Diffraktion kommen. Nach dem Passieren des Hindernisses breitet sich die Energie der Welle rechtwinklig zur ursprünglichen Fortschrittsrichtung aus, sodass ein bogenförmiger Wellenkamm entsteht. In flacherem Wasser nimmt die Geschwindigkeit der Welle aufgrund der zunehmenden Bodenreibung ab, die vorwärtsgerichtete Bewegung der Wasserteilchen auf dem Wellenkamm dagegen zu. Überschreitet diese die Geschwindigkeit der Welle, so bricht sich die Welle; es entstehen danach neue, kleinere Wellen (Translationswellen), die später erneut brechen können, jedoch mit geringerer Kraft als die ursprünglichen Wellen. Auf diese Weise können mehrere Brandungszonen hintereinander entstehen.

Bei der Brandung geht ein erheblicher Teil der Wellenenergie verloren. Ein Teil wird an den Boden abgegeben, ein Teil wird bei schräg auflaufenden Wellen in die küstenparallele Brandungsströmung umgesetzt, hinzu kommt der Energieaufwand für Brandungsstau und Ripströmung. Ein wesentlicher Teil der Energie wird jedoch durch die Bildung eines Wasser-Luft-Gemisches in der brandenden Welle verbraucht (FÜHRBÖTER 1971).

Der größte Teil dieses Energieverlusts tritt unmittelbar am Brechpunkt der Welle auf. Das heißt, dass hier die Transportkraft der Welle schlagartig nachlässt. Mitgeführte Sedimente werden abgelagert. So kommt es zur Ausbildung der uferparallelen Riffe des Vorstrands im Bereich der Brandungszone.

Geländeuntersuchungen haben gezeigt, dass die Riffe im Wesentlichen aus Großrippelschichten aufgebaut sind. Die Rippeln sind jedoch nicht sichtbar, wenn die Riffe bei Niedrigwasser der Beobachtung zugänglich sind: Sie werden von der Brandung beim Auftauchen der Riffe eingeebnet. Restformen finden sich gelegentlich als kleine Wannen im sonst ebenen Sandrelief.

Wellenwirkung auf die Küste des Festlands

Die Höhe der Wellen ist abhängig von der Wassertiefe und der Streichlänge (dem „fetch"). Die Wirkung der Wellen ist daher dort am stärksten, wo sie ungebrochen auf die Küste treffen. Die stärkste Wirkung der Brandung ist somit auf der Seeseite der Inseln und der Riffbögen zu erwarten. Die Küste des Festlandes ist nicht nur durch diesen vorgelagerten „Wellenbrecher" geschützt, sondern auch dadurch, dass sich auf der zwischen Inseln und Festland liegenden Wattfläche aufgrund der

Die Entstehung der Dünen

Eine Grundvoraussetzung für die Dünenentstehung ist die Verfügbarkeit großer Mengen von Sand. An der Nordseeküste stammt das Material für die Dünenbildung von den unbewachsenen Sandflächen des Strandes. Die Strandbreite beeinflusst daher die Möglichkeiten der Dünenbildung. Breite Strände begünstigen, schmale Strände hemmen die Entstehung von Dünen.

Ein breiter Strand ist jedoch nicht die einzige Voraussetzung für die Dünenbildung: Während auf den Nachbarinseln Sylts, auf Amrum und Rømø (Strandbreite jeweils ein Kilometer) die Dünenbildung voranschreitet, ist auf den südlich von Amrum gelegenen Außensänden, die reine Strandinseln darstellen (Breite: 1,5 bis 3 Kilometer), keine Dünenbildung festzustellen. Auf Sylt, das nur wenige Zehner von Metern breite Strände besitzt, sind dagegen große Dünenzüge entstanden; die Dünen des Listlandes sind sogar die eindrucksvollsten Dünen des gesamten Wattenmeeres.

Dieser scheinbare Widerspruch ist häufig damit erklärt worden, dass es sich bei den großen Dünen des Listlandes um alte Gebilde handele, die entstanden seien, als Sylt noch einen breiten Strand im Westen besaß. Als Argument dafür, dass dies in jüngerer Vergangenheit der Fall gewesen sei, werden alte Karten herangezogen, um die seither eingetretenen Landverluste zu verdeutlichen. Die Karte der Küstenlandschaft von 1240, die der Kartograph Johannes Meyer im Jahre 1649 angefertigt hat, ist allerdings ein reines Fantasieprodukt und für quantitative Aussagen nicht geeignet.

Es muss davon ausgegangen werden, dass Sylt schon der am weitesten nach Westen vorspringende Teil der nordfriesischen Küste war, als der nacheiszeitliche Anstieg des Meeresspiegels den heutigen Küstenraum erfasste. Derartige Vorsprünge in der Küstenlinie weisen in der Regel keine breiten Strände auf, sondern sind durch vorherrschenden Uferabbruch gekennzeichnet.

Man sollte annehmen, dass Dünenbildung in erster Linie während mehrjähriger Phasen ruhiger Witterung stattfindet, und dass schwere Sturmfluten zerstörend auf den Dünengürtel wirken. Das ist jedoch nur in solchen Gebieten der Fall, in denen langfristig die Abtragung überwiegt. Ludwig Hempel, Professor an der Universität Münster, konnte aufgrund langjähriger Untersuchungen auf Spiekeroog und Wangerooge zeigen, dass gerade in der Folge schwerer Sturmfluten vor den Randdünen der Inseln neue Dünenketten gebildet

3.2 „Gletscherschrammen" im Watt bei Wangerooge während eines Eiswinters (1979).

geringen Wassertiefe kein starker Seegang mehr aufbauen kann. Die Außengroden des Festlandes sind dort der stärksten Wellenwirkung ausgesetzt, wo sich von den Seegats her bei relativ großer Streichlänge und relativ großer Wassertiefe höhere Wellen bilden können. Dort, wo höhere Wellen bis in das Vorland getragen werden können, ist auch die Verlandungstendenz am geringsten. Dies zeigt sich deutlich in der Entwicklung des Außengrodens und in der Ausbildung der Außengrodenkante (Niemeyer 1977 und 1979).

Eis

Bei strengem Frost bilden sich im Wattenmeer Eisschollen. Eiswinter im Wattenmeer sind selten geworden. Bei Geländebegehungen im Januar 1979 konnte beobachtet werden, wie vom Wind und den Gezeitenströmungen über das Watt getriebene Schollen den Untergrund gefurcht haben (Abb. 3.2). Neben diesen „Gletscherschrammen" erzeugen die Eisschollen Liegemarken – dort, wo sie in den weichen Untergrund einsinken – und Formen, die aussehen wie kleine Endmoränen, wo die Schollen schließlich im seichten Wasser stranden. Bei strengem Frost kann die Oberfläche des Watts an den Eisschollen festfrieren, wodurch es zu einer Materialumlagerung durch Treibeis kommt, wie man sie sonst nur von arktischen Küsten kennt.

werden, wenn die örtliche Sandbilanz positiv ist. Dies ist offenbar entlang der Nehrungshaken Sylts in früheren Jahrhunderten wiederholt der Fall gewesen.

Die Korngröße der Dünensande liegt gewöhnlich im Bereich von Fein- bis Mittelsand. Aus diesen Kornfraktionen sind auch die meisten Strände der Nordseeküste aufgebaut. Die Ernährung der Dünen erfolgt nicht nur aus dem Bereich des Trockenstrandes, sondern – wenn auch in schwächerem Maße – ebenfalls aus dem Nassstrandbereich, dem Teil des Strandes, der nur bei Niedrigwasser trockenfällt. Schon bei Windstärke 6 bis 7 trocknet der Sand rasch aus und wird vom Wind aufgenommen (Abb. 3.3). Bei Sturm ist die gesamte obere Sandlage in Bewegung und treibt in langgezogenen Fahnen über den Strand.

Strandbarchane

Schon bei geringen Windgeschwindigkeiten bilden sich am Strand niedrige Dünen, die auf Grund ihrer Ähnlichkeit mit den wesentlich größeren Barchandünen der Sandwüsten als „Strandbarchane" bezeichnet werden. Die Form der Barchane entspricht einem zur windabgewandten Seite hin offenen „U". Zum Teil kommen mehrere dieser Strandbarchane in Reihe nebeneinander vor, sodass eine Art von Zickzackmuster entsteht. Die Höhe der Strandbarchane beträgt meist nur wenige Dezimeter, die Breite ein bis mehrere Meter. Schon bei Windstärke 6 wandern sie mit einer Geschwindigkeit von etwa zwei bis drei Zentimeter pro Minute. Die Oberfläche der Strandbarchane ist nicht glatt, sondern von kleinen Windrippelfeldern überzogen. Am Luvende des Strandbarchans gibt es einen Wulst, hinter dem sich die Kleinrippeln bilden. Die Kleinrippeln wandern erheblich schneller als der Strandbarchan; bei Windstärke 6 wurden Geschwindigkeiten von gut fünf Zentimetern pro Minute gemessen.

Der Strandsand ist nicht völlig locker gelagert, sondern er setzt der Ausblasung einen gewissen Widerstand entgegen. Die Sandkörner werden oberflächlich durch eine leichte Kruste aus Salzkristallen zusammengehalten; diese bedingt, dass bei der Ausblasung schichtstufenartige Kleinformen entstehen. Werden die Strandbarchane nach längerer Ruhephase wieder aktiviert, so können stärker verfestigte Teilbereiche wie zum Beispiel die Fußspuren von Spaziergängern pilzartig herausmodelliert werden.

Windrippeln und Strandbarchane sind keine Vorformen der großen Küstendünen. Die Strandbarchane wandern in erster Linie parallel zum

Ufer am Strand entlang, ohne dass nennenswerte Sandmengen landwärts verlagert werden. Sie entstehen und vergehen, ohne sichtbare Spuren zu hinterlassen. Erst dort, wo der wandernde Sand auf Vegetation trifft, kommt es zur Ausbildung von beständigeren Formen.

Primärdünen

In geschützten Lagen siedeln sich im Sand Pionierpflanzen an. Zu diesen gehören die Strandquecke, der Meersenf, vor allem aber der Strandhafer. Im Windschutz dieser Pflanzen wird Sand abgelagert. Vor allem der Strandhafer besitzt die Fähigkeit, bei Überwehung wieder aus dem Sand herauszuwachsen, sodass er die Bildung immer höherer Dünen ermöglicht.

Die jungen Dünen in Strandnähe, die über den Einflussbereich von Ebbe und Flut hinauswachsen, aber noch nicht völlig von Vegetation bedeckt sind, werden als Weißdünen bezeichnet. Weißdünen finden sich auf Norderney zum Beispiel im gesamten Ostteil der Insel. Sie treten auf Luftaufnahmen deutlich in Erscheinung. Die Kette der Weißdünen bildet oft keinen geschlossenen Dünenwall, sondern ist in einzelne Dünenkuppen und zwischengeschaltete kleine Ausblasungsmulden untergliedert.

Die Entwicklung von der Weißdüne über die im Wesentlichen von anspruchsvolleren Gräsern

Dünen
Ausblasungswannen
offene Sandflächen
dichte Vegetation
Marsch
Wasserflächen
‑‑‑ Grenze des Zeltplatzes

0   200   400 m

3.4 Durch intensive touristische Nutzung umgestaltetes Dünenrelief bei Wittdün (Amrum). Das Gelände ist zu einem kleingekammerten Relief von Ausblasungswannen umgestaltet worden. Die meisten dieser Formen sind alt und werden nicht mehr umgestaltet (kartiert nach Auswertung von Luftbildern und Blatt Amrum-Leuchtturm der Deutschen Grundkarte 1:5000).

bewachsene Graudüne bis hin zur Schwarzdüne ist in Kapitel 5 dargestellt.

Auch das durch Vegetation festgelegte Relief alter Dünen ist gegen eine aktive Umgestaltung nicht völlig geschützt. Die Dünenbögen werden durch Windrisse und Ausblasungswannen untergliedert und in einzelne Kuppen aufgelöst. Stärkere Abtragung setzt vor allem dort ein, wo die Vegetationsdecke durch Trampelpfade oder durch Kaninchenbaue zerstört worden ist, da sich auf den verarmten Böden die Pflanzendecke nur schwer wieder erholen kann. Besonders das Silbergras ist sehr empfindlich; wird die Grasdecke durch Zertrampeln beschädigt, so kann sie sich ohne Eingreifen des Menschen nicht wieder schließen.

Wird die Pflanzendecke aufgerissen, so entstehen Windrisse, die sich rasch vergrößern. Werden keine Gegenmaßnahmen ergriffen, so kann die Länge solcher Mulden um bis zu etwa fünf Meter im Jahr zunehmen. Hierbei bilden sich schließlich Ausblasungswannen, die in der Regel eine Länge von 50 Metern und eine Breite von 20 Metern haben. Sie können jedoch zu größeren Formen zusammenwachsen (Abb. 3.4).

Wanderdünen

Wird die Ausbildung einer dichten Vegetationsdecke verhindert, zum Beispiel durch Überweidung, so können Wanderdünen entstehen. Bis ins 18. Jahrhundert waren die meisten Küstendünen der Nordsee ständig in Bewegung. Heute finden sich aktive Wanderdünen nur noch an wenigen Stellen der Nordseeküste. Hierzu gehören das Naturschutzgebiet bei de Panne in Belgien, das Listland auf Sylt und einige große Dünen im nördlichen Teil Jütlands (Rudbjerg bei Løkken und Råbjerg Mile). Passive, mit Vegetation bedeckte Formen finden sich auf der Hörnum-Halbinsel sowie auf den Nachbarinseln Rømø, Fanø und Amrum. Viele der stark bewachsenen Dünenbögen der West- und Ostfriesischen Inseln sind die Reste ehemaliger Wanderdünen.

Die Oberflächenformen im Wanderdünengebiet sind nach der vorherrschenden Windrichtung ausgerichtet. In Bewegung befindet sich jeweils nur der mittlere Teil der Dünen. Die Ränder werden durch die Vegetation festgehalten. Der Bewuchs führt dazu, dass diese Partien stärker aufgehöht werden, und so kommt es zur Entstehung der hohen Längsrücken, die die Wanderdünen flankieren. Die freien Senken zwischen den großen Wanderdünen werden durch niedrige Schwellen untergliedert, die quer zur vorherrschenden Windrichtung streichen. Im Luftbild wirken diese Bodenwellen wie die Streifen eines Zebras. Es handelt sich dabei um frühere luvseitige Hangfußpartien der Wanderdüne, die so dicht bewachsen waren, dass sie beim Weiterwandern der Düne von der Ausblasung verschont blieben.

Genaue Messungen über das Vorrücken der Lister Wanderdünen gibt es bereits seit dem 19. Jahrhundert. Graf Baudissin hatte 1865 ein westöstliches Fortschreiten von 14 Fuß = 4,27 Meter pro Jahr für die Sylter Dünen ermittelt (MÜLLER & FISCHER 1938).

Man könnte vermuten, dass diese Geschwindigkeit sich seither verringert hat, da die Dünen inzwischen zum Teil festgelegt worden sind und der Sandnachschub für die noch aktiven Teile durch zunehmende Pflanzung von Strandhafer in den küstennahen Weißdünen eingeschränkt worden ist. Ein Vergleich der Deutschen Grundkarte aus dem Jahre 1984 mit dem ASTER-Satellitenbild von 2007 (Abb. 3.5) zeigt, dass die Wanderungsgeschwindigkeit noch immer bei etwa 4,5 Metern pro Jahr liegt.

Das Alter der Dünen

Die Nordseeküste ohne Dünen ist heute schwer vorstellbar. Dennoch steht fest, dass die Küstendünen relativ jungen Alters sind. In den Niederlanden werden zwei große Phasen der Dünenbildung unterschieden:
Eine erste Dünengeneration, die sogenannten **„Alten Dünen"**, sind vor etwa 4000 Jahren entstanden. Reste dieses vergleichsweise niedrigen Dünenwalls finden sich in Holland zwischen Den Haag und Alkmaar, aber auch in Teilen von Dithmarschen gibt es Dünen dieses Alters.

Auf den Inseln hat man es dagegen ausschließlich mit **„Jungen Dünen"** zu tun, deren Entstehung vermutlich im 12. Jahrhundert einsetzte. Auf Amrum überlagern die Küstendünen Kulturspuren der Wikingerzeit (8. bis 11. Jahrhundert). Radiometrische Altersbestimmungen von Torfproben von der Basis der Dünen auf den Westfriesischen Inseln haben gezeigt, dass die Dünenbildung dort sogar erst im 13. Jahrhundert einsetzte. Auch von Langeoog, einer der Ostfriesischen Inseln, gibt es genauere Untersuchungen, die das Einsetzen der Dünenbildung für das 13. Jahrhundert belegen. Im nordfriesischen Raum fehlen radiometrische Altersbestimmungen. Doch die Bildung der

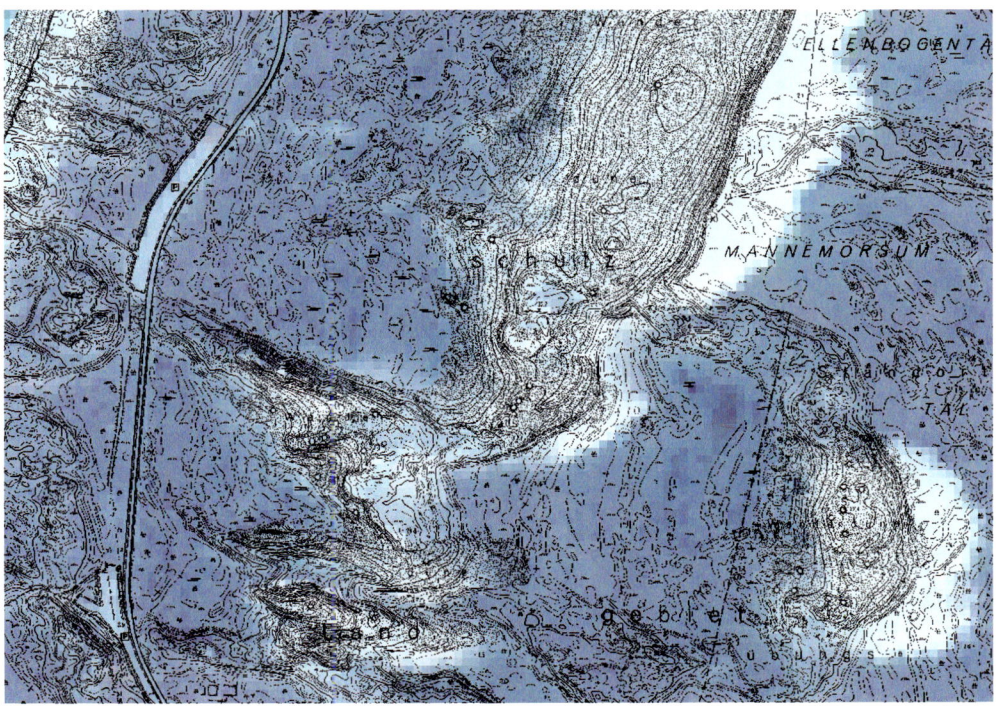

großen Küstendünen bei Vejers (Jütland) hat nach 1100 eingesetzt und sich im 17. Jahrhundert verstärkt. CLEMMENSEN et al. (2006) sehen einen Zusammenhang mit der Zunahme der Sturmfluten. Der Sandflug führte dazu, dass Siedlungen aufgegeben werden mussten. Massnahmen zur Festlegung der Dünen setzten an der dänischen Küste erst 1792 ein, doch dauerte es noch bis zum Ende des 19. Jahrhunderts, bis die Sandbewegung fast vollständig gestoppt war.

Im Gegensatz zu allen anderen Inseln des Wattenmeeres gibt es von Sylt bereits aus der ersten Hälfte des 15. Jahrhunderts eine Beschreibung, die topographische Einzelheiten enthält. In diesen „Silter Antiquitäten" des Hans Kielholt findet sich unter anderem der wichtige Hinweis auf die zu jener Zeit einsetzende verstärkte Dünenbildung (Beginn der Entstehung der „Jungen Dünen"). Und der alte Ort List ist nach seiner Zerstörung durch die Sturmflut von 1362 von jungen Dünen überwandert worden.

Auch aus anderen Gebieten Schleswig-Holsteins gibt es Hinweise auf die in jener Zeit einsetzende Dünenbildung. Die Halbinsel Eiderstedt wurde ursprünglich auch nach Westen hin durch einen Deich gesichert. Das zeigt, dass der schützende Dünengürtel zu Beginn des 14. Jahrhunderts noch nicht bestand. Die Dünen bei St. Peter-Ording sind 14 Meter hoch.

3.5 Wanderdüne im Listland auf Sylt. Vergleich des ASTER-Satellitenbildes von 2007 mit der Darstellung auf der Deutschen Grundkarte 1:5000.

Was war die Ursache für die plötzlich einsetzende Dünenbildung? Das 13. bis 15. Jahrhundert war eine Zeit großer Meereseinbrüche und erheblicher Veränderungen der Küstenlinien, in deren Zuge gewaltige Mengen von Sand freigesetzt wurden, die vom Wind aufgenommen und zu Dünen aufgeweht werden konnten. Die bekannteste dieser Katastrophen ist die „Große Mandränke" von 1362, die in Nordfriesland zum Verlust weiter Landstriche führte und in deren Verlauf auch der legendäre Ort Rungholt unterging.

Nach einer Atempause von fast 200 Jahren setzte im 17. Jahrhundert erneut eine Phase mit schweren Sturmfluten ein, die bis in das 18. Jahrhundert hineinreichte. In diese Zeit fällt die sogenannte „Zweite Mandränke" von 1634, in der die große Insel Strand im nordfriesischen Wattenmeer zerstört wurde, sowie die schwere Weihnachtsflut von 1717. Gleichzeitig mit den Sturmfluten setzte eine zweite Dünenbildungsphase ein, die urkundlich besser belegt ist als die erste. Auf Sylt war es in dieser Zeit nicht so sehr der Uferabbruch, der die in einiger Entfernung von der Nordseeküste angelegten Siedlungen bedrohte, sondern das Wandern der unbefestigten Dünen. So führte die Sturmflut von 1634 zwar zu einer völligen Zerstörung der Deiche; der sicher erhebliche Uferabbruch im Westen war dem Chronisten jedoch nicht einmal der Erwähnung wert. Im Jahre 1634 wird die vom **Flugsand** bedrohte Eidumer Kirche abgebrochen und danach im östlichen Teil Westerlands wieder aufgebaut. Die Kirche von Ording (Eiderstedt) wurde 1725 von Dünen eingeschlossen und musste aufgegeben werden, und auf Rømø wird die Periode von 1680 bis 1740 als die Zeit stärkster Flugsandablagerungen bezeichnet.

Auf den langen, schmalen Nehrungshaken von Sylt waren die Probleme jedoch besonders gravierend. Am stärksten war der Ort Rantum von den vorrückenden Dünen betroffen. Die Ackerfläche verringerte sich ständig. Der Düneninspektor B. H. Decker berichtete 1803, dass von den 40 Häusern, die in seiner Jugend in Rantum gestanden hätten, keines mehr an dem ursprünglichen Platz stünde (MÜLLER & FISCHER 1938). 1759 musste die Kirche abgebrochen werden, der kleinere Ersatzbau musste erneut 1800 dem heranrückenden Flugsand weichen. 1803 seien noch 14 Häuser übrig geblieben, die jedoch alle schon in den Dünen stünden. 1813 mussten das Schulhaus und weitere drei Häuser wegen der Übersandung aufgegeben werden. 1821 wurde das letzte, inzwischen unbewohnte Haus von Alt-Rantum abgebrochen. Das Dorf, das allmählich das meiste Acker- und Weideland verloren hatte, war wegen der Übersandung nach Südosten an das östliche Ende des ehemaligen Ackerlandes verlegt worden.

Die Bedrohung durch den Flugsand wurde durch die intensive Nutzung der Dünen verschärft. Aus einer Beschreibung M. R. Flors aus dem Jahre 1761 geht hervor, dass die Dünen als Viehweide dienten (MÜLLER & FISCHER 1938). Der Strandhafer wurde als Viehfutter für den Winter gemäht, und darüber hinaus diente er zum Decken der Hausdächer, wozu er angeblich besser geeignet war als Stroh, „wenn man etwas von den Wurzeln mit ausrupft". Nachteilig wirkte sich auch die verbreitete Kaninchenjagd aus. Da es an Schusswaffen mangelte, wurden meist die Baue ausgegraben – ein Verfahren, bei dem erhebliche Zerstörungen der Dünenvegetation unvermeidlich waren.

Wiederholt wurde versucht, diesem Treiben Einhalt zu gebieten. Die älteste überlieferte Verordnung gegen diese Praktiken, die zum „totalen Ruin der Insel" führen würden, wurde am 19. 6. 1739 vom Stiftamt in Ripen erlassen. Bei Zuwiderhandlungen sei der Betreffende festzunehmen und dem Amtshaus vorzuführen. Die wirtschaftliche Not einerseits und der Mangel an Möglichkeiten, behördliche Auflagen durchzusetzen andererseits führten dazu, dass diesen Maßnahmen wenig Erfolg beschieden war. Erst 1837 bis 1845 konnten die Dünen bei Rantum bepflanzt und festgelegt werden.

Nach der Eingliederung Sylts in Preußen wurde ab 1865 der **Dünenschutz** vom Staat übernommen. Graf Baudissin wurde mit der Durchführung der Arbeiten betraut und führte – zunächst gegen den Widerstand der Sylter Bevölkerung – moderne Methoden des Dünenschutzes ein, wie sie sich an der preußischen Ostseeküste bewährt hatten. Bisher war die Dünenwanderung durch die Anlage von Durchlässen in den Randdünen, sogenannten „Windtrichtern" und „Sandschleusen", unterstützt worden mit dem Ziel, die Dünen in dem gleichen Tempo vorrücken zu lassen, wie das Ufer abbrach. Baudissin bemühte sich dagegen, durch das Anpflanzen von Helm (Strandhafer) Vordünen zu bilden. Das war der Beginn der starren Küstenverteidigung.

Nachdem auf diese Weise die Randdünen fixiert waren, begann man im Jahre 1910, auch die systematische Festlegung der Dünen im Inneren der Insel ins Auge zu fassen. Die Ausführung der Pläne verzögerte sich jedoch. Im Herbst 1930 wurde zunächst der Teil der Lister Wanderdünen bepflanzt, der den Ort List bedrohte. Im selben Jahr wurde auch die große Wanderdüne in Hörnum

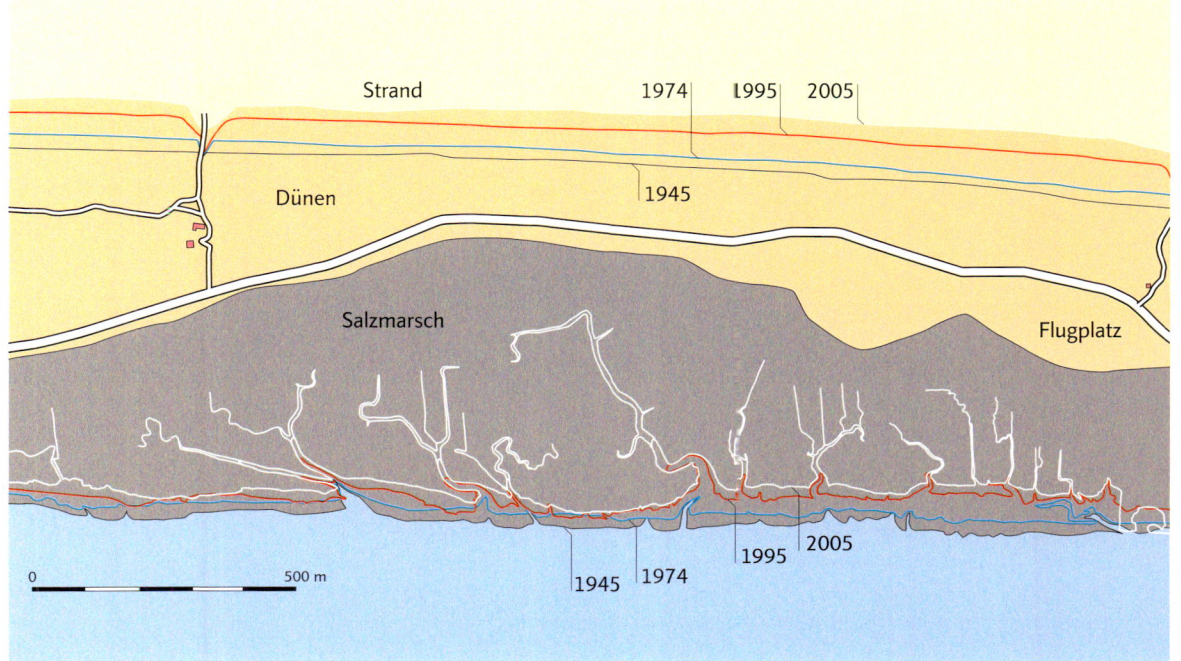

3.6 Entwicklung der Insel Juist. Zwischen dem Ort und dem Flugplatz sind auf der Wattseite der Insel von 1945 bis 2005 bis zu 90 Meter Salzmarsch verlorengegangen. Dem steht in diesem Fall ein etwas größerer Gewinn an Dünen auf der Seeseite gegenüber. Westlich des Ortes gibt es dieselben Verluste auf der Wattseite; dort kommt Erosion auf der Seeseite hinzu.

festgelegt. Diese Arbeiten erwiesen sich als außerordentlich erfolgreich. Innerhalb weniger Jahrzehnte waren die meisten Dünengebiete begrünt.

Die Veränderung der Insellandschaft war gravierend. Während ein Besucher der Dünen Sylts zu Beginn des 20. Jahrhunderts noch weite, offene Sandflächen vorfand, sind diese heute auf kleine Bereiche des Listlandes beschränkt. Und die Ausbreitung der Vegetation geht weiter, wie sich durch den Vergleich von Luftbildern zeigen lässt.

Trotz der Nachteile einer starren Küstenverteidigung scheint Baudissin seinerzeit einigen Erfolg gehabt zu haben. In seinen eigenen Berichten und auch in späteren Würdigungen seiner Arbeit wird die Methode des Dünenschutzes durch Vordünenbau immer wieder als erfolgreich hingestellt. Wie ist dieser Widerspruch zu erklären?

Die zweite Hälfte des 19. Jahrhunderts war auf allen Inseln des Wattenmeeres von Texel bis Fanø eine Periode großer Sandanlandungen und verstärkter Dünenbildung. Die Maßnahmen Baudissins fielen also in eine Zeit günstiger natürlicher Rahmenbedingungen, die die Bildung neuer Dünen seewärts der alten Randdünen ermöglichten. Diese Situation endete zu Beginn des 20. Jahrhunderts, als die Sturmfluten von 1902, 1904, 1906, 1909 und 1911 in rascher Folge jeweils zum Verlust der Vordünen und von Teilen des alten Dünenkerns führten, sodass heute die Nachteile einer starren Küstenverteidigung mit traditionellen Mitteln (ohne Sandvorspülung) klar erkennbar sind.

Unter natürlichen Bedingungen spielt die **Verlagerung der Dünen** eine wichtige Rolle für die Erhaltung der Insel. Die Küstenbarriere muss sich dem steigenden Meeresspiegel durch landwärtige Verlagerung anpassen. Teil dieses Prozesses ist die Verlagerung der Dünen. Wird dieser Vorgang unterbrochen, so fehlt das Material auf der Wattseite, und die Insel wird schmaler. Dieser Entwicklung kann schließlich nur noch durch massive Küstenschutzbauwerke entgegengewirkt werden.

Da der Meeresspiegel steigt, der Sandtransport quer über die Inseln aber fast überall unterbunden ist, findet heute im Schutz der Dünenzüge auf der Wattseite keine natürliche Verlandung mehr statt, sondern die Kante der Salzmarsch liegt in den nicht durch menschliche Eingriffe beeinflussten Teilen des Ufers auf größeren Strecken im Abbruch. Auf Juist, wo im Westteil der Insel auf der Seeseite die Dünen im Abbruch liegen (LADAGE 2004), geht gleichzeitig auf der Wattseite Salzmarsch verloren (Abb. 3.6). Hier sind jeweils etwa auf halbem Wege zwischen dem Anleger und den Inselenden die größten Abtragungsraten festzustellen. Seit 1945 gingen hier bis zu über 90 Meter verloren; das entspricht einem Uferrückgang bis zu 1,5 Meter im Jahr. Im Bereich des Flugplatzes, wo das Ufer durch Lahnungen geschützt worden ist, ist dieser Abtrag heute zum Stehen gekommen.

Vom Flugsand begraben

Noch bis zum Ende des 19. Jahrhunderts war der Nordzipfel Jütlands ein vom Flugsand beherrschtes Gebiet. Wanderdünen haben die Halbinsel von der Nordsee bis zum Kattegat durchquert. Ein gut zugängliches Beispiel für die Folgen von Sandverwehungen ist die sogenannte „Versandete Kirche" (Tilsandede Kirke) im nördlichen Jütland. Die im 12. Jahrhundert erbaute Laurentiuskirche begann im Mai 1775 vom Flugsand eingeschlossen zu werden. Zwanzig Jahre später musste der Kampf gegen den Flugsand aufgegeben werden. Die Kirche wurde auf Anordnung des Königs geschlossen. 1810 wurde das Kirchenschiff abgerissen und die Steine zum Bau neuer Häuser verwendet. Lediglich der Turm blieb bis heute stehen. Seit 1994 ist der Grundriss der ehemaligen Kirche im Sand markiert.

Wer die Geschichte der Kirche erfahren wollte, konnte sich bis vor wenigen Jahren im Flugsandmuseum von Rubjerg (oder Rudbjerg) Knude informieren. Das Museum war im Leuchtturmwärterhaus untergebracht. Der 1900 erbaute Leuchtturm von Lønstrup war 1968 stillgelegt worden. Doch der Flugsand rückte näher. Der Eingang des Museums wurde verlegt, doch auch dies half schließlich nichts mehr; das Museum und die Nebengebäude sind unter dem Sand begraben. Lediglich der Leuchtturm schaut noch heraus, doch auch seine Tage sind gezählt (Abb. 3.7). Wenn er nicht vorher abgebrochen wird, wird er in wenigen Jahren ins Meer stürzen.

Fast überall in Dänemark ist – wie in den anderen Anrainerstaaten der Nordsee – der Flugsand heute gebändigt. Man kann Skagen erreichen, ohne befürchten zu müssen, dass Straße oder Bahnlinie überraschend im Sand verschwinden. Lediglich eine große Düne, die gut 35 m hohe Råbjerg Mile, wurde unter Schutz gestellt. Die fast 1000 m breite Wanderdüne verlagert sich noch heute um im Schnitt 15 m/Jahr nach Osten. Bis sie die Hauptstraße erreicht, werden noch etwa 200 Jahre vergehen (MILJØMINISTERIET, SKOV- OG NATURSTYRELSEN 2001).

3.7 Der Leuchtturm von Lønstrup
a) im Jahre 1984 und
b) im Jahre 2007.
Das Leuchtturmwärterhaus ist vom Flugsand überweht und zerstört worden. Der Leuchtturm steht jetzt nur noch etwa 20 m von der Kliffkante entfernt und wird in wenigen Jahren ins Meer stürzen.

Felsen, Fjorde und das Wattenmeer – die heutige Küstenlinie

Kliffküsten

Die Klifferosion ist naturgemäß dort am stärksten, wo die Wellen auf die Küste auftreffen. Das Gestein, ob Fels oder lockerer Sand, das oberhalb dieser Zone liegt, bricht nach oder rutscht auf den Strand. Im Unterwasserbereich dagegen findet wenig Erosion statt. So kommt es, dass sich bei zurückschreitenden Küsten eine **Brandungsplattform** ausbildet (Abb. 4.1). Diese kann bei hartem Gestein sehr schmal sein, bei weniger resistentem Untergrund ist sie oft viele Zehner von Metern breit. An der englischen Küste, wo der Tidenhub entsprechend groß ist, kann man diese Brandungsplattform bei Niedrigwasser sehen. Aber auch zum Beispiel vor der Küste von Helgoland fällt bei Niedrigwasser ein breites Felswatt trocken, auf dem die Schichtköpfe der steil einfallenden mesozoischen Schichten sichtbar sind (FÖRSTER et al. 2000). Der eigentliche Strand, auf dem das Material des Uferabbruchs aufbereitet und küstenparallel verlagert wird, ist oft nur wenige Meter breit und nur ein bis zwei Meter mächtig (GUNN et al. 2006). Wo eine stark untergliederte Felsküste vorliegt, ist der Strand meist auf die Buchten beschränkt *(pocket beaches)*. Dies gilt zum Beispiel für die Sandstrände Südnorwegens in der Umgebung von Stavanger.

Die Ausbildung der Kliffs hängt ab von der Art des Gesteins, von der Schichtung, der Einfallsrichtung der Schichten, aber auch von der Wellenhöhe und Stärke der Brandung. Wo die Schichten nahezu horizontal lagern, gibt es in der Regel steile Kliffs, wie zum Beispiel bei Hunstanton. Wo harte und weiche Schichten wechsellagern, schreitet die Erosion rascher voran als dort, wo die Schichten massiv sind. Das ist zum Beispiel an den Kliffs im Bereich des Lias der Fall. Wo die Kliffs aus Moränenmaterial bestehen, können sich ebenfalls leicht senkrechte Kliffs ausbilden. Hier trägt jedoch Sickerwasser oft entscheidend zum Zerfall

4.1 Gut sichtbar ist die Untergliederung der Kliffküste von Norfolk. Im Hintergrund das Kliff aus pleistozänen Ablagerungen über Schreibkreide. Am Klifffuß eine 35 Meter breite Zone aus grobem Geröll (überwiegend Flint); davor seewärts ein 30 Meter breiter Streifen mit Sand, und daran anschließend die Brandungsplattform in der Schreibkreide (1986).

der Steilküste bei. Große Rutschungen oder Abbrüche werden durch Wassersättigung gefördert, aber auch durch die Einwirkung winterlichen Frostwechsels. Das Material wird am Klifffuß von den Wellen aufgearbeitet. Auf Grund dieses Küstenzerfalls sind saubere Aufschlüsse in Moränenmaterial relativ selten anzutreffen (STEERS 1969).

Wo stark gefaltete Gesteine die Küstenlinie bilden, wird durch die Brandung eine stark in Buchten und Vorsprünge untergliederte Küstenlinie

4.2 Spuren des Zerfalls im devonischen Sandstein in Fife, Schottland. a) Verwitterungserscheinungen im Mauerwerk von MacDuff's Castle und b) Erosion im devonischen Sandstein am Strand bei MacDuff's Castle (2007).

4.3 Spuren der Bioerosion durch Napfschnecken am Strand von Fife, Schottland (2007).

b)

In der Nähe von Burntisland in Schottland steht die Ruine von MacDuff's Castle. MacDuff war der Thane of Fife (Graf) und hat im 11. Jahrhundert gelebt, als Zeitgenosse von Macbeth. Doch von Mac-Duffs ursprünglicher Burg ist heute nichts mehr übrig geblieben. Die jetzige Burganlage stammt aus dem 14. Jahrhundert. Sie wechselte mehrfach den Eigentümer. So erwarben im 16. Jahrhundert die Colvilles die Anlage und bauten einen zweiten Turm; das ist der Turm, der heute noch steht. Der erste, ältere Turm musste 1967 wegen Einsturzgefahr abgerissen werden. Wie es sich für eine schottische Burg gehört, gibt es hier auch ein zugehöriges Gespenst, eine „Grey Lady", der Geist einer gewissen Mary Sibbard, einer Frau, die man einst zu Unrecht eines Diebstahls bezichtigt hatte. Die Burg ist nun seit mehreren Hundert Jahren unbewohnt (KENNEDY 2000). Die Sandsteine, aus denen das Mauerwerk errichtet wurde, sind stark verwittert. Da die Steine ursprünglich eine glatte Oberfläche aufgewiesen haben, lässt sich zeigen, dass mehrere Mil-

limeter pro Jahrhundert allein durch Frostwechsel, Wind und Regen aus dem Stein herausgelöst worden sind (Abb. 4.2a).

Unterhalb der Burgruine am Strand steht der Sandstein an, aus dem die Burg errichtet wurde. Es ist ein sehr weicher Sandstein des Karbon, der auch vom Meer leicht erodiert wird (Abb. 4.2b, BARNE et al. 1997). Entlang des Kliffs gibt es eine Reihe von älteren Brandungshöhlen *(sea caves)*, von denen einige in den Sommermonaten besichtigt werden können.

Nicht nur physikalische Prozesse zerstören festes Gestein, sondern auch biologische Prozesse haben einen Anteil an der Abtragung. Diese Bioerosion ist in warmem Klima stärker ausgeprägt als im gemäßigten Klima, das an der Nordsee herrscht; ihre Spuren sind aber auch hier an den Felsküsten zu beobachten. Ein deutliches Beispiel geben die Napfschnecken *(Patella vulgata)*, die sich durch Drehen der Schale in den Fels eingraben, um so besser am Gestein zu haften (Abb. 4.3).

4.4 Entwicklung von der a) Brandungshöhle über ein b) Brandungstor zum c) Brandungspfeiler in Flamborough Head, Yorkshire (2007).

4.5 Fjordlandschaften in Norwegen. a) Tief eingeschnitten liegt der Lysefjord bei Stavanger am Rande des norwegischen Hochlandes. b) Einer der spektakulärsten Fjorde Norwegens ist der Geirangerfjord (2006).

ausgebildet. Ausgeprägte Schichtung und Klüftung bieten Schwächezonen, an denen die Erosion ansetzen kann. Wo zwei Kluftsysteme senkrecht aufeinanderstehen, kann es leicht zur Herausbildung von Brandungspfeilern kommen. Vor der Entstehung von Brandungspfeilern werden häufig Brandungstore herausgebildet (Abb. 4.4).

Besonders stark untergliedert sind die Fjordküsten Norwegens (Abb. 4.5). Der Sognefjord ist 204 Kilometer lang und an der tiefsten Stelle liegt der Felsuntergrund etwa 1500 Meter unter dem Wasserspiegel. An der Sohle liegen bis zu 200 Meter mächtige junge Sedimente. Der Sognefjord ist der längste und tiefste Fjord der Welt. Da sich die angrenzenden Berghänge noch 1200 bis 1800 Meter über das Meeresniveau erheben, ergibt sich eine Gesamttiefe von etwa 3000 Metern. In der Nähe der Mündung liegt seine Felsschwelle dagegen nur in etwa 150 bis 200 Meter Tiefe. Die Fjor-

4.6 Helgoland a) 1961 und b) 2007 – auf den ersten Blick unverändert. Bei genauerem Hinsehen erkennt man jedoch den neuen Einzelfelsen, der sich im Winter 1965/66 gebildet hat (Schmidt-Thomé 1982). Die Abtragung ist zwar gering (vergleiche Felsrippe im Vordergrund), aber die Schutthalde am Fuß der Felsen ist dennoch größer geworden. Die Uferschutzmauer verhindert die direkte Erosion durch die Brandung, nicht aber den Zerfall der Felswand.

a)

Rottum, Buise, Bant, Hainshallig, Behnshallig, Jordsand – zahlreiche Inseln der Nordseeküste sind im Laufe der Jahrhunderte den natürlichen Kräften der Erosion zum Opfer gefallen. Nur eine wurde in die Luft gesprengt – zumindest hat man es versucht. Am 18. 4. 1947 um 13 Uhr erschütterte eine gewaltigen Explosion die Insel Helgoland. In den unterirdischen Bunkern und Verteidigungsanlagen der Insel waren 4610 Tonnen Sprengstoff gezündet worden. Die Erschütterung der Sprengung wurde von seismischen Stationen in ganz Europa registriert. Ein Rauchpilz stieg bis in über 2000 Meter Höhe auf. Der Geologe Otto Pratje, der die Insel wenig später besuchen durfte, betitelte mit hanseatischem Understatement sei-

nen Bericht: „Das veränderte Helgoland" (PRATJE 1948a).

In der Tat war die Insel verändert. Als der Rauch sich verzogen hatte, wurde sichtbar, dass Helgoland zwar beschädigt war, jedoch keineswegs vollständig zerstört. SCHMIDT-THOMÉ (1982) gibt den Flächenverlust des Oberlandes mit etwa acht Hektar an. Dieser Landverlust wurde zum Teil dadurch ausgeglichen, dass der Sprengschutt auf dem die Insel umgebenden Felswatt liegengeblieben ist. Vergleicht man die Ausdehnung der Insel auf der Karte von 1880 mit der heutigen Ausdehnung, so stellt man fest, dass die Verluste in der Fläche äußerst gering sind.

Schwerwiegender sind die morphologischen Veränderungen. Durch

zwei große Sprengtrichter ist das heutige Mittelland im Südwestteil der Insel entstanden. Ein Sprengkrater von 150 Metern Durchmesser ist noch heute deutlich erkennbar. Das bereits vorher von Bombentrichtern übersäte Oberland erhielt zusätzlich eine in Längsrichtung verlaufende, etwa 20 Meter tiefe Senke. Die Einzelfelsen Mönch und Hoyshorn wurden zerstört, ebenso das letzte Brandungstor der Insel, das Jung-Gatt (PRATJE 1948a und b).

Auf Helgoland gab es früher mehrere Einzelfelsen und Brandungstore. Ein Vergleich der verschiedenen Quellen wird zum Teil dadurch erschwert, dass beim Verschwinden eines Felsens der Name gelegentlich auf den nächsten Felsen übergegan-

b)

gen ist. So war der „Hengst" im Jahre 1845 ein Einzelfelsen an der Nordwestspitze der Insel. Mehrere Brandungstore ließen ihn wie ein Pferd aussehen. Als er im Jahre 1865 einstürzte, ging der Name „Hengst" auf einen neuen Einzelfelsen über, der kurz zuvor durch den Einsturz des Brandungstors des Nothurn-Gatts im Jahre 1860 entstanden war und der nicht die geringste Ähnlichkeit mit einem Pferd aufwies. Heute wird dieser falsche „Hengst" als „Lange Anna" bezeichnet (Abb. 4.6). Die „Lange Anna" ist seit 1980 durch eine Vermauerung der Brandungshohlkehle zunächst geschützt worden. Weitere Eingriffe sind jedoch erforderlich, um den fortschreitenden Zerfall des Wahrzeichens der Insel zu hemmen.

Die Insel verdankt ihre Entstehung einem großen Salzkissen, das sich über eine Länge von etwa 30 Kilometern erstreckt. Es ist im Keuper angelegt worden. Die größten Salzbewegungen fanden nach der Kreide, vor allem im Mittelmiozän statt. Der rote Felsen Helgolands besteht aus Schichten des Mittleren Buntsandsteins. In dem Durchlass zwischen Helgoland und der Düne steht Oberer Buntsandstein an; unter der Düne liegen die Schichten des Muschelkalks und der Kreide. Sie alle fallen nach Nordosten ein. Der Scheitel der Hebungsstruktur liegt fast einen Kilometer südwestlich der Insel Helgoland; hier ist ein NW-SE streichender Grabenbruch ausgebildet (BINOT 1991).

Auch die benachbarte Insel Düne war ursprünglich eine Felseninsel; der Gips des Muschelkalks und die Schreibkreide waren weniger widerstandsfähig als der Buntsandstein. Der Kalk wurde nicht nur vom Meer angegriffen, sondern auch von Menschenhand abgebaut und ans Festland verschifft. 1711 war der Fels der Düne vollständig verschwunden und nur eine flache Sandinsel blieb zurück. Die Düne war mit der Hauptinsel zunächst noch durch den sogenannten „Wall", einen Rücken aus Sand und Geröll, verbunden. Dieser Wall wurde am 1. 1. 1720 vom Meer durchbrochen; seitdem sind Helgoland und die Düne zwei getrennte Inseln.

de sind durch die eiszeitliche Erosion ehemaliger Flusstäler entstanden. Man hat ausgerechnet, dass allein bei der Ausschürfung des Sognefjords 2000 Kubikkilometer Fels erodiert und abtransportiert worden sind. Verteilt auf die Fläche der Bundesrepublik Deutschland ergäbe das eine Sedimentschicht von über fünf Meter Mächtigkeit (ANDERSEN & BORNS 1994).

Die Fjorde folgen in der Regel tektonisch vorgezeichneten Linien. Die Eintiefung ist nicht allein eine Folge des Gletscherschurfs. Wie bei den Rinnen im Untergrund Norddeutschlands dürfte auch hier die subglaziale Schmelzwassererosion bei der Entstehung eine erhebliche Rolle gespielt haben. Charakteristisch für die glazial gestalteten Täler ist es, dass sie immer wieder durch Querriegel untergliedert werden. So kommt es, dass in diesen Tälern, soweit sie heute über dem Meeresniveau liegen, oft ganze Reihen von Seen anzutreffen sind. Die Eintiefung ist nicht in einer einzigen Eiszeit erfolgt, sondern in vielen aufeinanderfolgenden Vergletscherungen. Man nimmt an, dass der Sognefjord mehr als eine Million Jahre lang vergletschert gewesen ist (ANDERSEN & BORNS 1994).

Das Wattenmeer

Die Seemarschen Norddeutschlands sind aus Ablagerungen des Wattenmeeres entstanden. Typisches Marschsediment ist der Klei, ein humoser, schluffiger Ton. In den rezenten Watten muss man eine Weile suchen, um entsprechende Ablagerungen zu finden. Die Wattflächen bestehen zum überwiegenden Teil aus Sand. **Schlickgebiete** sind in erster Linie auf die Prielkanten und die Flächen entlang der Küste des Festlandes beschränkt. Diese Diskrepanz beruht darauf, dass die in geschützter, ruhiger Lage abgelagerten Schlickschichten heute fast vollständig eingedeicht worden sind, sodass das heutige Watt eigentlich nur noch ein unvollständiger Rest des ursprünglichen Watts ist, das als Ökosystem die Organismen begünstigt, die sandige und leicht schlickige Sedimente lieben (FLEMMING et al. 2002).

Im heutigen Watt dominiert der Feinsand; hinzu kommt ein wechselnder Anteil von Mittelsand. Gröberes Material findet man nur im Bereich der übertieften Seegats und Tideströme, die sich in Kies führende Schichten des pleistozänen Untergrunds eingeschnitten haben.

Im Sandwatt liegen die Ton- und Schluffgehalte bei etwa einem Prozent. Ab einem Ton- und Schluffgehalt von zehn Prozent spricht man von Mischwatt. Die Korngrößenverteilung des Mischwatts ist zweigipfelig; zu dem üblichen Maximum im Feinsandbereich tritt hier ein zweites, eventuell gleichstarkes Nebenmaximum im Tonbereich. Von Schlickwatt spricht man erst, wenn der Ton- und Schluffgehalt über 50 Prozent beträgt (FIGGE et al. 1980).

Im Schlickwatt findet sich neben der anorganischen auch eine starke organische Komponente. Die Sandfraktion besteht überwiegend aus Quarzkörnern, während sich die Ton- und Schlufffraktion fast ausschließlich aus organischem Material zusammensetzt. Innerhalb der feinen Fraktionen finden sich neben den organischen Anteilen noch Kalkteilchen, die zu einem erheblichen Teil aus zerriebenen Muschelschalen bestehen.

Für die Ablagerung von Schlick spielt die Exposition beziehungsweise der Schutz gegenüber den Kräften des Meeres eine entscheidende Rolle. Die Korngröße der Wattsedimente nimmt in Richtung auf das Land ab. Schlickwatt findet sich häufig im Bereich der Lahnungsfelder direkt an der Küste. Dies erklärt sich durch die landwärts immer schwächer werdende Wasserbewegung und den immer stärker werdenden Einfluss von Lebewesen auf die Sedimentzusammensetzung. Salzvertragende Pflanzen, zum Beispiel Queller, tragen zusätzlich zur Strömungsberuhigung bei.

Eine klare Trennung in Schlickwatt- und Sandwattgebiete lässt sich nur schwer durchführen. Nicht nur kommen in der Natur alle Übergänge vor, sondern auch innerhalb der einzelnen Gebiete kann es durch eine zeitweilige Änderung der Sedimentationsbedingungen (zum Beispiel längere Perioden abweichender Windrichtung oder Windstärke) zur Überlagerung von Sand durch Schlick und umgekehrt kommen. In den Sommermonaten werden verstärkt feinere Bestandteile abgelagert, in den Wintermonaten auf Grund häufigerer Stürme dagegen gröbere Sedimente.

Das **Sandwatt** zeigt in der Regel eine relativ glatte Oberfläche, die im Luftbild hell erscheint. Wo der Schlickanteil nicht zu hoch ist, ist diese Oberfläche meist mit Kleinrippeln überzogen. Die Kleinrippelfelder weisen eine hohe Veränderlichkeit auf. Sie werden vor allem durch die windbedingten Triftströmungen erzeugt und umgebildet. Nicht nur die Streichrichtung der Rippelkämme, sondern auch der Kammabstand kann sich von einem Niedrigwasser zum nächsten deutlich ändern.

Die großen Baljen, die die Wattgebiete durchziehen, haben einen relativ geradlinigen Verlauf und unterscheiden sich damit deutlich von fest-

Das Rätsel der Sandbank

„Als ich mir der Gefahr bewusst wurde, war es längst zu spät, um noch zu wenden und mich auf die offene See vorzuarbeiten. Ich steckte tief im Engpass der Sandbucht mit der Küste in Lee und einer starken auflaufenden Tide, die mich voranpeitschte ..." (CHILDERS 1903). In Childers' Spionageroman hat Dollmann, der Bösewicht, dem ahnungslosen Davies eine Abkürzung über das Watt vorgeschlagen, doch in Fahrtrichtung lauern die Hohenhorn-Sände. Und sie lauern noch heute. Die Morphologie der Watten zwischen der Elbe und der Wesermündung hat sich in den gut 100 Jahren, seit Childers seinen Roman verfasst hat, kaum verändert. Die Abbildung 4.7 stellt die Seekarte aus Childers' Buch dem heutigen ASTER-Satellitenbild gegenüber. Das Satellitenbild ist bei Niedrigwasser aufgenommen, sodass die Sandbänke sehr deutlich sichtbar sind. Childers ließ seinen Davies damals bei Sturm und schlechter Sicht in die Westertill hineinsegeln. *„Ich befand mich bereits außerhalb des Priels. Ich erkannte es am Aussehen des Wassers. Und als ich mich der Bank näherte, sah ich, dass sie eben überspült und ohne sichtbares Zeichen eines Durchlasses war ..."*

4.7 Die Falle im Watt bei Neuwerk würde noch heute funktionieren.
a) Umgezeichnete englische Seekarte aus dem Buch von Erskine Childers. Tiefenangaben in Faden (fathoms). Ein Faden entspricht zwei Yard, das heißt 1,8288 Metern. Die Dulcibella des Romanhelden strandet von Norderney kommend im Sturm auf dem Hohenhorn-Sand. b) Die Prielverläufe haben sich in 100 Jahren kaum verändert. Die Veränderungen an der Elbe zwischen Neuwerk und Cuxhaven stehen im Zusammenhang mit Strombaumaßnahmen (ASTER-Satellitenbild vom 14.6.2005).

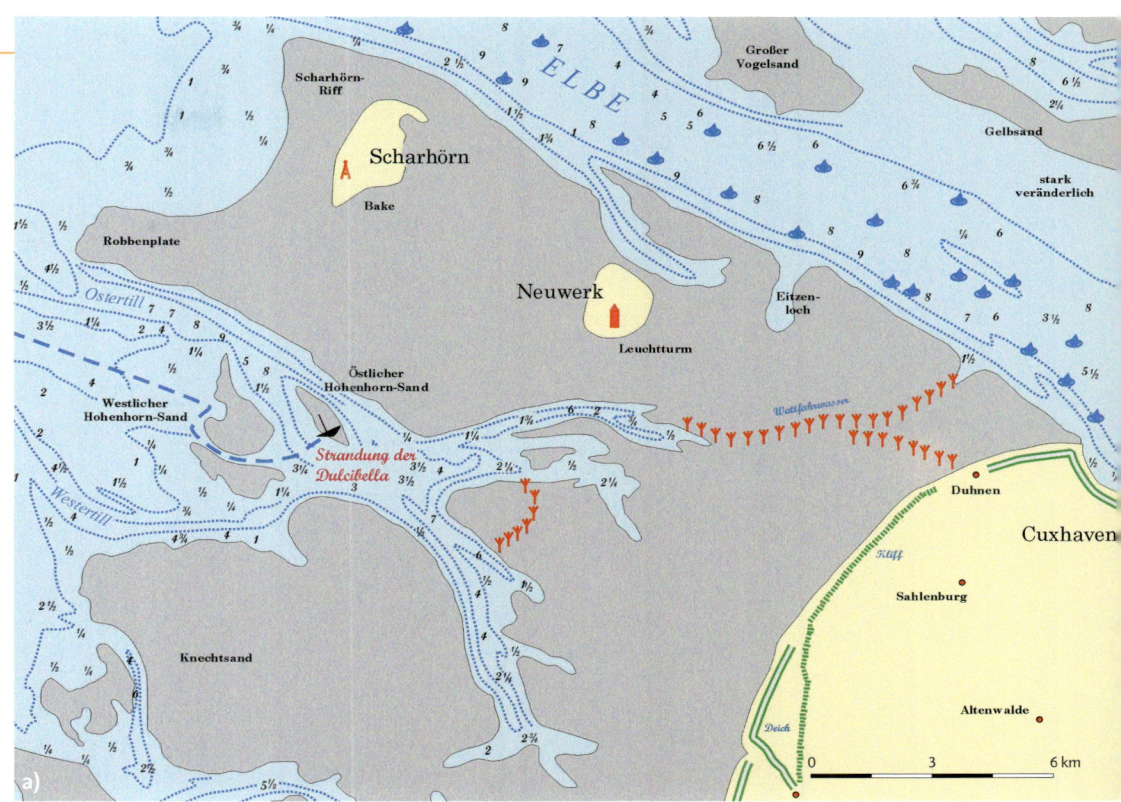

4.8 Morphologische Veränderungen im nordfriesischen Wattenmeer. a) Vergleich der Situation von 1958 (Luftbild in König 1972) mit Luftbildern aus dem Jahre 1980. b) Vergleich der Situation von 1980 mit einem ASTER-Satellitenbild aus dem Jahre 2005. Der Japsand wandert pro Jahr 32 Meter in Richtung Hooge, er wird die Hallig in etwa 80 Jahren erreicht haben. Der Norderoogsand verschiebt sich zur Zeit um etwa 16 Meter pro Jahr in Richtung Norderoog. Das Verteilungsmuster der Priele ist trotz dieser starken Veränderungen relativ konstant.

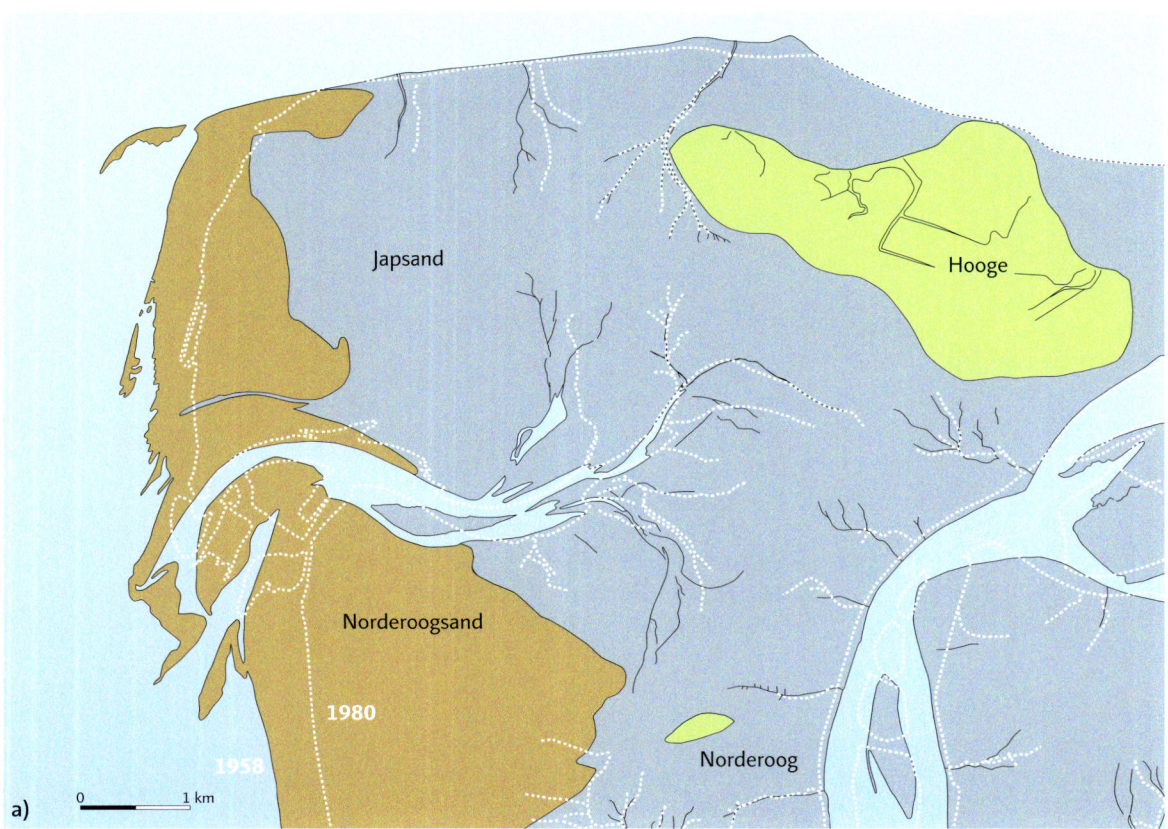

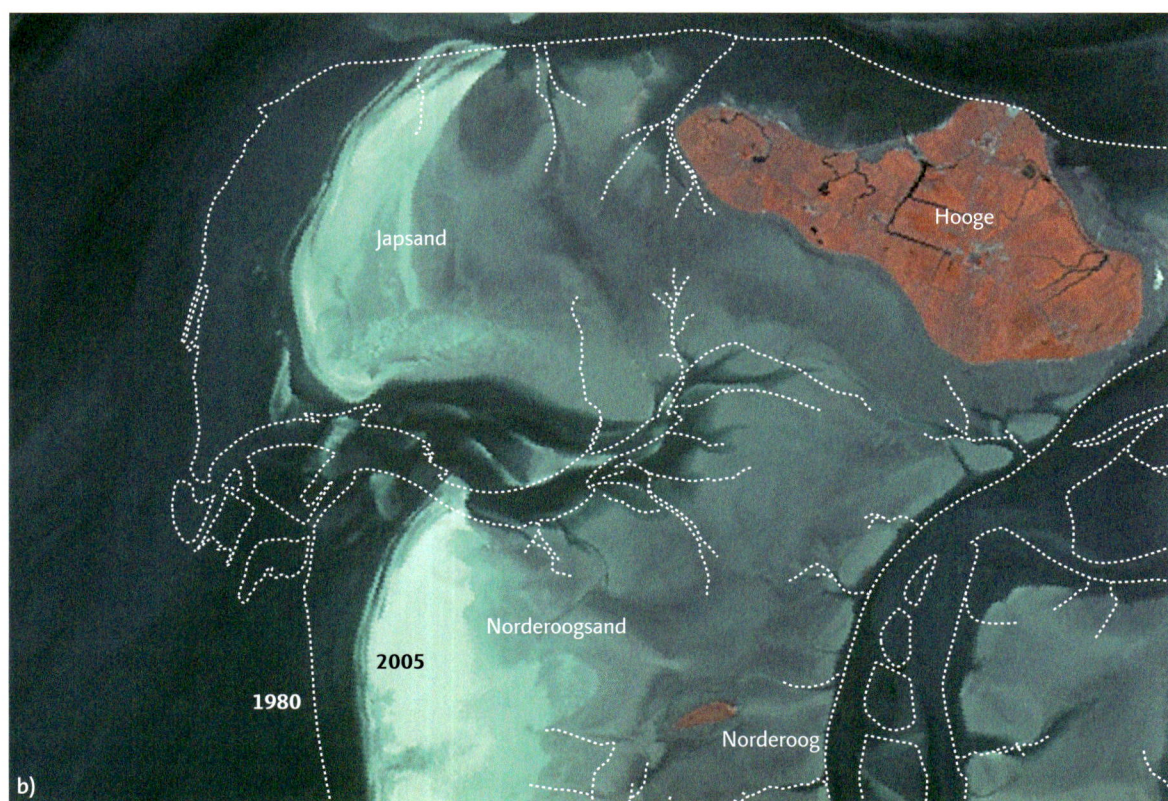

ländischen Gewässern ähnlicher Größenordnung. In diese Baljen entwässert eine Anzahl kleinerer Priele, die von den größeren Platen herkommen. Die Dichte des Prielnetzes im Sandwatt und im Schlickwatt ist sehr unterschiedlich; während im Sandwatt nur wenige, kaum verzweigte Priele vorkommen, wird im Schlickwatt ein sehr dichtes Prielnetz angetroffen (GAST et al. 1984). Die Priele im Sandwatt sind überwiegend kurz und geradlinig, im Schlickwatt dagegen mäandrierend und stark verästelt.

Dynamik der Wattflächen

Auf Luft- und Satellitenbildern des Wattenmeeres zeigt sich im Schutz der Inseln eine parallele Streifung der Oberfläche, die am Boden nur schwer auszumachen ist. Im Bereich der Ostfriesischen Inseln streichen die auffälligsten dieser Streifen in der Regel in nordwest-südöstlicher Richtung. Es handelt sich dabei um etwa ein, maximal zwei Dezimeter hohe Wattrücken, die bei Ebbe früher trockenfallen als ihre Umgebung und daher auf Luftbildern als helle Streifen hervortreten. Die **Sandwellen** sind Transportkörper des Sandes. Die Sandwellen der ostfriesischen Inselwatten sind leicht asymmetrisch aufgebaut. Die steileren Hänge fallen jeweils nach Südosten ein. Die höher gelegenen (nördlichen) Teile der Sandwellen eilen in der Verlagerungsrichtung voraus.

Kleine **Priele** können ihre Lage zwar von Tide zu Tide um mehrere Dezimeter verändern, doch sind diese Veränderungen nicht gleichgerichtet, sondern es kommt längerfristig oft nur zu einem Pendeln des Prielverlaufes um eine bestimmte Achse.

Verändert sich die Größe des Watteinzugsgebietes, so ändert sich die Länge der Priele und ihre Tiefe; das Grundmuster der Oberflächenformen bleibt jedoch in der Regel bestehen. Die Abbildung 4.8 zeigt die Veränderungen im Wattgebiet südwestlich der Hallig Hooge. Der Zustand von 1958 wurde nach den bei KÖNIG (1972) publizierten Luftbildern gezeichnet. Durch die landwärtige Verlagerung der Außensände Japsand und Norderoogsand ist das Einzugsgebiet des Hoogelochs erheblich geschrumpft. Die Veränderungen im Prielsystem sind jedoch minimal; selbst feinste Entwässerungsrinnen auf den Wattflächen finden sich nach knapp 50 Jahren noch nahezu in der gleichen Position.

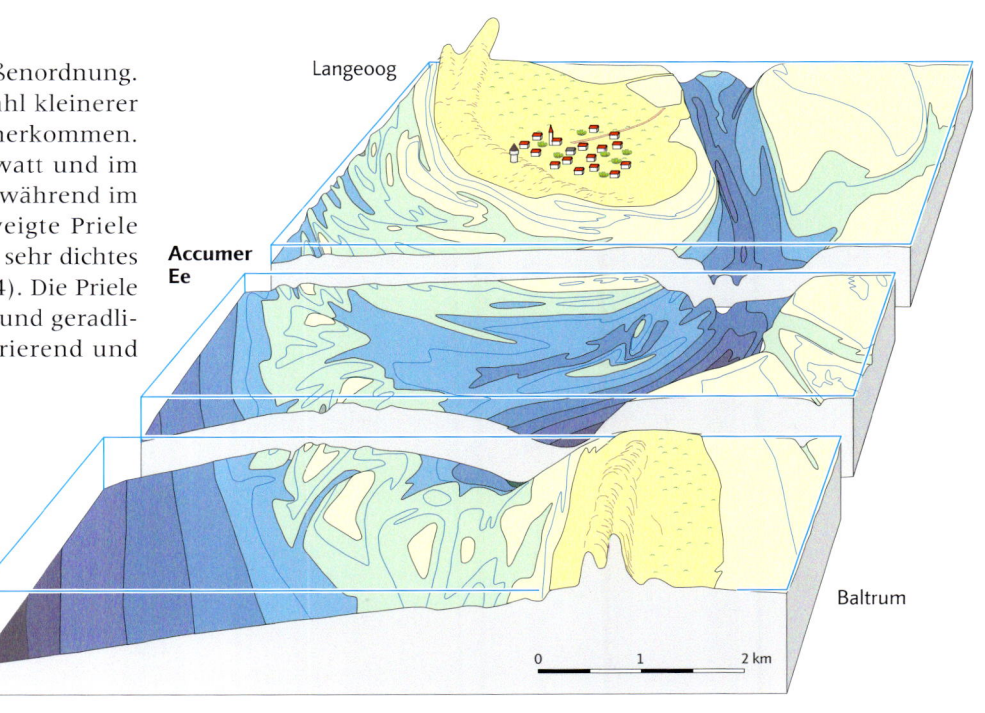

Formengemeinschaft der Seegats

Die Durchlässe zwischen den Inseln der Barriere werden als Seegats bezeichnet. Die Seegats werden zweimal täglich vom Flutstrom und zweimal täglich vom Ebbstrom durchflossen. Da in relativ kurzer Zeit relativ große Wassermassen durch die Seegats hindurchfließen müssen, kommt es zu einer Art Düsenwirkung; in der englischsprachigen Literatur wird die dabei erzeugte Strömung als *„tidal jet"* bezeichnet. Sie führt dazu, dass im Durchlassbereich und in den angrenzenden Wattrinnen tiefe Kolke entstehen, die zum Teil wesentlich tiefer reichen als der Meeresboden seewärts der Inseln (Abb. 4.9). Vor den Mündungen der Seegats liegen jeweils durch Rinnen voneinander getrennte Sandbänke (Riffbögen), die sich von einer Insel zur nächsten erstrecken. Der Vergleich von Karten und Luftbildern verschiedenen Alters zeigt, dass die Riffbögen nicht stabil sind, sondern dass ihre Formen raschen Veränderungen unterliegen.

Etwas anders sind die Verhältnisse im Bereich der nach der See hin offenen Wattflächen zwischen Jade und Eider. Hier gibt es zwar auch übertiefe Wattrinnen, zum Beispiel Wesselburener Loch und Eider, aber anstelle des begrenzenden Riffbogens findet sich an ihrem seewärtigen Ende nur eine relativ tief liegende Barre. Auch diese Barren unterliegen raschen Veränderungen.

Die Mündung eines Seegats ähnelt der Mündung eines Flusses. Der in die See hinausfließende Ebbstrom führt wegen der hohen Fließgeschwin-

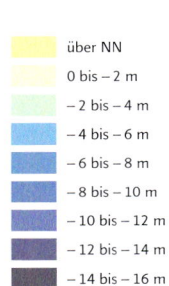

über NN
0 bis – 2 m
– 2 bis – 4 m
– 4 bis – 6 m
– 6 bis – 8 m
– 8 bis – 10 m
– 10 bis – 12 m
– 12 bis – 14 m
– 14 bis – 16 m

4.9 Blockbild des Seegats Accumer Ee. Der übertiefte Bereich an der Engstelle zwischen den Inseln Langeoog und Baltrum und die seewärtige Barre des Riffbogens sind klar zu erkennen.

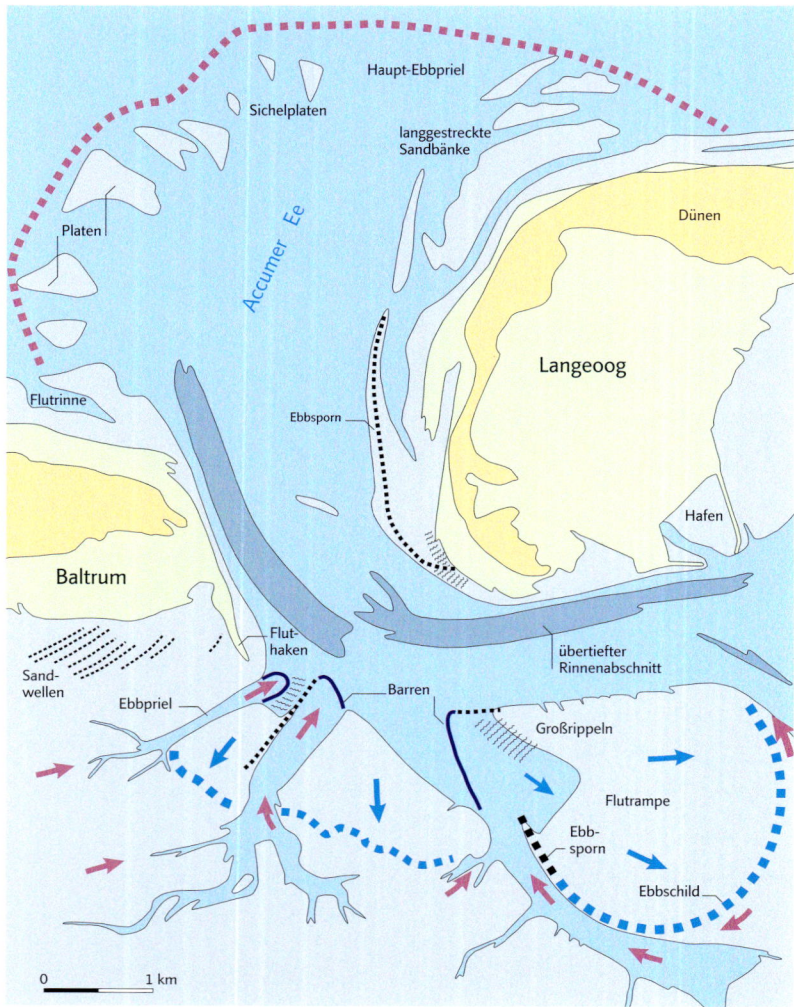

Labels in figure:
Haupt-Ebbpriel
Sichelplaten
langgestreckte Sandbänke
Dünen
Accumer Ee
Platen
Langeoog
Flutrinne
Ebbsporn
Hafen
Baltrum
Flut-haken
übertiefter Rinnenabschnitt
Sand-wellen
Ebbpriel
Barren
Großrippeln
Flutrampe
Ebb-sporn
Ebbschild
0   1 km

4.10 Oberflächenformen im Bereich eines Seegats, erläutert am Beispiel der Accumer Ee. Ebbe-Delta (rot gepunktet), Flut-Delta (blau gepunktet), Ebbstrom (rot), Flutstrom (blau).

schaffen; ist dagegen der Einfluss der Brandung und der küstenparallelen Strömung stärker, so kann sich nur ein kleines Ebbe-Delta bilden wie zum Beispiel an der Mündung des Limfjords.

Ein Gezeitendelta setzt sich aus einer Reihe unterschiedlicher Oberflächenformen zusammen (Abb. 4.10). Innerhalb des Ebbe-Deltas gibt es in der Regel einen Haupt-Ebbpriel, der meist geradlinig aus dem Seegat herausführt. Seine Richtung verläuft jedoch nicht rechtwinklig zur Inselbarriere, sondern ist durch die vorherrschende Richtung des küstenparallelen Sandtransportes beeinflusst. Vor den Ostfriesischen Inseln wird der Haupt-Ebbpriel in der Regel nach Osten abgedrängt.

Der Riffbogen besteht aus einzelnen Platengruppen, die sich wieder aus mehreren Platen zusammensetzen. Am westlichen Ende des Riffbogens lösen sich große, halbmondförmige Platen von der jeweils westlich gelegenen Insel. Hier ist häufig ein randlicher Flutpriel ausgebildet; desgleichen am anderen Ende des Riffbogens. Im nördlichsten Teil des Riffbogens sind die Platen meist von sichelförmiger Gestalt; sie werden daher als „Sichelplaten" bezeichnet. Das Verteilungsbild der Platen ist ein Ergebnis des Wechselspiels zwischen Ebbe- und Flutstrom. Während sich bei Flut eine konvergierende, auf das Seegat gerichtete Strömung ausbildet (*„sink flow"*), strömt der Ebbstrom als *„tidal jet"* gebündelt aus dem Seegat heraus. Der Ebbstrom besitzt daher eine beträchtliche Spülwirkung. Dies führt dazu, dass sich vor der Mündung des Haupt-Ebbprieles keine Platen bilden können, sondern nur eine Barre. Östlich des Haupt-Ebbpriels schließen sich dann langgestreckte Sandbänke an, die sich an den Strand der nächsten Insel annähern.

Nicht nur der Ebbstrom führt zur Ausbildung eines Gezeitendeltas, sondern auch der Flutstrom. Das **Flut-Delta** der Seegats tritt jedoch wegen des hohen Ausgangsreliefs der Wattflächen nicht so stark in Erscheinung. Die Höhenunterschiede gegenüber dem umgebenden Watt liegen im Bereich weniger Dezimeter. Auf Luftbildern lassen sich jedoch die heller getönten Sandbänke des Flut-Deltas leicht gegen die dunkler getönten (schlickigeren) Wattflächen abgrenzen. Die Flut-Deltas sind durch einen eigenen Formenschatz charakterisiert.

Die Morphodynamik der Flut-Deltas weicht deutlich von der der Ebbe-Deltas ab. Die Beeinflussung durch die Brandung ist wesentlich geringer. Da die Formen meist bei Niedrigwasser trockenfallen, lässt sich hier besonders gut das Nebeneinander von ebbe- und flutorientierten

digkeiten große Mengen Sediment mit. Diese werden bei der Einmündung in das Meer aufgrund der plötzlich nachlassenden Fließgeschwindigkeit rasch abgelagert. Auf diese Weise entsteht ein sogenanntes Gezeitendelta (*tidal delta*, VAN VEEN 1950). Da dieses Gezeitendelta vom Ebbstrom aufgeschüttet wird, wird es als **Ebbe-Delta** bezeichnet. Die Form dieses Ebbe-Deltas wird nicht nur durch den Ebbstrom geprägt, sondern auch durch die Kräfte des Meeres und durch die Materialumlagerung im Vorstrandbereich. Vom Tidenhub und von der Größe des Watteinzugsgebietes hängt es ab, wie weit sich der Ebbstrom gegen den Einfluss der küstenparallelen Gezeitenströmung durchsetzen kann: Dominiert der Ebbstrom, so wird ein weit in das Meer hinausreichendes Ebbe-Delta ge-

Oberflächenformen feststellen. Bereits VAN VEEN (1950) hatte festgestellt, dass einige Priele und Rinnen im Wattenmeer überwiegend vom Ebbstrom, andere dagegen überwiegend vom Flutstrom geformt werden. Das ist darauf zurückzuführen, dass bei Einsetzen der Flut noch für längere Zeit Wasser von den hochgelegenen Wattflächen abfließt, sodass beide Gezeitenströme gleichzeitig nebeneinander aktiv sind. Die Priele, durch die das Restwasser mit relativ hoher Geschwindigkeit abströmt, sind damit für das auflaufende Wasser versperrt; der Flutstrom muss sich seinen eigenen Weg suchen.

Die großen Priele sind meist die Ebbpriele. Sie sind in der Regel schmal und tief und haben an ihrer Mündung eine seewärts gerichtete Barre oder ein Schilddelta. Die vom Flutstrom benutzten Priele sind dagegen breiter und zur See hin offen. Ihr Verlauf ist in der Regel geradliniger als der der Ebbpriele (JAKOBSEN 1962 und 1964). Der Flutstrom schafft sich im Flut-Delta breite Flutrampen, die durch einen Ebbschild gegen das von den Wattflächen ablaufende Restwasser geschützt sind. Die Flutrampen sind häufig von Großrippelfeldern übersät. An den Rändern finden sich oft langgestreckte, schmale Uferwälle, sogenannte „Ebbsporne".

Die Formen, die während des Niedrigwassers vom Wasser bedeckt bleiben, werden als **„subtidal"** bezeichnet, die Formen, die bei Niedrigwasser trockenfallen, dagegen als **„intratidal"**. Für Geländeuntersuchungen ist nur der intratidale Bereich zugänglich; Luftbilder erlauben unter günstigen Bedingungen einen begrenzten Einblick in den subtidalen Bereich. Eine Bestandsaufnahme, die zur Zeit des Niedrigwassers durchgeführt wird, kann nur bedingt die tatsächlich vorherrschenden Formungsvorgänge wiedergeben. Da der letzte Formungsimpuls jeweils durch den Ebbstrom erfolgte, findet man auf den Luftbildern fast nur ebborientierte Großrippeln. Das hat teilweise zu der Vermutung geführt, dass die Formung durch den Flutstrom im Wesentlichen auf die Rinnen beschränkt sei. Dies ist jedoch nicht der Fall.

Verlagerung der Seegats

Die Seegats sind die aktivsten morphodynamischen Elemente des Wattenmeeres. Ihre Verlagerung – in der Regel in Richtung des Sandtransportes – führt zu der Erscheinung, die gemeinhin als „Inselwanderung" bezeichnet wird. Durch die Maßnahmen des Küstenschutzes sind die Verlagerungsmöglichkeiten der Seegats heute begrenzt. Unterwasserbuhnen, die sich von den bedrohten Inselköpfen

bis zu über einen Kilometer weit in die Seegats hineinziehen, sorgen dafür, dass die tiefen Rinnen von den Inseln ferngehalten werden.

Einige Seegats sind im Laufe der Geschichte verlandet und konnten völlig abgedämmt werden, andere haben sich neu gebildet. Die Insel Texel war im frühen Mittelalter noch Teil des holländischen Festlandes. Zwischen 1000 und 1300 durchbrachen Sturmfluten den Dünengürtel an drei Stellen, und drei neue Inseln entstanden: Texel, Huisduinen und Callantsoog. Callantsoog wurde 1596 nach Schließung des Seegats Zijpe durch Deiche wieder mit dem Festland verbunden, und um 1610 konnte auch Huisduinen nach Abdämmung des Seegats Heersdiep erneut an das Festland angegliedert werden. Das Seegat zwischen Texel und Huisduinen konnte jedoch nicht wieder geschlossen werden. Es weitete sich zum Marsdiep aus, dem größten Seegat des Wattenmeeres.

Andere Seegats haben ihre Lage stark verändert und dabei über den Untergang (Insel Buise) oder das Wachstum (Inseln Juist, Spiekeroog) angrenzender Inseln entschieden (LUCK 1975). Wo sich im Bereich der West- und Ostfriesischen Inseln Seegats verlagert haben, ist dies fast immer in ostwärtiger Richtung geschehen, das heißt in Richtung des küstenparallelen Sandtransportes. Dies hat zur ostwärtigen Verlagerung der meisten Inseln geführt, der sogenannten „Inselwanderung".

Es gibt jedoch auch Ausnahmen: Der Vliestrom zwischen Vlieland und Terschelling neigt dazu, sich in Richtung Vlieland zu verlagern, während Terschelling seit Jahrhunderten einen breiten Weststrand (Noordvaarder) aufweist. Und auch das Seegat zwischen Vlieland und Texel drängt gegen den Nordrand Texels, während sich auf Vlieland die breite Sandplate des Vliehors gebildet hat.

Verlagerung der Platen

Bei der Betrachtung der Formungsvorgänge im Bereich der Seegats stand zunächst die Verlagerung der Platen im Mittelpunkt der Untersuchungen. HOMEIER & KRAMER (1957) führten umfangreiche Untersuchungen im Bereich des Norderneyer Riffbogens durch. Sie untergliederten die Riffbögen in folgende Formelemente:

- Plate: kleinste morphologische Einheit des Riffbogens im Ausmaß von 200 bis 300 Meter mal 500 bis 600 Meter mit geringerem Abstand bis zur nächsten Plate
- Platengruppe: mehrere nahe beieinander gelegene Platen, die eine morphologische Einheit bilden und durch tiefere und breitere Rinnen von der nächsten Platengruppe getrennt sind

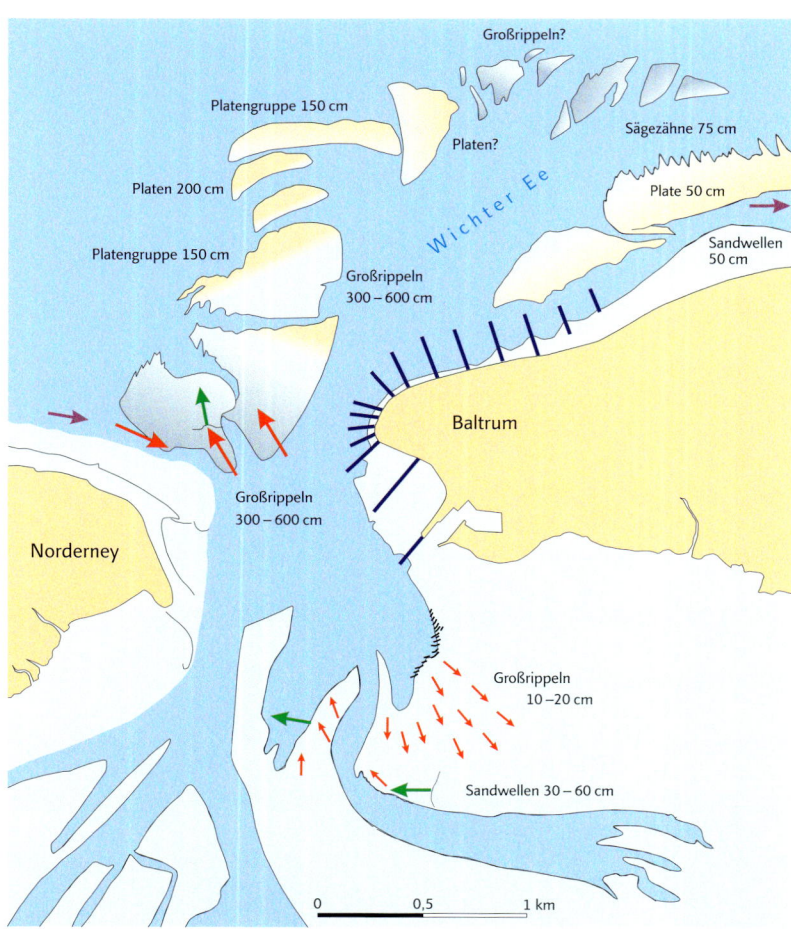

Großrippeln?

Platengruppe 150 cm

Platen?

Sägezähne 75 cm

Platen 200 cm

Wichter Ee

Plate 50 cm

Platengruppe 150 cm

Großrippeln
300 – 600 cm

Sandwellen
50 cm

Baltrum

Großrippeln
300 – 600 cm

Norderney

Großrippeln
10 – 20 cm

Sandwellen 30 – 60 cm

0   0,5   1 km

4.11 Umlagerungs-raten im Gezeiten-delta.

geschwindigkeit lag bei 405 Metern pro Jahr (HOMEIER & KRAMER 1957).

Die Verlagerung der Platengruppen wurde von der Forschungsstelle Norderney noch mehrfach untersucht, so zum Beispiel für den Bereich der Accumer Ee (HOMEIER & LUCK 1971) und schließlich für die gesamte ostfriesische Küste (LUCK & WITTE 1974). Hierzu wurden Befliegungen in einjährigem Abstand durchgeführt. Durch den Vergleich der Luftbildpläne wurden die alten Ergebnisse bestätigt.

HANISCH (1981) lehnte das bisher allgemein akzeptierte Modell der Platenwanderung ab. Er kam aufgrund seiner Untersuchungen im Bereich des Seegats Harle zwischen Spiekeroog und Wangerooge zu dem Schluss, dass der Sand nicht so sehr entlang des Riffbogens, sondern vor allem rechtwinklig dazu bewegt wird. Laut Hanisch treibt die Tideströmung den Sand in das Seegat hinein und wieder heraus. Dabei ergeben sich wahrscheinlich gewisse Versatzbeträge, die einen Nettosandtransport entlang des Riffbogens bewirken.

Die Platen des Ebbe-Deltas stellen im Prinzip große Rampen dar, auf denen ein hangaufwärts gerichteter Materialtransport stattfindet. Form und Orientierung der Rampen geben Aufschluss über die aktuell vorherrschende Transportrichtung. Die Verlagerung der Platen erfolgt durch deltaartige Vorschüttung über die Rampen. Die Rampen werden in der Verlagerungsrichtung so weit vorgebaut, bis die entgegengerichtete Gezeitenströmung das Material in gleichem Umfang abtransportiert, wie es angeliefert wird. Wo derartige Abtragungsvorgänge vorherrschen, kommt es zur Ausbildung von Steilkanten. Diese finden sich sowohl am Außenrand als auch am Innenrand des Riffbogens (Abb. 4.11). Dies deutet darauf hin, dass der Flutstrom an den Umlagerungsvorgängen in gleichem Maße wie der Ebbstrom beteiligt ist.

Ein Teil des in Bewegung befindlichen Sandes wird von Ebbe- und Flutstrom durch das Seegat

■ Riffbogen: Gesamtheit aller Platengruppen, die seewärts zwischen zwei Inseln liegen

Durch Auswertung von Peilplänen aus den Jahren 1926 bis 1957 stellten Homeier & Kramer fest, dass die Platengruppen die Riffbögen in östlicher Richtung durchwandern. Die gemessene Verlagerungsgeschwindigkeit war am größten im Riffbogenscheitel und am geringsten bei der Annäherung an den Strand. Die mittlere Verlagerungs-

Auswertung von Seekarten

Bei der vergleichenden Auswertung von Seekarten für geomorphologische Zwecke muss stets berücksichtigt werden, dass keine naturgetreue Wiedergabe des Reliefs vorliegt. Die Höhenangaben sind nicht auf NN bezogen, sondern auf das variable Seekartennull (SKN). Bis zum Jahre 2005 war dieses in

Deutschland auf das Mittlere Springtideniedrigwasser bezogen, danach wurde der Bezugspunkt auf den „niedrigstmöglichen Gezeitenwasserstand" (*lowest astronomical tide*, LAT) umgestellt. Seekarten sind als Warnkarten für die Schifffahrt gedacht; bei unruhigem Bodenrelief, zum Beispiel in großrippelbedeck-

ten Wattrinnen, werden die geringsten Wassertiefen dargestellt. Der Verlauf der Kanten der großen Rinnen und Priele lässt sich jedoch aus den Seekarten 1 : 50 000 mit hinreichender Genauigkeit ablesen, um Verlagerungsrichtung und -geschwindigkeit zu messen.

hindurchbewegt. Der überwiegende Teil der Materialbewegung findet auf den Platen des Ebbe-Deltas (durch Hin- und Herpendeln der Rippeln) statt.

In Wirklichkeit werden nicht die Platen verlagert, sondern der Sand. Je kleiner die betrachteten Formelemente sind, desto größere Abweichungen zeigt die Transportrichtung von der Richtung des Riffbogens:

- Die Platengruppen werden entlang des Riffbogens verlagert; sie durchwandern ihn jedoch nicht ungestört, sondern werden – vor allem vor der Mündung des Haupt-Ebbprieles – stark umgeformt und in Einzelplaten von rasch wechselnder Gestalt aufgelöst.
- Die Verlagerung der Platen weicht zum Teil erheblich von der Richtung des Riffbogens ab. Die Platen stellen Rampen dar, die durch wandernde Großrippelfelder in Richtung der örtlich vorherrschenden Tideströmung deltaartig vorgeschüttet werden.
- Die Großrippeln wandern sehr rasch, aber überwiegend schräg oder quer zur Achse des Riffbogens.
- Das Gleiche gilt für den Sand. Durch die leicht unterschiedliche Richtung von Ebbe- und Flutstrom ergibt sich langfristig eine resultierende Verlagerung entlang des Riffbogens.

Während die Seegats der West-, Ost- und Nordfriesischen Inseln jeweils klar ausgebildete Ebbe- und Flutdeltas aufweisen, ergibt sich im Bereich der großen Wattströme eine andere Formengemeinschaft. Ihr Mündungsbereich ist in zahlreiche entweder ebb- oder flutstromorientierte Rinnen

aufgegliedert, die durch Barren voneinander getrennt sind (Abb. 4.12). Diese sind mehrere Kilometer lange hufeisenförmige Sandbänke, deren Oberfläche meist etwa bei –4 Meter NN liegt (also um zwei bis drei Meter tiefer als die Platen der Riffbögen).

Aus dem Vergleich von Seekarten ergibt sich, dass diese Barren ihre Lage ständig ändern. Der Ablauf dieser Veränderungen ist seit etwa 1936 exakt registriert worden (HIGELKE 1978). TIETZE (1983) hat bei flachseismischen Untersuchungen in der Mündung der Hever nördlich von Eiderstedt festgestellt, dass die Sandkörper der Barren riesige Schrägschichtungskörper darstellen, deren Mächtigkeit bis zu gut zehn Meter beträgt und die mit flachem Winkel nach Süden einfallen (Abb. 4.12). Die Barren entsprechen in morphodynamischer Hinsicht den Gezeitendelta der Seegats. Die Verlagerungsgeschwindigkeit der Mündungsbarren der Hever beträgt im Schnitt etwa 20 Meter pro Jahr (EHLERS 1988a).

Die Halligen

Die Halligen Nordfrieslands sind unbedeichte Marschinseln, Überreste ausgedehnter Marschflächen, die die Sturmfluten des Mittelalters zerstört haben. Einige der auf diese Weise entstandenen Inseln sind nachträglich bedeicht worden, zum Beispiel Pellworm, andere sind wieder an das Festland angegliedert worden, zum Beispiel Dagebüll, die Hamburger Hallig und Nordstrand. Die Halli-

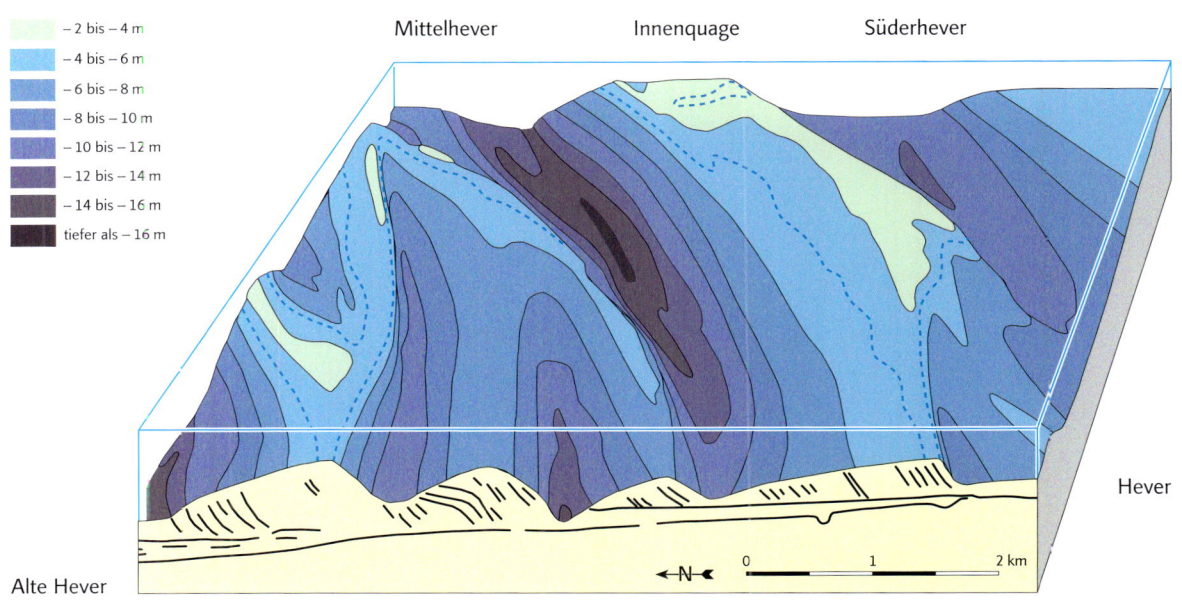

4.12 Barren vor der Mündung des Seegats Hever in Schleswig-Holstein. Diese hufeisenförmigen Sandbänke verlagern sich nach Süden; im Inneren bestehen sie aus riesigen Schrägschichtungskörpern.

gen sind vor der offenen See durch eine Reihe hoch gelegener Sandbänke geschützt. Diese sogenannten Außensände (Japsand, Norderoogsand, Süderoogsand) werden bei jeder höher als normal auflaufenden Tide überflutet. Sie sind völlig vegetationsfrei, und die Dünenbildung kommt nicht über das Stadium von Primärdünen hinaus.

Das Alter der Halligen ist unsicher. In der ältesten Quelle *„Kong Valdemar den Andens Jordebog"* (1231) werden folgende dänische Nordseeinseln aufgezählt:

1. Fanø
2. Mannø (= Mandö)
3. Rumø (= Rømø)
4. Hiortsand (= Jordsand)
5. Syld (= Sylt)
6. Ambrum = (Amrum)
7. Føør (= Föhr)
8. Aland (= Oland)
9. Gæstænacka
10. Hwælæ Minor
11. Hwælæ Major
12. Hæfræ (= Wester- und Osterhever)
13. Holm (= Tating, St. Peter und Ording)
14. Hælghæland (= Helgoland)

Rømø und Amrum

Die nördlichen und südlichen Nachbarinseln Sylts weisen große Gemeinsamkeiten auf. Beide sind gekennzeichnet durch einen breiten Sandstrand (Abb. 4.13). Der Sand für diesen Strand stammt im Wesentlichen von Sylt. War es früher das Material vom Uferabbruch, was den Nachbarinseln zugute kam, so ist es heute in erster Linie der Sand aus den Vorspülungen. Rømø und Amrum sind die einzigen Inseln des Wattenmeeres, die sich in historischer Zeit in seewärtiger Richtung ausgebreitet haben. Deutlich erkennbar ist dies auf Amrum. Ähnlich wie Sylt, Föhr und Texel besitzt die Insel einen Geestkern. Dieser lag früher im Abbruch; das alte Kliff kann man von der Westspitze der Insel nach SSE verfolgen. Es verläuft etwa 100 Meter östlich des Randes der hohen Dünen und biegt schließlich nach Osten in Richtung Steenodde um.

Auch auf Rømø ist der junge Zuwachs im Gelände gut zu erkennen. Hier hat sich an den alten Dünenkern bis zum Jahre 1878, als die Erstausgabe des Messtischblattes erschien, ein zwischen 500 und 1000 Meter breiter Streifen aus Strandwällen und Dünen angelagert, und bis zum Jahre 1976 war noch einmal ein meist über 500 Meter breiter Streifen dazugekommen. Doch das ist noch keineswegs das Ende des Wachstums. Sowohl auf Rømø als auch auf Amrum haben sich in jüngster Zeit auf dem breiten Sandstrand junge Dünengebiete ausgebildet, sodass sich die Inseln weiterhin auf Kosten des Strandes nach Westen verbreitern.

Die breiten Strände beider Inseln, so wie wir sie heute kennen, sind junge Gebilde, die ursprünglich nicht mit den Inseln verbunden waren, sondern weiter seewärts lagen. Der Strand auf Rømø bestand 1878 noch aus zwei deutlich getrennten Teilen, dem Juvresand im Norden und dem Havsand im Süden, die als seewärtige sogenannte Außensände entstanden sind – vermutlich als Teile der Ebbe-Deltas der benachbarten Seegats. Der Havsand hat sich frühestens um 1850 an die Insel Rømø angelagert (SØRENSEN 1982), und 1878 war er noch durch die über zwei Kilometer lange Rinne Havsands Lo vom Juvresand getrennt. Der Kniepsand auf Amrum war noch 1878 auf zwei Dritteln seiner Länge durch einen fast einen Kilometer breiten Priel, den sogenannten Kniephafen, von der Insel Amrum getrennt. Dieser war schiffbar; das Gleis der damaligen Inselbahn (1939 stillgelegt) führte bis zum Anleger in Norddorf.

Auch die breiten Strände von Rømø und Amrum sind kein Geschenk des Meeres – eher eine Art Leihgabe. Beide dehnen sich in nördlicher und südlicher Richtung aus, wachsen dabei als Ebbe- und Fluthaken zum Teil um den Inselkern herum, werden aber gleichzeitig schmaler. Der Uferrückgang auf Rømø beträgt örtlich bis zu sieben Meter pro Jahr, auf Amrum sind es bis zu acht Meter pro Jahr.

Trotz der auf den ersten Blick so günstigen Situation beider Inseln gibt es sowohl auf Rømø als auch auf Amrum Bereiche, die dem Abbruch unterliegen. Nachdem Amrum bereits kurz nach Gründung des Seebades Wittdün im Jahre 1890 (der südliche Dünenhaken war bis dahin unbesiedelt gewesen) am Südostende der Insel erhebliche Verluste hinnehmen musste, die sich nur durch den Bau von Buhnen und Ufermauern aufhalten ließen, liegt heute die Nordspitze (Amrum-Odde) im Abbruch. An der schmalsten Stelle ist das Dünengebiet heute nur noch 120 Meter breit (1880 waren es noch 540 Meter gewesen). Auf Rømø wurden in jüngerer Zeit Teile des Ostufers erodiert. So musste der Deich des Juvrekoogs 1965 um gut 200 Meter zurückgenommen werden, als er durch die Annäherung eines Priels bedroht wurde.

Nordstrand beziehungsweise Strand, Eiderstedt und Everschop werden nicht erwähnt; dafür aber drei Inseln, für die es weder in der heutigen Landschaft noch auf alten Karten irgendeine Entsprechung gibt. Da die Inseln von Nord nach Süd aufgezählt sind, müssen die fehlenden Inseln zwischen Oland und Wester- und Osterhever vermutet werden. NEWIG (2004) nimmt an, dass Abschreibfehler in der Handschrift und Flucht in die Latinisierung mangels Lesbarkeit der Vorlage zur Verfälschung der Namen geführt haben. Er zeigt anhand von Schriftbeispielen, wie bei der damals üblichen Schrift eine Umwandlung der dem Schreiber unbe-

kannten Ortsnamen von „De Strand" zu „Gæstænacka", von „Eydærstath" zu „Hwælæ Major" und von „Hewerschop" zu „Hwælæ Minor" geführt haben könnte.

Die Zerstörung der nordfriesischen Marschen im Mittelalter hat zu einer großen Zahl von Halligen geführt, von denen lediglich neun bis heute „überlebt" haben. MÜLLER (1917) nimmt an, dass ursprünglich an die 50 Halligen existiert haben. Die meisten davon sind im 17. und 18. Jahrhundert verschwunden. Im 19. Jahrhundert gab es außer den heute bekannten Halligen noch die Hainshallig östlich von Hooge (1835 oder 1836 un-

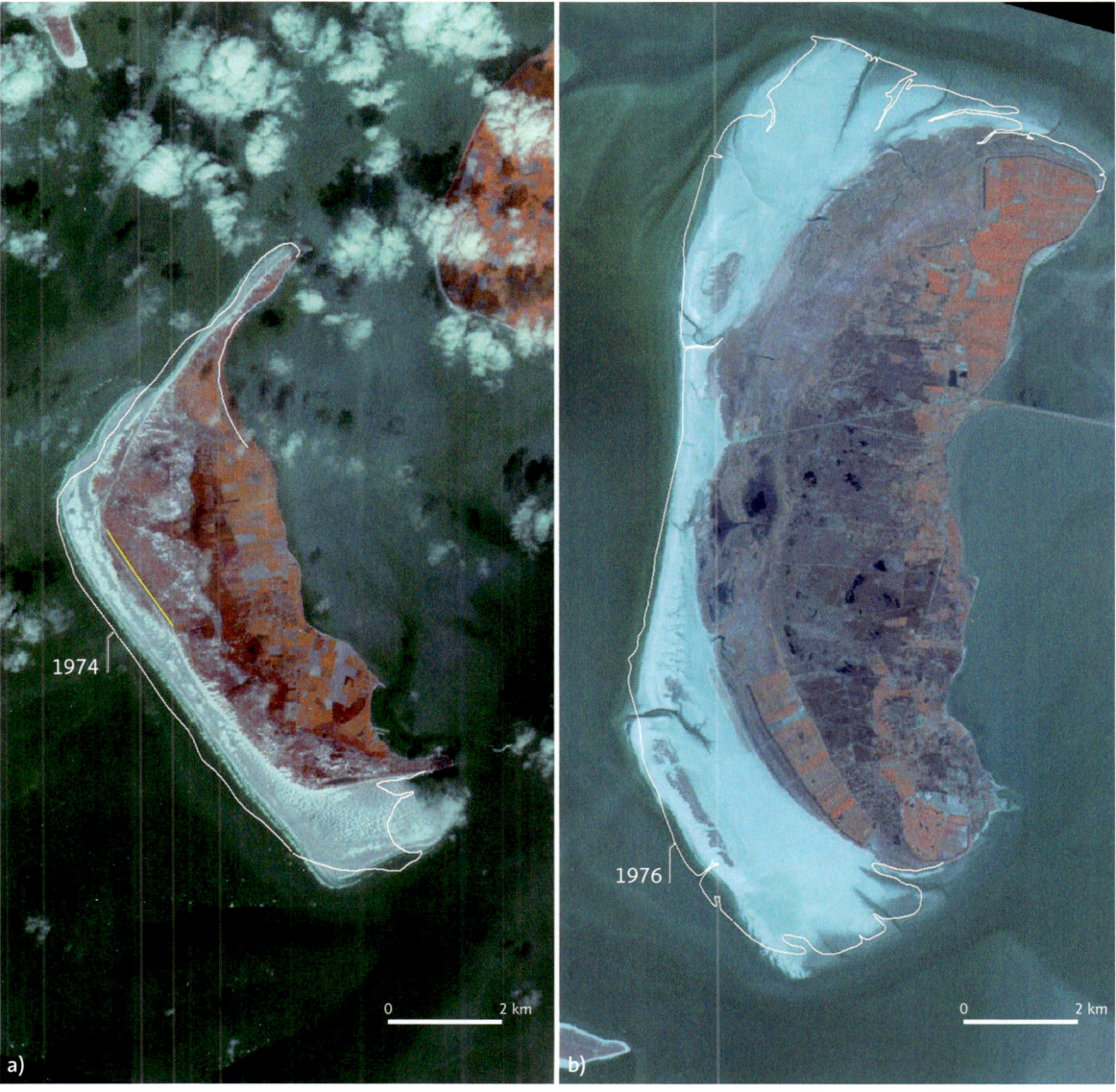

4.13 a) Amrum und b) Rømø – Vergleich der Entwicklung über die letzten 30 Jahre. Die weiße Linie auf Rømø repräsentiert den Zustand 1976, die weiße Linie auf Amrum den Zustand 1974. Die ASTER-Satellitenbilder stammen beide aus dem Jahre 2007; beide Bilder sind im gleichen Maßstab. Auf Amrum ist das Litorina-Kliff (gelb) eingezeichnet. Die alten Dünen auf Rømø sind durch ihre dunklere Färbung (Wald) erkennbar.

Süderoog.
Lahnungen, Buhnen
und Deckwerke als
Ufersicherung. Deut-
lich erkennbar sind
die Uferwälle der
Priele und der Hal-
ligkante
(10. 9. 2000).

tergegangen) und die Beenshallig südlich von Gröde
(kurz nach 1892 verschwunden). Die Finkhaus-
hallig wurde 1935/36 gleichzeitig mit der Padelack-
hallig bei Simonsberg an das Festland angedeicht
und die Pohnshallig wurde 1925 an Nordstrand
angedeicht. Die letzte Hallig, die untergegangen
ist, ist Jordsand (im Watt zwischen Sylt und Rømø).
1807 war die Hallig noch 40,7 Hektar groß. Doch
der Uferabbruch schritt rasch voran. 1895 musste
die letzte Warft auf der Hallig aufgegeben werden.
Verstärkter Küstenschutz seit den 1970er-Jahren
konnte die als Vogelinsel dienende Hallig nicht
mehr retten; die letzten Marschflächen wurden im
Winter 1998/99 zerstört.

Die heutige Oberfläche der Halligen ist nicht die
mittelalterliche Landoberfläche. Diese ist in zahlreichen Überflutungen mit immer neuen Lagen

von Schlick überdeckt worden und liegt heute in
etwa 2,5 Meter Tiefe. Mittelalterliche Ackerfunde
und Spuren der Salztorfgewinnung sind an verschiedenen Stellen im Wattenmeer sichtbar (Kapitel 10). Sie liegen heute unter dem Meeresspiegel.

Das Relief der Halligen wirkt auf den ersten
Blick wie eine ebene Marsch, über die lediglich die
Wohnhügel der Warften hinausragen. Genaue
Vermessungen zeigen jedoch, dass die Halligen ein
ausgeprägtes Kleinrelief aufweisen (Abb. 4.14).
Auf der Seeseite gibt es einen mehrere Dezimeter
hohen Strandwall, der unter natürlichen Bedingungen mit Fortschreiten der Erosion landwärts
wandert. Dieser Strandwall setzt sich in zwei langen, niedrigeren Ästen entlang des Nord- und
Südufers fort. Mehrmals im Jahr werden die un-

bedeichten Halligen überflutet. In der Nähe der Priele findet die stärkste Sedimentation statt. Die Wasserläufe sind durch kleine Uferwälle begleitet. Diese treten als helle (sandige) Flächen auf dem Luftbild von Süderoog (Abb. 4.14) deutlich in Erscheinung.

Noch zu Beginn des 20. Jahrhunderts war die Erosion im Bereich der ungeschützten Halligen enorm. Zwischen 1650 und heute verringerte sich die Gesamtfläche der Halligen von 10 000 Hektar auf 2000 Hektar – eine Abnahme um 80 Prozent. Die Hallig Nordmarsch gehörte bis 1599 zur Gemeinde Nieblum auf Föhr; weshalb es auch auf dem Friedhof in Nieblum Gräber der Halligbewohner gab. Erst als kein Weg durch das Watt mehr gangbar war, bekam Nordmarsch seine eigene Kirche. Die Einwohner von Butwehl gingen nach Gröde zur Kirche. Diese Praxis musste erst 1681 aufgegeben werden (MÜLLER 1917). Nordmarsch und Butwehl sind heute Teile der Hallig Langeneß. Der Küstenschutz im Bereich der landwirtschaftlich nicht allzu wertvollen Halligen setzte erst spät ein. In den Jahren 1901 bis 1904 wurde ein erstes Deckwerk zum Schutz der Hallig Langeneß gebaut; 1911 bekam Hooge einen Sommerdeich. Heute sind alle noch existierenden Halligen durch Uferbefestigungen geschützt; die Landverluste sind zum Stillstand gekommen. Die Verluste auf Hooge, die der Vergleich der Karte von 1881 mit dem heutigen Satellitenbild zeigt (Abb. 4.15), sind alle in den 30 Jahren bis 1911 entstanden.

Da die Landwirtschaft immer unrentabler wurde, haben viele Einwohner ihre Häuser als Sommerhäuser an wohlhabende Leute vom Festland verkauft. 1970 lebten auf Hooge noch 191 Menschen, 1983 waren es noch 119, am 31. 12. 2006 nur noch 81 Personen. Norderoog (im 19. Jahrhundert aufgegeben), Südfall und Habel sind heute unbewohnt.

Innere Deutsche Bucht

Zwischen Wangerooge und Eiderstedt ist der Tidenhub so groß, dass sich keine Barriereküste ausbilden kann. Hier gibt es stattdessen stark veränderliche Sandbänke. Eine der am schnellsten wandernden ist der Hakensand (Abb. 4.16). Er verlagert sich rasch in östlicher Richtung. Die Auswertung von ASTER-Satellitenbildern zeigt, dass sich der Westrand der Sandbank von 2000 bis 2005 um 100 Meter pro Jahr nach Osten verschoben hat, während der Ostrand nahezu ortsfest geblieben ist. Gleichzeitig ist die Sandbank breiter

4.15 Hallig Hooge auf dem Messtischblatt von 1881 (weiß) über dem ASTER-Satellitenbild von 2005. Im Norden sind bis zu 260 Meter verlorengegangen, im Süden 70 bis 80 Meter.

geworden. Einige dieser stark beweglichen Sandbänke haben sich zu Inseln weiterentwickelt. Zu diesen gehört Mellum (zwischen Jade und Weser), Scharhörn (zwischen Weser und Elbe) und – vor der Küste Dithmarschens – die Insel Trischen.

Trischen wurde in frühen Dokumenten des 17. Jahrhunderts zunächst als Sandbank bezeichnet. 1854 hieß es, dass sich kleine Inseln mit Bewuchs ausgebildet haben; 1884 gab es auf Trischen schon 66 Hektar Grasland, und ab 1885 bestand im Westen ein etwa 1,5 Meter hoher Dünengürtel. Eine neue Insel war entstanden. Bis 1898 war der Dünengürtel auf eine Höhe von sechs Metern und eine Breite von 50 bis 100 Metern angewachsen; seine Länge betrug jetzt 1,2 Kilometer. Seewärts befand sich ein ein Kilometer breiter Strand, von dem weitere Sandzufuhr zu erwarten war.

Im Jahre 1902 begann man, das Wachstum der Salzmarsch durch Landgewinnungsmaßnahmen zu fördern. Bis 1907 hatte die Salzmarsch eine Ausdehnung von 80 Hektar erreicht. Nach dem Ersten Weltkrieg wurde auf private Initiative ein Polder eingedeicht (1922 bis 1925), obwohl zu der Zeit bereits absehbar war, dass Trischen Gefahr drohte: Der Sandnachschub von See her blieb aus, und tiefe Wattrinnen näherten sich der Insel. Schließlich griff der preußische Staat ein und

4.16 Der Hakensand in der Elbmündung. Die quallenartige Form ist Ausdruck der starken landwärts gerichteten Verlagerung. Im Hintergrund ist die ebenfalls stark bewegliche Insel Trischen zu sehen (18. 5. 2004).

übernahm die Verantwortung für den Küstenschutz. Der Deich wurde erhöht, Buhnen wurden angelegt und ein Deckwerk gebaut. Doch diese Maßnahmen reichten nicht aus, um die bedrohte Insel zu sichern. Nach den schweren Schäden, die die Sturmflut vom Oktober 1936 auf der Insel angerichtet hatte, wurde beschlossen, Trischen aufzugeben. Der Besitzer des Marienhofs harrte auf seiner Insel aus, doch die Erosion schritt rasch fort. 1942 wurde der Deich durchbrochen und große Teile des Polders durch Sand überdeckt. Schließlich, im Jahre 1943, musste der Bauer aufgeben (LANG 1975). War das das Ende? WOHLENBERG, der 1950 über das Schicksal der Insel berichtete, nann-

te seinen Aufsatz „*Entstehung und Untergang der Insel Trischen*". Aber Trischen ist nicht untergegangen: Die Insel ist kleiner geworden, hat sich seit der Aufgabe des Koogs um etwa einen Kilometer nach Osten verlagert, aber sie ist noch immer eine Marschinsel, die seewärts von niedrigen Dünen begrenzt und die heute als Vogelinsel genutzt wird. Die Zukunft der kleinen Insel ist jedoch ungewiss. Die beiden flankierenden Wattströme Flackstrom im Norden und Neufahrwasser im Süden nähern sich immer weiter aneinander an. Ihr Abstand beträgt zur Zeit nur noch etwa 600 Meter, sodass zu vermuten steht, dass die Wattfläche der Marner Plate, die Trischen mit Friedrichskoog

4.17 Blick über die Inselgruppe der Väderöarna im Skagerrak. Die Landhebung sorgt dafür, dass sich die Zahl der Inseln weiter vergrößert.

verbindet, schließlich zerschnitten wird, sodass für ein Weiterwandern der Insel kein Raum mehr vorhanden ist und Trischen womöglich am Ende doch untergehen muss (WIELAND 2000).

Während im Wattenmeer Inseln vom Untergang bedroht sind, tauchen im nordwestlichen und nordöstlichen Randbereich der Nordsee neue Inseln aus dem Meer auf. Die isostatische Landhebung nach dem Abschmelzen des eiszeitlichen Inlandeises ist hier noch nicht abgeschlossen. Die Väderöarna (Abb. 4.17) vor der schwedischen Westküste heben sich noch heute um etwa 2 mm im Jahr. Vergleichbare Hebungsbeträge sind an der norwegischen und schottischen Küste zu verzeichnen.

Die stärksten Hebungsbeträge von etwa 9 Millimetern im Jahr sind im Zentrum der letzten Vereisung an der nordschwedischen Ostseeküste zu verzeichnen.

Die Südgrenze des Gebietes, das nach der Eiszeit herausgehoben worden ist, verläuft von Torsminde an der Westküste Jütlands in südöstlicher Richtung über Fredericia nach Stubbekøbing an der Nordküste Falsters. Im nördlichen Jütland liegen die am stärksten herausgehobenen spätglazialen Meeresablagerungen in einer Höhe von 60 Metern über dem heutigen Meeresspiegel. Bei der allmählichen Heraushebung sind nördlich von Frederikshavn über fünfzig Uferwälle entstanden. Das sind 1–3 Meter hohe und 10–50 Meter breite Aufschüttungen von Sand und Kies. Auf der Insel Læsø im Kattegat sind etwa dreißig dieser Uferwälle unterscheidbar.

Atlantis in der Elbmündung?

Scharhörn, die kleine, grüne Düneninsel in der Elbmündung, war zu Beginn des 20. Jahrhunderts noch eine unscheinbare, kahle Sandbank. Doch diese Sandbank barg ein Geheimnis. LINDE (1908) schrieb: *„Es hat den Anschein, daß Scharhörn Felsengrund hat. Alte Wattläufer versichern auf das bestimmteste, daß bei hohlster Ebbe nach der Westertill zu ein roter muschelbewachsener Felsen sich zeige, den man mit dem Ruder vom Boot aus nach weithin verfolgen könne."* Oft hat er sich nicht gezeigt, der Felsen. Auch in dem Buch Lindes taucht er ab der vierten Auflage (1913) nicht mehr auf.

Doch wurde er wiedergefunden: Die Bild-Zeitung schrieb am 9. 7. 1975 auf der Titelseite: *„Versunkene Insel in der Elbmündung entdeckt! – Hamburger Wissenschaftler haben in der Nordsee eine sensationelle Entdeckung gemacht. Bei Probebohrungen vor Neuwerk in der Elbmündung stießen die Geologen von der Uni Hamburg in 30 m Tiefe auf felsigen Grund. Ihre Forschungen ergaben: Vor 9000 Jahren versank an dieser Stelle eine Insel, die dasselbe rote Gestein hat wie Helgoland. Die ,Atlantis' der Nordsee ist etwa 300 Millionen Jahre alt."*

Stimmte das? Man könnte mit Radio Eriwan antworten: Im Prinzip ja. Zwar handelt es sich nicht um Atlantis, und es ist auch nicht dasselbe Gestein wie auf Helgoland, es waren keine Geologen der Uni Hamburg (sondern vom Geologischen Landesamt), und die Insel ist auch nicht vor 9000 Jahren versunken (da war das Elbmündungsgebiet noch Festland). Aber sonst stimmt es. Allerdings war die „sensationelle Entdeckung", als der Artikel erschien, schon fast ein Jahr alt.

Im Rahmen der Erkundung für den geplanten Tiefwasserhafen im Wattenmeer bei Neuwerk waren zu Beginn der 1960er-Jahre zahlreiche Bohrungen durchgeführt worden, bei denen man zunächst nur auf die für den Küstenbereich übliche Schichtenfolge stieß (LINKE 1979). Erst bei einer späteren Serie von Bohrungen im September 1974, mit der das Untersuchungsgebiet nach Westen erweitert wurde, war es dann so weit. Die Bohrung 1/74, die im Wasser der Nordertill abgeteuft wurde, traf in einer Tiefe von 30,6 Meter unter NN auf einen schwer zu bohrenden rotbraunen tonigen Schluff. Rotliegendes? Kein Zweifel, dies war der rote Felsen, den Linde beschrieben hatte! Aufgrund der Bohrtechnik konnte nur wenig Material gewonnen werden, sodass unklar blieb, ob es sich hierbei um eine glaziale Scholle oder Anstehendes handelte. 1976 wurden seismische Untersuchungen zur näheren Klärung durchgeführt. Diese zeigten eine Hochlage des östlichen Endes der Salzstruktur Mellum – Ewersand – Knechtsand – Scharhörn, sodass hier eine Helgoland vergleichbare Situation existiert haben muss, bei der während des Holozäns der oberflächlich anstehende Teil dieser Felseninsel vollständig erodiert worden ist (LINKE in Vorbereitung). Heute ist dieser Bereich für die Gewinnung von Kohlenwasserstoffen von Interesse. Das Energieversorgungsunternehmen „Gaz de France" prüft gegenwärtig, ob hier im Jahre 2009 eine Explorationsbohrung „Westertill 1" abgeteuft werden kann (GAZ DE FRANCE 2007).

Die Nordsee als Lebensraum – Tiere und Pflanzen

Tiere der Nordsee

Fische

In der Nordsee gibt es über 200 Arten von Fischen; etwa 30 bis 40 davon lassen sich vermarkten. Hierzu gehören Hering, Stintdorsch, Sandaal, Makrele, Sprotte, Kabeljau, Schellfisch, Seelachs, Scholle, Seezunge und Wittling, die zusammen etwa 90 Prozent des Gesamtfischereiertrags aus der Nordsee ausmachen (LOZÁN et al. 1990). Die folgenden Ausführungen bezüglich der einzelnen Fischarten stützen sich überwiegend auf den im Internet veröffentlichten „Fischatlas" des ICES (*International Council for the Exploration of the Sea*).

Der **Kabeljau** – oder Dorsch – *(Gadus morhua)* kommt im Nordatlantik nördlich einer Linie von North Carolina bis zur Biskaya vor (Abb. 5.6). In der Nordsee findet man ihn von flachen Küstengewässern bis hin zum Schelfrand (Abb. 5.1a). Selbst in den tiefsten Teilen der Norwegischen Rinne (ungefähr 500 Meter) kommt er noch vor. Die Kabeljaubestände in der Nordsee werden heute von einjährigen (10 bis 25 Zentimeter) und zweijährigen Fischen (20 bis 40 Zentimeter) dominiert. Kabeljau, der älter als zehn Jahre ist, wird nur noch selten gefangen; vor 25 bis 30 Jahren kam diese Altersgruppe noch regelmäßig vor.

Der Kabeljau wird überwiegend mit Grundschleppnetzen und Treibnetzen gefangen; er kommt jedoch als Beifang bei allen Arten des Fischfangs vor. Der Höhepunkt des Kabeljaufangs im Nordatlantik war im Jahre 1968 erreicht (vier Millionen Tonnen). Seither sind die Fänge auf unter eine Million Tonnen abgesunken. Auch in der Nordsee hat der Kabeljaubestand einen Tiefstand erreicht. Seit 1975 werden Fangquoten (TAC = *Total Allowable Catch*) festgesetzt, um eine Erholung der Bestände zu ermöglichen – bisher ohne Erfolg. Der ICES schlägt daher eine völlige Einstellung des Fangs vor, bis eine Trendwende eindeutig nachweisbar ist.

Der **Schellfisch** *(Melanogrammus aeglefinus)* wird maximal einen Meter groß und bis zu 20 Jahre alt. Er lebt in der Nähe des Meeresbodens in Tiefen von 40 bis 300 Metern, bevorzugt in 75 bis 125 Metern. Daher findet man ihn vor allem in der Nördlichen Nordsee. Seine südliche Verbreitungsgrenze entspricht ziemlich genau der 50-Meter-Tiefenlinie. Er meidet aber das tiefe Wasser der Norwegischen Rinne.

Der Schellfisch ist ein wertvoller Speisefisch, der vor allem von schottischen Fischern gefangen wird. In geringerem Maße beteiligen sich Fischer aus England, Dänemark und Norwegen am Schellfischfang. Seit den frühen 1970er-Jahren hat der Bestand an Schellfisch in der Nordsee deutlich abgenommen. Nach den Angaben des ICES ist der Bestand jedoch nicht gefährdet.

Der **Hering** *(Clupea harengus)* erreicht eine maximale Größe von 40 Zentimetern und wird bis zu zehn Jahre alt. Der Hering ist einer der häufigsten Fische im Nordatlantik. Im Nordwesten reichen die Vorkommen von South Carolina bis Labrador, im Nordosten bis nach Grönland und in die Barents-See. Die erwachsenen Fische leben pelagisch, das heißt im offenen Meer, und bevorzugen eine Wassertiefe von etwa 200 Metern. Heringe ziehen in großen Schwärmen. Während des Tages bleiben die Schwärme dicht beisammen in der Nähe des Meeresbodens. Nachts kommen sie näher an die Oberfläche und verteilen sich über ein größeres Gebiet.

Für den Heringsfang werden Ringwadennetze *(purse seine)* und Schleppnetze eingesetzt. Die Anlandungen erreichten nach dem Zweiten Weltkrieg eine Rekordhöhe von über eine Million Tonnen (1965). Überfischung brachte jedoch einen Zusammenbruch der Bestände, sodass von 1977 bis 1981 der Fang eingestellt werden musste. Nach einer vorübergehenden Erholung der Bestände setzte Mitte der 1990er-Jahre ein erneuter Rückschlag ein, der wieder zu Beschränkungen führte (GRÖGER & ROHLF 2007).

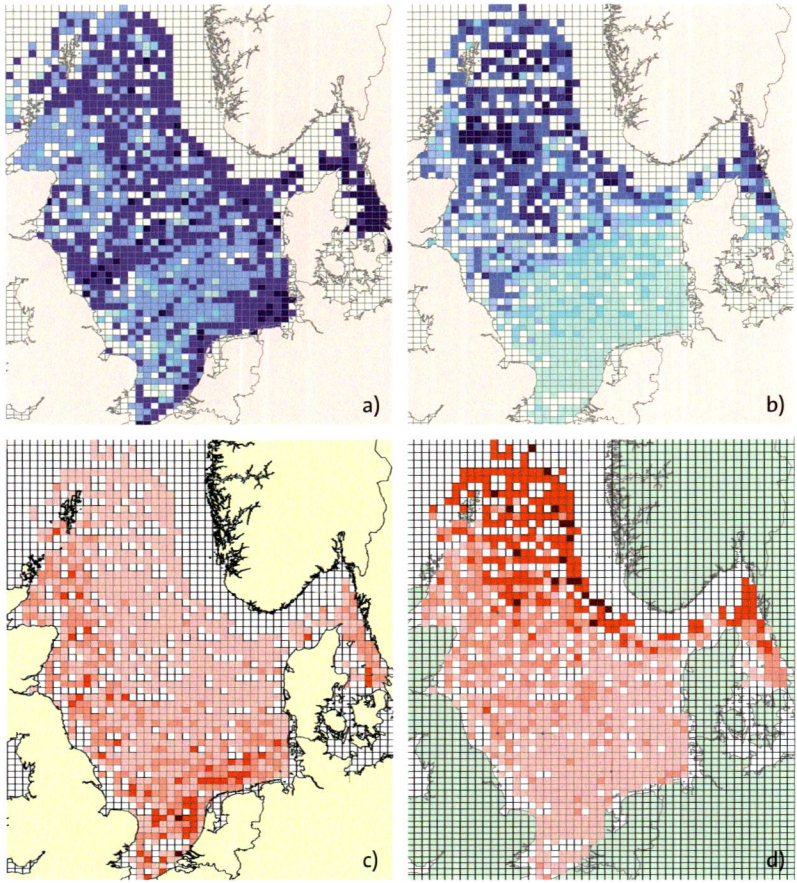

5.1 Verbreitung
von a) Kabeljau,
b) Stintdorsch,
c) Meerbarbe und
d) Seelachs.
Weiß = keine Probe,
hell = nicht
anwesend,
dunkler = anwe-
send,
noch dunkler =
häufig,
am dunkelsten =
sehr häufig.

Der **Stöcker** *(Trachurus trachurus)* wird bis zu 40 Zentimeter groß und kann bis zu 40 Jahre alt werden. Der Stöcker ist eine südliche Spezies, die vor allem in den Tropen und in den Meeren der gemäßigten Breiten vorkommt und die in der Nordsee an ihrer nördlichen Verbreitungsgrenze ist. Im Herbst verlassen die Stöcker die Nordsee und kehren erst im Frühjahr wieder zurück. Die Stöcker leben in großen Schwärmen, die sich tagsüber in mittleren Wassertiefen und in Bodennähe aufhalten, in der Nacht dagegen unmittelbar über dem Meeresboden. Sie leben gewöhnlich in den Schelfmeeren bis zu einer Wassertiefe von 200 Metern, sind jedoch schon bis in Tiefen von 500 Metern gefunden worden.

Der Stöcker wird vor allem in der südöstlichen Nordsee angetroffen. In der Mittleren Nordsee fehlt er. Größere Fänge in der Nördlichen Nordsee stehen im Zusammenhang mit dem Eindringen größerer Mengen von Atlantikwasser – und damit auch von Stöckern – im Frühjahr.

Der Stöcker wurde früher kaum gefangen, da er nicht als Speisefisch galt. In den 1970er-Jahren

haben osteuropäische Fischer mit der Ausbeute begonnen, und westliche Fischer haben in jüngerer Zeit nachgezogen. Da es keinen lokalen Markt für diese Fischart gibt, geht fast der gesamte Fang in den Export. Der Fang in der Nordsee hat von wenigen Tonnen nach dem Zweiten Weltkrieg auf zeitweise über 100 000 Tonnen in den 1990er-Jahren zugenommen. Die Bestandssituation in der Nordsee lässt sich mangels ausreichender Daten nicht abschätzen. Eine Einschränkung der Fänge wird jedoch vom ICES empfohlen.

Die **Makrele** *(Scomber scombrus)* wird bis zu 66 Zentimeter groß und erreicht ein maximales Alter von 17 Jahren (Abb. 5.2). Die Makrelen sind schnell schwimmende (etwa 40 Stundenkilometer) pelagische Fische, die erhebliche jahreszeitliche Wanderungen durchführen und in großen Schwärmen auftreten. Die größten Schwärme haben eine Länge von bis zu neun Kilometern, eine Breite von bis zu vier Kilometern und eine Tiefe von bis zu 40 Metern. Die Makrelen sind weit verbreitet; man findet sie von Nordafrika bis Island und Nordnorwegen sowie an der Westküste des Atlantiks von North Carolina bis Labrador. Sie leben in einer Wassertiefe von 15 bis 200 Metern. Da die Makrelen keine Schwimmblase besitzen, sind selbst große Schwärme mit dem Echolot schwer zu erkennen.

Die Makrelenbestände der Nordsee lagen früher bei einigen Millionen Tonnen. Sie wurden jedoch zur gleichen Zeit dezimiert wie die Heringsbestände (1960er- und 1970er-Jahre). Die Einführung der Fischerei mit Ringwadennetzen ab 1964 hatte die Fangzahlen über das vertretbare Maß hinaus in die Höhe schnellen lassen. Im Gegensatz zum Hering haben sich die Bestände je-

5.2 Geräucherte Makrelen. Makrelen leben als Schwarmfische in Küstengewässern wie zum Beispiel der Nordsee.

doch nach Einstellung der Fischerei nicht wieder erholt. Die Fänge liegen heute bei 200 000 bis 400 000 Tonnen im Jahr.

Der **Stintdorsch** *(Trisopterus esmarki)* wird bis zu 35 Zentimeter lang und maximal vier Jahre alt. Er ist ein wichtiger Futterfisch für andere Arten. Wegen seiner geringen Größe wird er überwiegend für die Herstellung von Fischmehl und Fischöl verwendet. Er lebt in großen Schwärmen, häufig in mittleren Wassertiefen über dem Grund. Der Stintdorsch ist eine boreale Art, die im nordöstlichen Atlantik vom Kanal bis Island und entlang der norwegischen Küste bis zur Barents-See verbreitet ist. Er bevorzugt Wassertiefen von 100 bis 200 Metern. Innerhalb der Nordsee findet man ihn nördlich der Doggerbank und im Skagerrak und Kattegat, wobei das Hauptverbreitungsgebiet jenseits der 100-Meter-Tiefenlinie liegt (Abb. 5.1b).

Der Stintdorsch ist ursprünglich kein Speisefisch und wurde bis zu Beginn der 1960er-Jahre nicht gefangen. Danach erwachte das Interesse. Mitte der 1970er-Jahre wurden bis zu 750 000 Tonnen angelandet. In den 1980er-Jahren folgte ein starker Rückgang auf etwa 100 000 Tonnen. Der weitere Rückgang der Bestände führte im Jahre 1986 zur Einrichtung einer Schutzzone *(Norway pout box)*. Im Jahre 2005 musste der Stintdorschfang für ein Jahr völlig eingestellt werden. 2006 wurden die neuen Fangquoten auf 95 000 Tonnen festgesetzt.

Der **Stint** *(Osmerus eperlanus)* ist ein Meeresfisch, der in den Küstengewässern von der Biskaya bis zur Ostsee lebt (Abb. 5.3). Zum Laichen begeben sich die Stinte in die Mündungsbereiche der großen Flüsse. In der Elbe laicht der Stint oberhalb und unterhalb Hamburgs, meist an den Südufern der Elbe, sowie in den Nebengewässern. Er gilt als der häufigste Fisch in der Unterelbe (SEPÚLVEDA 1994). Die wirtschaftliche Bedeutung der Stinte als Speisefische war auf Grund der Verschmutzung der Flüsse stark zurückgegangen, steigt jedoch wieder infolge der verbesserten Wasserqualität. Stinte werden auch in großem Umfang in Fischfarmen gezüchtet, um in der Aquaristik als Futter für Raubfische zu dienen.

Die **Scholle** *(Pleuronectes platessa)* kann bis zu einem Meter groß und bis zu 50 Jahre alt werden. Schollen werden seit Jahrhunderten gefangen und gehören zu den am besten untersuchten Fischarten der Nordsee. Die Schollen laichen im offenen Meer, von wo die Eier und Larven in eine küstennahe „Kinderstube" transportiert werden. Markierungsexperimente haben gezeigt, dass die Fische ortstreu sind und immer wieder zu denselben

Laich- und Fressgebieten zurückkehren. Das Verbreitungsgebiet der Schollen reicht vom westlichen Mittelmeer entlang der europäischen Küsten bis ins Weiße Meer und nach Island.

Die Schollenbestände sind von Mitte der 1980er- bis Mitte der 1990er-Jahre deutlich zurückgegangen. Seit Beginn des 20. Jahrhunderts sind in der Nordsee jährlich etwa 60 000 Tonnen Schollen gefangen worden. Gegen Ende der 1980er-Jahre wurden maximale Fangmengen von 170 000 Tonnen erreicht. Heute liegen die Erträge unter 60 000 Tonnen. Ein Problem besteht darin, dass aufgrund der geringen zulässigen Maschenweite (80 Millimeter) einerseits und der minimalen Fanggröße von 27 Zentimeter Länge andererseits sehr viele zu kleine Schollen gefangen und dann als Abfall wieder über Bord geworfen werden; sie haben eine

5.3 Frisch gefangener Stint.

5.4 Schwarm von Seelachsen. Die Seelachse leben in großen Schwärmen im offenen Meer.

sehr geringe Überlebenschance. Um die Chancen der jungen Schollen zu vergrößern, wurde 1989 eine *Plaice box* (engl. *plaice* = Scholle) eingerichtet, in der starke Fangbeschränkungen bestehen. Sie umfasst das gesamte Wattenmeer und die dänische Nordseeküste bis etwa Hanstholm.

Die **Meerbarbe** *(Mullus surmuletus)* erreicht eine maximale Größe von 34 Zentimetern und ein Höchstalter von zehn Jahren. In der Nordsee lebt sie an ihrer nördlichen Verbreitungsgrenze. Sie wandert im Frühjahr durch den Kanal in die Nordsee ein und möglicherweise auch im Herbst von Nordwesten in die Nördliche Nordsee (Abb. 5.1c). Ihr Verbreitungsgebiet reicht im Süden bis Dakar. Sie kommt auch im Mittelmeer und Schwarzen Meer vor.

Erst seit den 1990er-Jahren tritt die Meerbarbe in der Nordsee auf. In der Südlichen Nordsee wurde von niederländischen Fischern 1996 eine Tonne Meerbarben gefangen; im Jahre 2004 waren es

5   **Die Nordsee als Lebensraum**

randes zu finden ist (Abb. 5.1d). Er ist im Westatlantik von North Carolina bis Südwest-Grönland verbreitet, im Ostatlantik von der Biskaya bis nach Island, Spitzbergen und bis in die Barents-See.

Der Seelachs ist ein hoch geschätzter Speisefisch. Da die Jungfische und die erwachsenen (adulten) Formen getrennt leben, gibt es beim Fang wenig Abfall *(discards)*. Mitte der 1970er-Jahre hat es in der Nordsee Rekordfänge von über 300 000 Tonnen im Jahr gegeben. Heute werden nur noch etwa 100 000 Tonnen im Jahr gefangen. Zum Schutz des Seelachses sind jährliche Fangquoten und Mindestmaschenweiten für die Netze festgelegt worden.

Die **Sprotte** *(Sprattus sprattus)* ist ein sehr kleiner Fisch, der maximal 16 Zentimeter groß wird und bis zu fünf Jahre lebt. Die Sprotte lebt weit verbreitet in Schwärmen in den Schelfmeeren Nordafrikas und Europas und bleibt dabei weitgehend in Wasser, das flacher als 50 Meter ist. In der Nordsee sind die Sprotten südlich der Doggerbank und im Kattegat am häufigsten, doch gibt es auch kleinere Konzentrationen im Firth of Forth und im Moray Firth.

Der größte Teil der gefangenen Sprotten wird zu Fischmehl verarbeitet, ein kleinerer Teil wird für den menschlichen Verzehr geräuchert oder in Öl eingelegt. In den 1970er-Jahren wurden Rekordfänge von über 700 000 Tonnen erzielt. Heute liegen die Fänge bei gut 200 000 Tonnen.

Der **Dornhai** *(Squalus acanthias)* wird bis zu 1,28 Meter lang und bis zu 40 Jahre alt. Er ist eine der häufigeren Haiarten in der Nordsee. Der Dornhai

bereits 352 Tonnen. Die Zunahme der Meerbarben wird auf den Anstieg der Nordseetemperatur zurückgeführt, der seit 1994 deutlich festzustellen ist (Quelle: Bundesamt für Seeschifffahrt und Hydrographie). Es wird vermutet, dass die Meerbarbe heute schon in der Südlichen Nordsee laicht.

Der **Seelachs** *(Pollachius virens)* wird bis zu 1,30 Meter groß und bis zu 25 Jahre alt (Abb. 5.4). Der Seelachs ist eine semipelagische Art, die in tieferem Wasser am Schelfrand und jenseits des Schelf-

5.7: Seehunde auf Baltrum. Während die Tiere früher nur auf den Sandbänken des Riffbogens gerastet haben, findet man sie heute in großer Zahl im gesperrten Bereich (Zone I des Nationalparks) am Ostende der Insel (2005).

ist weltweit in gemäßigten und borealen Gewässern verbreitet. Im nordöstlichen Atlantik findet man ihn von Marokko bis nach Nordnorwegen, auch im Mittelmeere und im Schwarzen Meer. Er war früher in der ganzen Nordsee häufig anzutreffen; heute findet man ihn vor allem in der westlichen Nordsee und rings um die Orkney- und Shetland-Inseln. Durch Markierungsexperimente hat man festgestellt, dass die Fische zum Teil um die ganzen Britischen Inseln herumwandern. Die Bestände der Nordsee sind also Teil einer wesentlich größeren Gruppe. Gelegentlich sind sogar transatlantische Wanderungen festgestellt worden.

Der Dornhai gebärt lebende Junge. Er ernährt sich von einer großen Auswahl pelagischer Fischarten, vor allem Hering, Sprotte, kleine Dorsche, Sandaal und Makrelen, aber auch Crustaceen wie zum Beispiel schwimmende Krabben, Einsiedlerkrabben, Kleinkrebse (Euphausiden) und auch Tintenfische. Erwachsene Dornhaie werden ihrerseits von größeren Haien gejagt, zum Beispiel vom Heringshai *(Lamna nasus)*.

Dornhaie werden für den menschlichen Verzehr gefangen, in der Regel jedoch nur als Beifang. Heute liegen die Fänge unter 5000 Tonnen im

Jahr und damit unter den von der EU genehmigten Fangquoten. Da die Dornhaie erst sehr spät geschlechtsreif werden, sind sie durch Überfischen stark gefährdet.

Robben

In der Nordsee leben zwei Arten von Robben: Seehunde und Kegelrobben. Während der **Seehund** *(Phoca vitulina)* relativ häufig bei Niedrigwasser auf den Sandbänken des Wattenmeeres beobachtet werden kann (Abb. 5.7), ist die **Kegelrobbe** *(Halichoerus grypus)* sehr selten. Im Wattenmeer gibt es nur zwei ständige Kolonien von Kegelrobben. Die eine liegt auf den Sandbänken vor Amrum, die andere bei der niederländischen Insel Terschelling. Die Kegelrobben sind bis zu 2,30 Meter lang, bis zu 300 Kilogramm schwer und damit deutlich größer als die Seehunde. Sie haben außerdem im Gegensatz zu dem rundlichen Kopf der Seehunde eine lange Schnauze. Seehundmännchen werden etwa 170 Zentimeter groß und 150 Kilogramm schwer, die Weibchen etwa 140 Zentimeter groß beziehungsweise 100 Kilogramm schwer.

Der Seehundbestand der Nordsee von ursprünglich einmal etwa 40 000 ist bis Beginn der

1960er-Jahre ständig zurückgegangen. Eine entscheidende Rolle hierbei spielte die Jagd. Seehunde galten als Konkurrenten der Fischer und wurden entsprechend als Schädlinge bekämpft. In den Niederlanden wurde die Jagd 1963 verboten, in Deutschland und Dänemark in den 1970er-Jahren. Daraufhin haben sich die Bestände, die zeitweilig ein Minimum von 4000 Exemplaren erreicht hatten, wieder erholt. Belastungen durch Schadstoffeinleitungen, Stellnetzfischerei und Störungen durch menschliche Aktivitäten gefährden die Seehunde. Einen schweren Rückschlag brachte die Seehundstaupe des Jahres 1988, der im Bereich des Wattenmeeres innerhalb eines Jahres etwa zwei Drittel der Bestände zum Opfer gefallen sind. (UMWELTBEHÖRDE HAMBURG 2001). Doch die Bestände haben sich auch nach der zweiten, schwächeren Seehundstaupe des Jahres 2002 wieder erholt; allein im deutschen Anteil des Wattenmeeres leben heute etwa 10 000 Seehunde, das sind etwa so viele wie Ende der 1990er-Jahre (LANDESAMT FÜR DEN NATIONALPARK SCHLESWIG-HOLSTEINISCHES WATTENMEER 2006b).

Wale und Delphine

In der Nordsee gibt es sechs Arten von Walen und Delphinen. Der **Schweinswal** (Phocoena phocoena) ist am stärksten verbreitet. Im Gegensatz zu den meisten anderen Walarten bevorzugt er flaches Wasser. Es ist die einzige Walart, die auch in der Ostsee auftritt. Erwachsene Tiere sind meist unter 1,8 Meter lang und wiegen 45 bis 70 Kilogramm. Im Skagerrak und vor allem im Kattegat ist der Schweinswal häufig. Auch an der Westküste Jütlands und Schleswig-Holsteins ist er oft anzutreffen. Vor Sylt und Amrum treten regelmäßig Schweinswale auf. An der Küste Schottlands sind sie stark verbreitet, ebenso an der englischen Küste südwärts bis etwa zum Wash. In der Südlichen Nordsee war der Schweinswal früher erheblich seltener anzutreffen (REID et al. 2003). Doch steigen die Zahlen. Während an der niederländischen Küste von 1970 bis 1985 nur insgesamt 20 Schweinswale beobachtet wurden, ist die Zahl besonders nach 1993 stark angestiegen. Allein im Jahre 2006 wurden über 1000 Beobachtungen gemeldet (REVIER 2007).

Der **Große Tümmler** (Tursiops truncatus) ist der weltweit häufigste Vertreter der Familie der Delphine. Auch „Flipper" – der aus Fernseh- und Kinofilmen berühmte Delphin – gehört zu dieser Art. Diese Delphine werden bis zu 3,8 Meter lang. Gewöhnlich leben sie in den Küstengebieten tropischer und subtropischer Meere, doch treten sie auch in der Nordsee auf. Eine Gruppe von mehr als 100 Individuen lebt im Moray Firth, nahe Inverness in Schottland.

Der fast drei Meter lange **Weißseitendelphin** (Lagenorhynchus acutus) kommt in der Nördlichen und Mittleren Nordsee vor. Er lebt in großen Gruppen, von zum Teil bis zu Hunderten von Exemplaren. Auch der etwas größere **Rissos Delphin** oder **Rundkopfdelphin** (Grampus griseus) wird gelegentlich in der Nördlichen Nordsee beobachtet.

Der 7 bis 8,5 Meter lange und 5 bis 15 Tonnen schwere **Nördliche Zwergwal** (Balenoptera acutorostrata) kommt verbreitet in der Nördlichen und Mittleren Nordsee bis nach Yorkshire hin vor; er scheint jedoch überwiegend auf die westliche Hälfte der Nordsee konzentriert zu sein (REID et al. 2003).

Der **Killerwal** (Orcinus orca) frisst andere Meeressäuger. Er gehört zur Familie der Delphine und hat ein unverwechselbares Schwarzweißmuster. Ein Killerwal kann neun Meter lang und bis zu zehn Tonnen schwer werden. Er bevorzugt tiefes Wasser. Größere Mengen von Orcas gibt es entlang der norwegischen Küste, vor allem im Bereich der Norwegischen Rinne bis hin zum Skagerrak. Man findet sie auch, wenn auch nur gelegentlich, in der Nördlichen Nordsee (REID et al. 2003).

Gelegentlich stranden Wale an den Küsten der Nordsee, die eigentlich im tieferen Wasser der Ozeane zu Hause sind. So verirrte sich im Winter 1997/98 eine Gruppe von Pottwalen in die Deutsche Bucht. Vier der etwa 16 Meter langen Wale strandeten schließlich an der niederländischen Küste, eine größere Gruppe vor Rømø und zuletzt schließlich drei Exemplare auf dem Rochelsand vor Eiderstedt.

Vögel

Das Wattenmeer der Nordsee ist der wichtigste Rastplatz für viele Zugvögel. Im Laufe des Jahres nutzen etwa zehn Millionen bis zwölf Millionen Wat- und Wasservögel das Wattenmeer, darunter zwei Millionen bis zweieinhalb Millionen Gänse und sechs Millionen bis sieben Millionen Watvögel. Die höchsten Konzentrationen treten im Herbst auf, wobei Austernfischer und Alpenstrandläufer am häufigsten sind (UMWELTBEHÖRDE HAMBURG 2001). Von diesen zahlreichen Vögeln brütet nur ein geringer Anteil von etwa 100 000 im Lebensraum Wattenmeer; die meisten sind Gäste, entweder auf der Durchreise oder zum Überwintern.

5.8 Vögel der Nordseeküste: a) Silbermöwen in Blåvandshuk, Jungvögel grau, erwachsene Vögel weiß, b) junge Küstenseeschwalbe auf den Shetland-Inseln, c) Dreizehenmöwe mit Jungem in Flamborough Head (Yorkshire) und d) Basstölpel auf Helgoland (2007).

Der **Austernfischer** *(Haematopus ostralegus)* brütet mit über 50 000 Paaren im Bereich des Wattenmeeres, außerdem vor allem in Schottland, Nordengland und auf den Orkneys und Shetlands (33 000 bis 43 000 Paare). Die Zahl der Austernfischer war in der zweiten Hälfte des 19. Jahrhunderts stark zurückgegangen und hat sich erst etwa seit 1930 wieder erholt. Sie werden heute als nicht gefährdet eingestuft.

Der **Säbelschnäbler** *(Recurvirostra avosetta)* bevorzugt Salzwiesen zum Brüten. Im Umkreis der Nordsee kommt er vor allem an den Küsten Südschwedens, Dänemarks und Deutschlands vor. Der größte Anteil der nordwesteuropäischen Population lebt im Wattenmeer der Nordsee. In Großbritannien war der Säbelschnäbler Mitte des 19. Jahrhunderts ausgestorben. Er ist dort erst nach 1940 erfolgreich wieder angesiedelt worden.

Der **Seeregenpfeifer** *(Charadrius alexandrinus)* brütet auf den Inseln des Wattenmeeres und auch in spärlich bewachsenen Dünen- und Strandarealen des Festlandes. Die Zahlen sind stark zurückgegangen. In England kamen die Seeregenpfeifer früher in East Anglia vor; heue sind sie nur noch seltene Gäste an der englischen Süd- und Ostküste.

Die **Silbermöwe** *(Larus argentatus)* wechselt erst im Alter von vier Jahren vom bräunlichen Gefieder des Jungvogels zum namensgebenden silberweißen Federkleid (Abb. 5.8a). Sie war früher die weitaus häufigste Möwe des Wattenmeeres, hat diesen Status jedoch inzwischen eingebüßt. Exakte Zahlen sind schwer zu gewinnen, da besonders im Winter ein Teil des Bestandes in Städten und in der Umgebung von Müllhalden zu finden ist, während andere auf dem offenen Meer überwintern (MELTOFTE et al. 1994).

Die **Lachmöwe** *(Larus ridibundus)*, leicht zu erkennen am während der Brutzeit dunkel gefärbten Kopf, ist heute der häufigste Brutvogel des Wattenmeeres. Das ist eine relativ junge Entwicklung. Bis etwa 1940 kam die Lachmöwe an der deutschen Küste überhaupt nicht vor, und danach war sie zunächst sehr selten. Von 1965 bis 1990 haben sich die Bestände jedoch verzehnfacht. In den Wintermonaten findet man sie in viel geringerer Zahl im Wattenmeer, da viele Lachmöwen in Häfen und in den Städten des Binnenlandes überwintern (MELTOFTE et al. 1994).

Unter den Seeschwalben ist die **Brandseeschwalbe** *(Sterna sandvicensis)* in der Nordsee am stärksten verbreitet. Ihre Zahl war Mitte der 1960er-Jahre durch den Einsatz von Pestiziden stark zurückgegangen. Im Wattenmeer treffen die Brandseeschwalben im Laufe des Aprils ein; im September verlassen sie das Gebiet wieder. Man nimmt an, dass fast die Hälfte der nordeuropäischen Brandseeschwalben im Wattenmeer der Nordsee brüten (MELTOFTE et al. 1994). Auf den Shetland-Inseln dagegen tritt die **Küstenseeschwalbe** *(Sterna paradisaea)* am häufigsten auf (Abb. 5.8b).

Der **Basstölpel** *(Morus bassanus)* hat im Nordseeraum eine ähnliche Verbreitung wie die Dreizehenmöwe (Abb. 5.8c). Die größte Brutkolonie befindet sich auf der Felseninsel Bass Rock vor der schottischen Küste, von der der Vogel seinen Namen hat. Seit 1991 brüten Basstölpel auch auf Helgoland. Die Vorkommen dieses essbaren, noch im 19. Jahrhundert bejagten Vogels haben inzwischen deutlich zugenommen. Die Zahl der Brutkolonien hat sich seit 1939 von 22 auf 45 etwas mehr als verdoppelt, und die Bestände steigen (NELSON 2002).

Die **Dreizehenmöwe** *(Rissa tridactyla)* ist der häufigste Vogel des Nordatlantiks (Abb. 5.8d). Außerhalb der Brutzeit ist sie ausschließlich auf dem Meer zu finden. Die Dreizehenmöwe nistet an steilen Felswänden. Folglich ist ihr Vorkommen an den Küsten der Nordsee vor allem auf Südnorwegen, die nordenglisch-schottische Küste, die Orkneys und Shetlands und Helgoland beschränkt.

Die **Trottellumme** *(Uria aalge)* nistet ebenfalls an Felsküsten (Abb. 5.9). Das einzige Vorkommen

5.9 Trottellummen und Dreizehenmöwen auf dem Lummenfelsen auf Helgoland (2007).

in Deutschland ist auf Helgoland (Lummenfelsen). Die Eier haben eine ungewöhnliche, zugespitzte Form, die das Herunterfallen vom Kliff an den steilen Felshängen erschwert.

Der **Papageitaucher** *(Fratercula arctica)* brütet in Nordengland und Schottland, auf den Orkneys und Shetlands und in Südnorwegen. Er nutzt jedoch den Boden oberhalb der eigentlichen Felswand, lebt in Höhlen, wobei er auch auf bereits vorhandene Kaninchenbaue zurückgreift. Er brütet bisher nicht auf Helgoland.

Der **Kormoran** *(Phalacrocorax carbo)* lebt nicht nur am Meer, sondern auch an Gewässern des Binnenlandes. Er gehört zu den Ruderfüßern, genau wie der Basstölpel, und jagt seine Beute tauchend. Da Kormorane als Konkurrenz für die Fischer angesehen wurden, sind sie lange Zeit stark bejagt worden, sodass sie fast ausgestorben waren. Verstärkte Schutzbestimmungen haben jedoch zu einer massiven Vermehrung der Kormorane geführt.

Der **Eissturmvogel** *(Fulmarus glacialis)* brütet seit 1876 auf der Insel Foula (Shetland). Der Vogel kam früher auf den Britischen Inseln nicht vor. Er hat sich jedoch inzwischen auch an den Felsküs-

ten Großbritanniens stark verbreitet. Eine Zählung 1987 ergab rund 46 800 Paare.

Der **Knutt** *(Calidris canutus)* ist ein Wintergast in der Nordsee. Es gibt zwei annähernd gleich starke Unterarten: Die eine, die im arktischen Kanada und Grönland brütet, verbringt den Rest des Jahres im Nordseeraum, während die sibirische Unterart in Westafrika überwintert und im Frühjahr und Herbst an der Nordsee Zwischenstation macht. Im Winter findet man die meisten Knutts an den britischen Küsten und in den Niederlanden. (MELTOFTE et al. 1994).

Kleiner als der Knutt und wesentlich häufiger ist der **Alpenstrandläufer** *(Calidris alpina)* (Abb. 5.10), der als Durchzügler und auch als Wintergast im Wattenmeer anzutreffen ist. Im Frühling und im Herbst trifft man über eine Million dieser Vögel im Wattenmeer an. Im Winter liegt die Zahl bei 250 000, im Sommer sinkt sie auf unter 10 000 Exemplare, wenn die Alpenstrandläufer zum Brüten nach Norden weiterziehen (MELTOFTE et al. 1994).

Die **Brandente** *(Tadorna tadorna)* verliert, wie andere Entenvögel auch, einmal im Jahr ihre Federn und ist dann etwa vier Wochen lang flugunfähig. Während die meisten Enten sich für diese Zeit in schwer zugängliche Gebiete zurückziehen, zum Beispiel das Wolgadelta, treffen sich die Brandenten zur Mauser im Watt im Umkreis der Elbmündung. Fast der gesamte europäische Bestand mit etwa 180 000 Exemplaren ist hier von Juli bis September anzutreffen. Die Brandente wird auch gelegentlich als Brandgans bezeichnet. Mit den Gänsen gemeinsam hat sie die Gleichfärbung des Gefieders bei Männchen und Weibchen und die gemeinsame Kükenaufzucht. Doch gibt es mehr Eigenschaften, die sie mit den Enten verbindet, als mit den Gänsen, zum Beispiel die auffällige Flügelzeichnung, die unterschiedliche Stimme bei Männnchen und Weibchen und die Wechselehe.

Die **Ringelgans** (Branta bernicla) kommt in drei verschiedenen Unterarten vor, von denen an der deutschen Nordseeküste ausschließlich die Dunkelbäuchige Ringelgans (Branta bernicla nigricans) auftritt. Die seltenere Hellbäuchige Ringelgans findet man an der Küste Südostenglands. Ursprünglich hat die Gans, die im Nordseeraum überwintert, sich ausschließlich an der Küste und in den Ästuaren aufgehalten, wo sie sich von Seegras und Meersalat (Ulva lactuca) ernährt hat. In jüngerer Zeit ist sie dazu übergangen, ein Stück weit landeinwärts zu ziehen und Gras und Wintergetreide zu fressen. Möglicherweise hat sie dieses Verhalten von anderen Gänsen gelernt. Die weltweiten Bestände der dunkelbäuchigen Ringelgans lagen um 1955 bei 20 000, Ende des 20. Jahrhunderts bei 250 000 bis 300 000. Die Gans brütet in der nördlichen Tundra Russlands und Sibiriens.

Die zweite häufige Gänseart des Nordseeraumes ist die **Weißwangengans** oder **Nonnengans** (Branta leucopsis). Ähnlich wie die Ringelgans hatten die Bestände der Weißwangengans einen Tiefpunkt in den 1950er-Jahren zu verzeichnen. Danach ergab sich eine spektakuläre Zunahme, und heute wird der Gesamtbestand auf 440 000 Tiere geschätzt. Die Weißwangengans gilt als nicht gefährdet.

Noch unbeliebter als die Gänse, die manche Weide leerfressen, ist die **Pfeifente** (Anas penelope). Sie ist hauptsächlich nachtaktiv, wobei sie pro Nacht etwa 300 Gramm Gras frisst (etwa 50 Prozent ihres Körpergewichts). Daher sind die größten Konzentrationen dort anzutreffen, wo Salzwiesen, Weiden und Felder in ausreichender Fläche zur Verfügung stehen, auf denen die Pfeifente ungestört weiden kann. Im Bereich des Wattenmeeres tritt sie besonders zahlreich in Schleswig-Holstein (vor allem in der Nordstrander Bucht) und in den Niederlanden auf. Die Pfeifente brütet

5.10 Alpenstrandläufer am Strand von Blåvandshuk, Dänemark (2007).

im nördlichen Russland und nordwestlichen Sibirien und überwintert überwiegend in südlicheren Gegenden bis hin zum Mediterranraum (MELTOFTE et al. 1994).

Die **Eiderente** *(Somateria mollissima)* ist in der gesamten Nordsee verbreitet, auch im Bereich der Felsküsten. Sie überwintert in großer Zahl im gesamten Bereich des Wattenmeeres. Zum Brüten verlassen die Eiderenten das Wattenmeer Ende März bis Anfang April und ziehen in die Ostsee. Zurück bleiben nur die noch nicht geschlechtsreifen Tiere und die Männchen (MELTOFTE et al. 1994).

Eine Untersuchung der Vogelbestände des Wattenmeeres hat gezeigt, dass fünf der zehn wichtigsten Arten einen deutlichen Rückgang zu verzeichnen haben. So ist die Zahl der Austernfischer von 1986 bis 2004 um gut 40 Prozent zurückgegangen. Starke Rückgänge waren außerdem bei Ringelgans (−42 Prozent), Knutt (−48 Prozent), Säbelschnäbler (−32 Prozent) und Brandenten (−21 Prozent) festzustellen. Stark abgenommen (−30 Prozent) hat nach diesen Angaben auch die Silbermöwe. Lediglich die Häufigkeit der im Wattenmeer überwinternden Nonnengans, die sonst an der Nordseeküste nur im Norden Schottlands vorkommt, hat sich fast verdoppelt (+85 Prozent, LANDESAMT FÜR DEN NATIONALPARK SCHLESWIG-HOLSTEINISCHES WATTENMEER 2006a).

Schnecken

Die **Wattschnecke** *(Hydrobia ulvae)* ist schwarzbraun und etwa drei bis sechs Millimeter lang. Im Wattenmeer kommt sie meist im Misch- und Schlickwatt vor. Sie kriecht in charakteristischen Schlangenlinien über den Schlick, wobei sie eine Geschwindigkeit von zwei Zentimetern pro Minute erreicht. Die Wattschnecke frisst alles, was sich auf der Bodenoberfläche abgesetzt hat: Schlamm, Algen und selbst den Kot der eigenen Art. Sie dient ihrerseits zahlreichen Tieren als Nahrung. Die Brandente frisst zum Beispiel fast ausschließlich Wattschnecken. Auch Regenpfeifer und Strandläufer sowie Garnelen und junge Strandkrabben verzehren große Mengen Wattschnecken.

Die **Strandschnecke** *(Littorina littorea)* war ursprünglich nur an der europäischen Küste vom Mittelmeer bis zur westlichen Ostsee (Rügen) verbreitet. Um 1855 wurde sie auch nach Nordamerika eingeschleppt. Im Wattenmeer lebt sie vor allem an Uferbefestigungen, aber auch an jedem Steinufer und jeder Miesmuschelbank. Die Strandschnecken sind sehr widerstandsfähig. Sie können

drei Wochen außerhalb des Wassers leben und sowohl Temperaturen von über 40 °C Hitze als auch starken Frost überstehen.

Die größte Schnecke des Wattenmeeres, die **Wellhornschnecke** *(Buccinum undatum)*, lebt in tieferem Wasser. Lediglich die Hüllen ihrer Gelege und ihre Gehäuse kann man am Strand finden. Bei einer ausgewachsenen Wellhornschnecke können die Gehäuse bis zu zwölf Zentimeter groß sein. Man findet sie allerdings nur selten. In der Regel werden sie nach dem Tod ihres ursprünglichen Bewohners von Einsiedlerkrebsen als Behausung benutzt. Außerdem ist der Bestand der Wellhornschnecke zurückgegangen, was unter anderem mit der Wirkung giftiger Zinnverbindungen (TBT) zusammenhängt, die über Schiffsanstriche in das Meer gelangten. TBT wirkt wie ein Geschlechtshormon auf die Schnecken: Weibchen wandeln sich in halbe Männchen um und so bleibt der Nachwuchs aus. Seit mehreren Jahren werden daher zum Beispiel in der Sportschifffahrt nur noch TBT-freie Farben verwendet.

Eine Art, die 1880 mit Austernbrut von Nordamerika zunächst nach England eingeschleppt worden ist, ist die **Pantoffelschnecke** *(Crepidula fornicata)*. Sie hat sich inzwischen auch an der deutschen Nordseeküste ausgebreitet (erstes Vorkommen bei Sylt 1934). Ihr massenhaftes Auftreten führt zu Störungen im Bereich der Muschelbänke. Im Gegensatz zu den meisten anderen Schnecken ernährt sie sich wie eine Muschel, indem sie mit den Wimpern ihrer Kiemen die Nahrung einstrudelt.

Quallen

Während einige Quallenarten der tropischen und subtropischen Meere eine tödliche Gefahr für Schwimmer darstellen, zum Beispiel die Würfelqualle *Chironex fleckeri* des indopazifischen Raumes (in Australien 60 Todesfälle in 50 Jahren), sind die Quallen der Nordsee harmloserer Natur. Die am häufigsten auftretende Art, die in riesigen Schwärmen vorkommen kann, ist die **Ohrenqualle** *(Aurelia aurita)*. Sie besteht aus einer blasslila oder blassrötlich gefärbten, durchscheinenden Scheibenglocke, in deren Zentrum sich die vier kräftiger gefärbten Geschlechtsorgane (die „Ohren") befinden. Im Herbst treten daneben vermehrt die bräunlich gezeichnete Kompassqualle *(Chrysaora hysoscella)* und die milchigweiße bis blassbläuliche Blumenkohlqualle *(Rhizostoma octopus)* auf. All diese Quallen sind harmlos. Unangenehm, aber nicht gefährlich sind dagegen die sogenannten Feuerquallen, zu denen zum Beispiel die **Gelbe Haar-**

qualle *(Cyanea capillata)* und die **Blaue Nesselqualle** *(Cyanea lamarcki)* gehören. Beide fallen durch ihre schwefelgelbe beziehungsweise kornblumenblaue Färbung auf.

Stachelhäuter

Seeigel finden sich bevorzugt an Felsküsten. An der Nordseeküste kommen drei Formen vor: Der **Gemeine Seeigel** *(Echinus esculentus)* ist rötlich-violett bis bläulich gefärbt, kugelförmig mit abgeplatteter Unterseite. Mit Stacheln kann er einen Durchmesser von bis zu 17 Zentimetern erreichen. Er lebt in einer Wassertiefe von 10 bis 40 Metern und bevorzugt Felsuntergrund. Der **Strandigel** *(Psammechinus miliaris)* ist wesentlich kleiner. Er erreicht mit Stacheln nur einen Durchmesser von fünf Zentimetern. Sein Verbreitungsgebiet reicht bis zu einer Wassertiefe von 100 Metern. Er wird im Wattenmeer häufig gefunden. Wie der Gemeine Seeigel ist auch der Strandigel ein runder (regulärer) Seeigel. Der **Herzigel** *(Echinocardium cordatum)* ist der einzige irreguläre Seeigel der

Nordsee. Er hat einen herzförmigen Umriss, lebt in fünf bis sechs Metern Tiefe. Seine Schalen werden am Strand des Wattenmeeres häufig gefunden (Abb. 5.11).

Seesterne

Seesterne (Asteroideae) sind weltweit verbreitet. Mit den Seeigeln gemeinsam haben sie die fünfstrahlige Symmetrie. Sie kommen im Sand und auf Felsgestein vor und wurden schon bis in Wassertiefen von 9000 Metern beobachtet. An den Küsten Europas (außer am Mittelmeer) ist der Gemeine Seestern *(Asterias rubens)* am stärksten verbreitet. Auch **Schlangensterne** (Ophiuroidea) kommen in der Nordsee vor.

Korallentiere

Die **Seerose** *(Actinia equina)* kann rot, bräunlich oder grün gefärbt sein, in seltenen Fällen auch farblos (Abb. 5.12). Sie findet sich überwiegend im Bereich der Felsküsten, da sie einen festen Untergrund braucht, um sich anzuheften. Zur Not

5.11 Skelettküste – die Strände der Nordsee sind übersät mit den Skeletten toter Tiere. Hier sind es die Schalen des Herzigels am Strand von Norderney. Im Vordergrund links Amerikanische Schwertmuscheln (2006).

nimmt sie jedoch auch mit Pfählen oder dem Gehäuse einer Wellhornschnecke vorlieb – auch wenn dieses vielleicht von einem Einsiedlerkrebs bewohnt ist. Außer der weit verbreiteten Seerose kommen in der Nordsee noch die **Seedahlie** *(Tealia felina)* und die **Seenelke** *(Metridium senile)* vor. Die bis zu zwölf Zentimeter hohe **Witwenrose** *(Sagartia anguicoma)* siedelt im Felswatt und auf Austernbänken; sie kommt an der deutschen Nordseeküste nur auf Helgoland und bei Sylt vor.

Rankenfüßer

Die **Seepocke** *(Balanus balanoides)* gehört zu den Rankenfüßern (Abb. 5.13). Mit ihren weißen, kraterförmigen Kalkgehäusen bilden die Seepocken ein auffälliges Merkmal an der oberen Grenze des intratidalen Bereichs. Sie leben bevorzugt im Brandungsbereich, auf Festgestein oder aber an Muscheln oder anderen festen Gegenständen aufsitzend.

5.12 Seerosen im Felswatt bei St. Abbs, Schottland (2007).

5.13 Felsküste bei St. Abbs, Schottland. Seepocken markieren die Obergrenze des intratidalen Bereichs (2007).

Muscheln

Die feinen Schwebstoffteilchen im Wasser des Wattenmeeres würden nur sehr schwer sedimentieren, wenn sie nicht von Muscheln wie der Herzmuschel, Miesmuschel oder Sandklaffmuschel aus dem Wasser gesiebt und als Kotballen wieder ausgeschieden würden.

Die **Miesmuschel** (Mytilus edulis) ist die einzige Muschel, die sich nicht eingräbt (Abb. 5.14a). Sie hat eine glatte Schale mit brauner oder blauer Außenhaut, an der Innenseite perlmuttglänzend. Miesmuscheln ernähren sich von eingestrudeltem Plankton. Pro Stunde filtrieren ausgewachsene Tiere bis zu zwei Liter Wasser; unter Berücksichtigung der Trockenzeiten im Watt also 10 bis 20 Liter täglich. Durch die Muscheln wird rein rechnerisch das gesamte Wasser des Wattenmeeres einmal wöchentlich gefiltert und dadurch gereinigt. Die unverdaulichen Schwebstoffe, die die Muscheln mit der Nahrung aufnehmen, werden wieder ausgeschieden und dienen zur Anhäufung von Schlick. In einer Muschelbank können in zwei Jahren 60 Zentimeter Schlick abgelagert werden (200 bis 400 Kubikmillimeter Kot pro Tag pro Tier). Für das niederländische Wattenmeer allein wird die jährliche Schlickproduktion der Miesmuscheln auf eine Million Tonnen überwiegend anorganischen Materials geschätzt (VERWEY 1981). Da die Muscheln an der Oberfläche siedeln, wächst die Muschelbank in die Höhe. Ältere Miesmuschelbänke überragen die angrenzenden Wattflächen und sind im Gelände und auf dem Luftbild gut zu erkennen. Die Muscheln sind durch Byssusfäden miteinander verbunden, die aus einer Eiweißverbindung bestehen. Miesmuscheln können acht bis zehn Jahre alt werden. Die Muschelbänke dienen Seepocken, Würmern und Krabben als Wohnraum.

Miesmuscheln sind essbar. In Schleswig-Holstein werden im Wattenmeer pro Jahr etwa 15 000 Tonnen Muscheln von Muschelkulturen geerntet. Der Rekordwert wurde 1992 mit 42 000 Tonnen erreicht.

Die **Herzmuschel** (Cerastoderma edule) ist eine rundliche, ziemlich dickschalige und stark gewölbte Muschel mit etwa zwei Dutzend Rippen auf der Schale. Wenn man die zwei Klappen von der Seite betrachtet, sieht der Muschelumriss herzförmig aus (Abb. 5.14b). Die Herzmuscheln sind die häufigsten Muscheln im Gezeitenbereich der Nordsee. Am besten gedeihen sie im Mischwatt, aber man findet sie auch im Sand- und Schlickwatt. Da sie nur in wenigen Zentimetern Tiefe leben, sind sie stark frostgefährdet. In Eiswintern können die gesamten Bestände des intratidalen Bereichs erfrie-

ren. Diese Katastrophen werden jedoch sehr rasch wieder ausgeglichen. Die Herzmuschel wird meist drei bis vier Jahre alt, in tieferem Wasser auch bis zu neun Jahre. Große Verluste erleiden die Bestände Jahr für Jahr durch Beute suchende Seevögel. Ein Austernfischer kann über 300 Herzmuscheln pro Tag fressen. Man geht davon aus, dass im Winter bis zu 20 Prozent des Herzmuschelbestandes von Seevögeln gefressen werden. Die Herzmuschelfischerei, die früher vor allem im niederländischen Wattenmeer in großem Umfang betrieben wurde, führte zu einer starken Abnahme der Bestände um 1991 und hatte negative Auswirkungen auf die Eiderenten und Austernfischer (MELTOFTE et al. 1994).

Die **Rote Bohne** oder **Baltische Plattmuschel** (Macoma baltica) ist eine flach gewölbte Muschel mit rundem Vorderende und zugespitztem Hinterende (Abb. 5.14c). Sie kommt keineswegs nur in der Ostsee vor – wie der Name vermuten ließe –, sondern ist auch in der Nordsee weit verbreitet. Das Schalenäußere weist eine konzentrische Streifung auf. Die Muschel gibt es in vielen verschiedenen Farbtönen. Sie kann rot, gelb, grün, braun oder bläulich gefärbt sein. Sie tritt in großen Mengen auf.

Die **Sandklaffmuschel** (Mya arenaria) lebt in einer Tiefe von bis zu 30 Zentimetern im sandig-schlickigen Wattboden. Die Klappen der Sandklaffmuschel werden bis zu 15 Zentimeter groß und sind nie ganz geschlossen. Die Sandklaffmu-

5.14 Muscheln des Wattenmeeres:
a) Miesmuschel,
b) Herzmuschel,
c) Baltische Plattmuschel.

5.15 a) Amerikanische Schwertmuschel, b) Amerikanische Bohrmuschel und c) Spuren der Bohrmuschel in einem Torfgeröll (2007).

schel gilt als wohlschmeckend und wird daher auch als „Strandauster" bezeichnet. Tote Muscheln können freigespült werden; Wattwanderer machen nicht selten unangenehme Bekanntschaft mit ihren scharfen, harten Muschelschalen, die senkrecht im Boden stecken.

Unter den Muscheln gibt es zwei Fälle von importierten Arten, die sich in der Nordsee sehr stark ausgebreitet haben. Hierzu gehört die **Amerikanische Schwertmuschel** *(Ensis directus,* Abb. 5.15a). Ihre Schalen sind sechsmal so lang wie breit und leicht gebogen. Sie sind weiß mit glänzend brauner Außenhaut. Die Schwertmuschel stammt ursprünglich von der amerikanischen Ostküste. Man nimmt an, dass 1978 Larven im Ballastwasser eines Schiffes in die Deutsche Bucht gelangt sind. Von dort aus breiteten sich die Muscheln schnell entlang der Wattenmeerküste und im Limfjord aus. Seit 1980 findet man ihre Schalen massenhaft an den Stränden. Die Muscheln haben sich dann in nördlicher Richtung über Dänemark und die schwedische Westküste bis nach Norwegen ausgebreitet (1989), im Süden über die niederländische (1982) und belgische Küste (1984) bis nach Frankreich (1986), in England nordwärts bis zur Humbermündung (1990; VON COSEL et al. 1982, LUCZAK et al. 1993).

Im Englischen wird diese Art auch als *razorfish* bezeichnet. Alles, was sich im Wasser aufhält, galt den Engländern früher als Fisch, ob es sich nun um Quallen *(jellyfish),* Seesterne *(starfish)* oder Flusskrebse *(crayfish)* handelte. Der Naturkundler Goldsmith schreibt denn auch konsequenterweise in seiner „*History of the Earth*": „*Keine zwei Tiere sind sich unähnlicher als der Wal und die Seepocke, die Meeresschildkröte und die Auster. Aber da diese Tiere einen Platz im Gesamtbild der belebten Natur einnehmen müssen, ist es am besten, sie dort zu belassen, wo der Mensch sie eingeordnet hat; und da man geneigt war, sie gemäß ihrer Umgebung als Fische zu bezeichnen, so ist es am weisesten, sich dieser Haltung anzuschließen*" (GOLDSMITH 1826, Bd.4, S.33).

Die zweite fremdländische Art, die sich in der Nordsee breitgemacht hat, ist die **Pazifische Auster (Crassostrea gigas)**. Bis in das 20. Jahrhundert kam in der Nordsee lediglich die **Europäische Auster (Ostrea edulis)** vor. Um 1850 ist sie auf dem Borkumriffgrund verschwunden, 1924 in der Elbmündung und 1938 die letzten Vorkommen bei Helgoland. An ihrer Stelle hat sich seit etwa 1980 von Frankreich und den Niederlanden her die Pazifische Auster in Richtung Wattenmeer ausgebreitet. 1986 hat sie sich auch auf Sylt angesiedelt und bis auf die Elbmündung inzwischen im ganzen Wattenmeer ausgebreitet. 2003 wurde sie auch vor Helgoland gefunden. Diese bis zu 25 Zentimeter große Muschel siedelt sich vor allem im Bereich der Muschelbänke an und erschwert damit die Miesmuschel-Fischerei (WEHRMANN et al. 2000).

Auch die **Amerikanische Bohrmuschel** *(Petricola pholadiformis)* war ursprünglich nicht in der Nordsee heimisch (Abb. 5.15b). Die bis zu sieben Zentimeter langen Schalen dieser Muschel haben die Gestalt von „Engelsflügeln". Die Muschel wurde 1890 mit Austern nach Südostengland eingeschleppt und hat sich von dort in Europa ausge-

breitet. Sie findet sich auch im Wattenmeer. Mit dem gezackten Vorderende der Schalen bohrt sie sich in Ton, Torf (Abb. 5.15c), Holz oder weiches Gestein (Kreide).

Würmer

Neben den genannten Muschelarten ist im Watt vor allem der Wattwurm oder **Pierwurm** *(Arenicola marina)* auffällig. Er gehört zu den Ringelwürmern. Der Pierwurm lebt in einer U-förmigen Röhre etwa 30 Zentimeter unter der Geländeoberfläche. Er frisst Sand; dieser rutscht von oben her nach, sodass am einen Ende seiner Röhre ein kleiner Trichter an der Wattoberfläche entsteht. Am anderen Ende der Röhre wird der verdaute Sand wieder ausgeschieden. Die Kothäufchen des Pierwurms können das Mikrorelief großer Teile des Watts bestimmen (Abb. 5.16). Der Pierwurm sorgt für eine bessere Durchlüftung des Wattbodens und für kräftige Durchmischung (Bioturbation, THIEL et al. 1984).

Der **Grüne Meeresringelwurm** *(Nereis virens)*, der ebenfalls im Wattenmeer vorkommt, wird seit 1986 in einem Betrieb bei Ashington in Northumberland als Fischfutter gezüchtet. Die Produktion betrug 2004/2005 etwa 70 Tonnen. Das warme Abwasser eines nahegelegenen Kraftwerks begünstigt das Wachstum der Würmer, die hier viermal so schnell wachsen wie in der freien Natur (BARNE et al. 1995). Der Grüne Meeresringelwurm wird 20 bis 40 Zentimeter lang.

Einzeller

Der abgelagerte Schlick wird durch **Diatomeen** (Kieselalgen) weiter verfestigt. Die Kieselalgen benötigen Licht, um zu leben. Werden sie mit einer neuen Sinkstoffschicht bedeckt, so bewegen sie sich zur Wattoberfläche. Dabei scheiden sie eine Schleimschicht aus, die den Wattboden verfestigt. Die Wattoberfläche gewinnt damit erhebliche Fes-

tigkeit gegenüber der Erosion. Wo der Zusammenhalt zerstört wird – zum Beispiel durch Wellenschlag, driftende Eisschollen oder Seevögel – entstehen kleine Kolke mit bis zu fünf Zentimeter hohen Steilkanten.

Pflanzen

Die natürliche Vegetation

Die Küste der Nordsee gehört vegetationsgeographisch fast ausschließlich zum Bereich der temperierten Vegetationszone mit sommergrünen Breitlaubwäldern. Lediglich die Orkney- und Shetland-Inseln sowie die norwegische Küste nördlich von Stavanger sind bereits der borealen Zone zuzuordnen. Hier finden sich boreoatlantische Zwergstrauchheiden mit Birken. Vorherrschend sind Ericaceen sowie eingestreute Gruppen von Moorbirken *(Betula pubescens)*, im nördlichen Schottland auch Kiefern *(Pinus sylvestris)*.

Doch auch die temperierte Vegetationszone weist eine gewisse Differenzierung auf. Während auf dem europäischen Festland die natürliche Vegetation aus Rotbuchenwäldern vorherrscht *(Fagus sylvatica)*, finden sich auf den Britischen Inseln und an den südwestlichen Küsten der Skandinavischen Halbinsel Eichenmischwälder mit Stieleiche *(Quercus robur)*, Esche *(Fraxinus excelsior)* und zum Teil auch Hainbuche *(Carpinus betulus)*.

In Großbritannien liegt die natürliche Verbreitungsgrenze der Rotbuche *(Fagus sylvatica)* etwa an der Themse. Auch die Hainbuche reicht kaum bis nach East Anglia hinein. Sie fehlt auch an der niederländischen Küste, im nördlichen Jütland (nördlich von Århus) und auf der Skandinavischen Halbinsel (nördlich von Halmstad). Die Gemeine Fichte *(Picea abies)* ist im Umfeld der Nordsee nur auf der Skandinavischen Halbinsel natürlich verbreitet (LANG 1994).

5.17 Strandroggen (im Vordergrund) und Strandhafer auf jungen Dünen auf Juist (2007).

5.18 Dünenwald auf Texel. Die meisten Wälder auf den Barriereinseln sind künstlich angelegt (2005).

Die heutige Vegetation entspricht aufgrund der massiven menschlichen Eingriffe nicht der natürlichen Vegetation. Ein deutliches Beispiel ist die starke Entwaldung in Großbritannien, die außer auf die Rodung für landwirtschaftliche Zwecke auf den starken Holzbedarf im Schiffsbau und im Bergbau zurückgeht. Auch die heute praktisch waldlosen Orkney-Inseln trugen im Atlantikum einen Eichen-Mischwald, dessen maximale Ausbreitung um 5900 v. h. erreicht war (DE LA VEGA-LEINERT et al. 2007).

Pflanzen im Meer

Die einzigen höheren Pflanzen, die im Überflutungsbereich der intratidalen Zone leben können, sind das **Große Seegras** *(Zostera marina)* und das **Zwergseegras** *(Zostera noltii)*. Das einst weit ver-

breitete Seegras ist an der Nordseeküste selten geworden. Um 1930 wurden die Bestände auf beiden Seiten des Atlantiks durch Parasitenbefall fast vollständig vernichtet. Von dieser Krise hat sich das Seegras im Wattenmeer nie wieder erholt.

Bewuchs von Strand und Dünen

Am Strand findet man eine Pflanze, die sich häufig in kleinen Sandanwehungen ansiedelt und die salzresistent ist: die **Strandquecke** *(Elymus farctus)*. Auch der **Strandroggen** *(Elymus arenarius)* ist salzresistent, jedoch meist nur untergeordnet an der Primärvegetation beteiligt (Abb. 5.17). Die Wurzeln des **Strandhafers** *(Ammophila arenaria)* können dagegen nur geringe Salzkonzentrationen vertragen (Abb. 5.17). Daher gedeiht er erst auf Primärdünen, die schon etwa eine Höhe von einem Meter erreicht haben. Der Strandhafer dominiert die Vegetation der Weißdünen.

Die Dünen in größerer Entfernung vom Strand, die nur noch selten vom Sand überweht werden, werden als Graudünen bezeichnet. Hier macht sich zwischen dem Strandhafer zunächst der **Rotschwingel** *(Festuca rubra)* breit. Aus dem lockeren Dünensand werden die wenigen Nährstoffe rasch ausgewaschen. Die Vegetation stellt sich um. Der Strandhafer verschwindet; **Schillergras** *(Koelerion arenariae)* und **Silbergras** *(Corynephorium)* breiten sich aus. Während früher der schüttere Silbergrasrasen die Graudünen dominierte, ist dieser heute durch ein vor wenigen Jahrzehnten eingewandertes Laubmoos, das **Kaktusmoos** *(Campylopus introflexus)* fast vollständig verdrängt worden. Das Kaktusmoos stammt von der Südhalbkugel, ist 1941 in England zuerst aufgetreten, 1961 in den Niederlanden und seit 1970 auf den Ostfriesischen Inseln nachgewiesen. Auf älteren Dünen kann sich auch die **Krähenbeere** *(Empetrum nigrum)* ausbreiten (häufig bevorzugt auf der Luvseite). Die Entwicklung von der Weißdüne zur Graudüne dauert etwa 10 bis 20 Jahre.

Die Graudüne ist die nährstoffärmste Phase der Dünenbildung. Unter der Vegetationsdecke reichert sich dann allmählich mehr und mehr Humus an, sodass andere Pflanzenarten einwandern können. Die Düne entwickelt sich zur Braundüne, auf der sich **Heide** *(Calluna vulgaris)* ausbreiten kann. Häufig entwickelt sich die Graudünenvegetation jedoch zu einem dichten Buschwerk aus **Sanddorn** *(Hippophaë rhamnoides)* und **Kriechweide** *(Salix repens)*. Die Weiterentwicklung zu einem natürlichen Dünenwald ist an der deutschen Nordseeküste nicht festzustellen, ist aber in den Niederlanden auf den Westfriesischen Inseln zu

beobachten (ELLENBERG 1996). Die meisten Dünenwälder sind jedoch von Menschenhand angepflanzt worden (Abb. 5.18). Auf Vlieland begann Rijkswaterstaat 1892 mit der Anpflanzung von Wald, um den Bedarf an Reisig für den Küstenschutz zu decken. Auf Terschelling begann die Anpflanzung von Wald im Jahre 1910 (STAATSBOSBEHEER 1979 und 1980).

Watt und Salzwiese

Bereits 40 bis 25 Zentimeter unterhalb des Niveaus des mittleren Tidehochwassers trifft man im Watt die ersten Pflanzen: die **Queller** (*Salicornia europaea*, Abb. 5.19). Einzeln stehende Pflanzen haben noch keine Schlick bindende Eigenschaft, während dichte Bestände in größerer Höhe erheblich zur Auflandung beitragen. Verstärkt hat sich das 1927 eingeführte **Schlickgras** (*Spartina townsendii*) ausgebreitet, das zur Verlandung beitragen kann. Wenn der Wattboden bis 20 Zentimeter unter MTHw (Mittleres Tide-Hochwasser) aufgeschlickt ist, breitet sich das **Andelgras** aus (*Puccinella maritima*). Dieses bildet einen dichten Rasen und trägt damit erheblich zur Auflandung bei. Je höher die Salzmarsch aufwächst, in desto stärkerem Maße können sich weniger salztolerante Arten an der Vegetation beteiligen. Hierzu gehören die **Salzmelde** (*Suaeda maritima*), die **Strandaster** (*Aster tripolium*), der **Strandwermut** (*Artemisia maritima*), die **Strandnelke** (*Armeria maritima*) und der **Strandflieder** (*Limonium vulgare*, ELLENBERG 1996).

Ungewöhnliche Pflanzen

Auf ungewöhnliche Weise hat sich die **Großfrüchtige Moosbeere** (Cranberry, *Vaccinium macrocarpon*) an der niederländischen Küste ausgebreitet. Angeblich fand ein Einwohner des Ortes Oost auf Terschelling, ein gewisser Pieter Sipkes Cupido, um 1840 am Strand ein Fass gefüllt mit Moosbeeren. Er nahm zunächst an, dass das Fass Wein enthielte, und rollte es in die Dünen, um es näher zu untersuchen. Zu seiner Enttäuschung enthielt es nur Cranberries. Das Fass konnte Cupido gebrauchen, den Inhalt nicht, und so hat er ihn kurzerhand weggeschüttet. Die Großfrüchtige Moosbeere hat sich daraufhin in den feuchten Dünentälern ausgebreitet, und pro Jahr werden heute auf Terschelling etwa 40 000 Kilogramm der Beeren geerntet und zu Marmelade verarbeitet (VAN DER MOLEN 1978). Auch auf Vlieland kommt die Großfrüchtige Moosbeere verbreitet vor, vereinzelt auch auf anderen Watteninseln.

Alte Literaturquellen belegen den Weinanbau an der Nordsee: *"Die Insel Ely führte zur Zeit der Nor-*mannen *den Namen Isle de Vignes, und der dortige Bischof empfing drei bis vier Kannen Wein als jährlichen Zehnten. Noch unter Richard des Zweiten Regierung ward der kleine Park bei Windsor für dieses Schloß als Weingarten benutzt, und William von Malmsbury versichert, das Thal von Gloucester habe im zwölften Jahrhundert so guten Wein geliefert, als viele Provinzen Frankreichs"* (O. VERF. 1818). Die Kleine Eiszeit des Mittelalters setzte dem Weinanbau ein Ende, doch heute ist wieder an vielen Stellen Englands der Weinanbau möglich.

In Norfolk, in der Umgebung von Hunstanton, wird seit langer Zeit **Lavendel** (*Lavendula angustifolia*) angebaut (Abb. 5.20). Lavendel ist sonst im westlichen Mediterranraum zu Hause. Das relativ kontinentale Klima East Anglias kommt den Ansprüchen der Pflanze entgegen. Seit wenigen Jah-

5.19 Queller auf Norderney (2006).

5.20 Lavendelanbau in Norfolk bei Hunstanton.

5.21 Obstanbau am Sognefjord in Norwegen (2006).

ren gibt es auch in Yorkshire, bei Malton, eine weitere Lavendelfarm.

Für den Obstanbau in Norwegen bieten die Fjorde mit ihrem tiefen Wasser im Winter und vor allem bei der Obstblüte guten Schutz gegen Frost. Die kurze Vegetationsperiode wird zum Teil durch die längeren Tage im Sommer wettgemacht, sodass in Hardanger bis in Gegenden um etwa 62° N

der Anbau von Obst, vor allem von Äpfeln möglich ist – auf einer geographischen Breite, auf der man sich in Kanada bereits im Permafrostbereich befindet (Abb. 5.21). Als „Klimaoasen" hat Borchert (1958) diese Gebiete bezeichnet. Außer den lokalen klimatischen Besonderheiten kommen hier die Auswirkungen der Ausläufer des Golfstromes zum Tragen.

Zahlreich sind die Berichte über Seeungeheuer. Wurden diese Tiere früher vor allem in bildlicher Form auf Landkarten verwendet, um unbekannte Gebiete abzudecken, so gibt es doch auch konkrete Berichte über das Auftreten dieser Tiere. Eine in Hamburg gedruckte Flugschrift aus dem Jahre 1693 ist wie folgt betitelt: „Eigentliche und warhaffte Abbildung Eines erschröcklichen und grausamen Meer-Drachens/Welcher bey Ausgang des Monats *Septembris* dieses 1693. Jahres hero sich sowohl in der Ost- als West-See/auch anderer Orthen hat sehen lassen/und denen Schiffleuten mit seinem grausamen Wü-

ten und Ankrallen an denen Schiffen allerhand Unfug/Angst und Schröcken zugefüget". Darunter ist das Monster abgebildet (Abb. 5.22) und der unbekannte Verfasser weiß zu berichten, dass ein solcher Drache schon einmal gefangen und in Niederdeutschland herumgeführt worden sei. Abhilfe kann nur durch eine höhere Instanz erhofft werden: „Hierbey ist nun kein besser Rath als daß wir uns in tieffster Demuth zu dem grossen Gotte wenden, Ihn inbrünstiglich umb Vergebung unserer überhäufften Sünden bitten, uns ernstlich vorsetzen, rechtschaffen fromm zu werden ..." Offenbar sind die Hamburger daraufhin recht-

5.22 Der Meerdrache aus Hamburg.

schaffen und fromm geworden, denn der Drache ist seither nicht wieder aufgetaucht.

Anders die Schotten. Jeder kennt das Ungeheuer von Loch Ness. Gesehen haben es freilich nur wenige. Am 11.10.1987 endete „Operation Deepscan", eine erste wissenschaftliche Untersuchung des Lochs im Hinblick auf verborgene Ungeheuer. 24 Boote und Sonarausrüstung im Wert von einer Million Pfund waren im Einsatz – umsonst. Nessie zeigte sich nicht. Auch eine von der BBC mit noch größerem Aufwand durchgeführte Untersuchung des über 320 Meter tiefen Sees im Jahre 2003 fand nirgendwo eine Spur des Monsters.

Ein Fehler mag gewesen sein, dass sich die Suche in beiden Fällen vollständig auf den See beschränkt hat. Wenig beachtet wird meist die Tatsache, dass es auch Berichte über Begegnungen mit Nessie gibt, die an Land stattgefunden haben. Autofahrer und Motorradfahrer mussten scharf bremsen, wenn Nessie ihren Weg kreuzte, so zum Beispiel 1933 und 1934 (WIT-CHELL 1975). Ein neues Foto vom 22.8.2007 zeigt den Drachen (offenbar ein juveniles Exemplar) um 14.36 Uhr am Rande eines Parkplatzes knapp südwestlich von Urquhart Castle (57°11'6,4''N, 4°37'22,9''E;

Abb. 5.23). An der Echtheit des Fotos kann in diesem Fall kein Zweifel bestehen, da die Aufnahme im Beisein eines Wissenschaftlers gemacht wurde. Die Größenangabe ist allerdings nur geschätzt.

Es ist interessant festzustellen, dass auch etwas, was nach Meinung fast aller vernuftbegabten Menschen überhaupt nicht existiert, einen erheblichen Wirtschaftsfaktor darstellen kann. Dies gilt nicht nur für Nessie, sondern auch – wenn auch in geringerem Maße – für die Trolle Skandinaviens. Letztere finden sich natürlich auch auf den Shetland-Inseln, wo sie Trows heißen. Bei ihnen handelt es sich keineswegs um eine Art lustiger Gartenzwerge, sondern sie sind launisch und boshaft (vgl. die Darstellung der Grådvärgar und Rumpnissar bei LINDGREN 1981). Vor allem Musikanten müssen sich vor ihnen in Acht nehmen. Nicht selten entführen sie diese in ihre Verstecke und zwingen sie, dort zu ihren Hochzeitsfesten aufzuspielen, die sich über Jahre hinziehen können.

Doch haben die Inseln durchaus auch ihre eigenen Monster, so zum Beispiel das Njuggle: ein Wasserpferd, das äußerlich wie ein niedliches kleines Shetland-Pony aussieht. Es pflegte sich früher unter Wassermühlen zu verstecken und

seinen Rücken am Mühlrad zu reiben, bis dieses stehenblieb. Die einzige Möglichkeit, das Njuggle wieder loszuwerden, bestand darin, dass man mit brennendem Torf nach ihm warf. Man sieht das Njuggle heute selten, weil die meisten Wassermühlen auf den Shetlands inzwischen stillgelegt sind. Dennoch sollte man stets auf der Hut sein. Das Njuggle ist mehr als nur ein bloßes Ärgernis. Es pflegt ahnungslose Reisende zu einem Ausritt einzuladen. In dem Augenblick, wo der nichts ahnende Tourist sich auf seinen Rücken gesetzt hat, rennt es geradewegs in den nächsten Fjord, wo der Unglückliche jämmerlich ertrinkt. Wer also nach Shetland kommt, sollte es sich lieber zweimal überlegen, bevor er sich von fremden Ponys zu einem Ausritt einladen lässt!

Auch Seeungeheuer gibt es hier. Im Sommer 1882 hatte das Fischerboot „Bertie" knapp südöstlich der Insel Fetlar eine unangenehme Begegnung mit einem solchen Drachen. Die Besatzung beschreibt das Untier als einen etwa 50 Meter langen Lindwurm, dessen Kopf mit riesigen Seepocken bedeckt war. Der Drache verfolgte das Fischerboot drei Stunden lang, und es half nichts, dass die Besatzung mit Steinen nach ihm warf. Erst eine Ladung Schrot aus einer Jagdflinte hatte eine gewisse abschreckende Wirkung, und die Fischer kamen noch einmal mit dem Schrecken davon (COOPER 2007).

Die Orkneys teilen mit den Shetlands die Anwesenheit von Selkies (Seehund-Menschen). Die Bewohner haben darüber hinaus neben der üblichen Sammlung von Ungeheuern auch den Flossenmann (Finman) zu fürchten, der sich nach Belieben seine Bräute unter den Sterblichen auswählt, und manche außereheliche Schwangerschaft soll auf ihn zurückgehen.

„Land unter" – Sturmfluten, Wurten und Küstenschutz

Große Bereiche der Nordseeküste liegen im Abbruch. Besonders auffällig ist dies dort, wo die Küste aus Lockergestein aufgebaut ist. Lebt man auf einer Insel, so sind Landverluste in besonderem Maße ein Grund zur Besorgnis. So ist es verständlich, dass Charles Lyell schon in der ersten Ausgabe seiner *„Principles of Geology"* diesen Vorgängen große Aufmerkamkeit gewidmet hat. Das Vorrücken des Deutschen Meeres (der Nordsee) –

The Encroachment of the Sea – wird ausführlich beschrieben, die untergegangenen Orte in Yorkshire aufgeführt, ebenso der Uferrückgang von etwa vier Fuß pro Jahr in Holderness. *„Die ganze Fläche des alten Cromer ist heute Teil der Nordsee; die Einwohner haben sich allmählich landwärts zu ihrer heutigen Siedlung zurückgezogen, von wo die See sie erneut zu vertreiben droht"* (LYELL 1830).

Uferabbruch

Woran sieht man, dass ein Ufer im Abbruch liegt? An den Küsten der Nordsee kann man häufig die Lage der Überbleibsel des Zweiten Weltkriegs zum Vergleich heranziehen. Das gilt für die Befestigungen des „Atlantikwalls" auf der Ostseite der Nordsee ebenso wie für die Bunker und Unterstände in Großbritannien. Letztere sind auf Satellitenbildern, zum Beispiel in Google Earth, leicht zu orten. Ursprünglich waren sie innerhalb des Dünengürtels oder oben auf den Steilküsten angelegt worden und nicht am Strand. Wenn die hier abgebildeten Bunker bei Blåvand (Abb. 6.1) heute also einen Abstand von gut 60 Metern vom Dünenfuß haben, dann weiß man, dass in den 63 Jahren seit dem Bau dieser Anlagen etwa ein Meter Dünen pro Jahr verloren gegangen ist. Und da die alten Bunker fast auf der gesamten Länge der dänischen Nordseeküste heute am Strand liegen, von Fanø bis nach Skagen, ist deutlich erkennbar, dass diese gesamte Küste im Abbruch liegt.

6.1 Von dem englischen Künstler Bill Woodrow 1995 zu Maultieren umgestaltete Bunker (BW 456: Bunker/Mule, Stahl auf Beton) in Blåvand (2007).

6.2 Uferabbruch auf der Wattseite der Insel Fanø. Die Grassoden der Salzmarsch schwimmen bei Überflutung auf, so dass die Oberfläche des Grodens regelrecht abgeschält wird. Im Hintergrund der wattseitige Strandwall (2006).

Verfügung, für viele Gebiete gibt es sie aber flächendeckend erst seit 1945. Seit dem Start von ERTS-1 (Landsat 1) im Jahre 1972 kann jeder auf Satellitenbilder zurückgreifen. Seit etwa 1960 standen sie schon für militärische und Spionagezwecke zur Verfügung. Der unmittelbare Vergleich verschieden alter Quellen wird allerdings oft erschwert durch Wechsel in der Art der Darstellung (zum Beispiel bei Karten die Umstellung von Höhenschraffen auf Höhenlinien) und geänderte Projektionen. Mithilfe eines Geographischen Informationssystems lassen sich jedoch die verschiedenartigen Quellen zur Deckung bringen.

Im Gelände gilt generell, dass Steilkanten und Uferwälle auf Vorherrschen der Erosion hinweisen, sanfte Übergänge dagegen eher auf eine ausgeglichene Sedimentbilanz oder Verlandung. Die Faustregel, dass bei den Barriereinseln des Wattenmeeres auf der Seeseite erodiert wird und auf der Wattseite im Schutz der Dünen Verlandung stattfindet, stimmt so nicht. So haben die Ostenden der meisten Ostfriesischen Inseln eine positive Sandbilanz (auch auf der Seeseite), während auf der Wattseite oft große Teile der Salzmarsch im Abbruch liegen (Abb. 6.2, EHLERS 1988b).

Natürlich gibt es auch andere Möglichkeiten, das Ausmaß der Veränderungen zu erfassen. Meist bietet es sich an, durch Kartenvergleich den Abtrag zu ermitteln. Verlässliche topographische Karten sind in allen Ländern an der Nordsee etwa um 1880 aufgekommen. Bei alten Karten ist zu beachten, dass Maßstab und Höhen in Fuß angegeben sein können (zum Beispiel in Großbritannien und in Dänemark) und dass zum Beispiel bei den alten deutschen Messtischblättern als Nullmeridian nicht Greenwich, sondern Faro benutzt worden ist (der westlichste Punkt Europas). Erste Luftbilder stehen seit etwa 1925 zur

Leben am Meer – nicht ohne Risiko

Das Leben am Meer war nie ohne Risiko. Die ältesten nachweisbaren Siedlungen im Bereich der deutschen Nordseeküste stammen aus der Bronzezeit etwa 1000 v. Chr. Diese frühe Besiedlung der Marsch war nur möglich, weil der Anstieg des Meeresspiegels zum Stillstand gekommen war. Doch währte die Phase der Ruhe nicht lange. Zunehmende Sturmfluten zwangen die Siedler, ihre Wohnplätze besser zu sichern oder aufzugeben. Die Siedlungen wurden zu **Wurten** aufgehöht.

Wurten (in Nordfriesland als Warften oder Werften, in Westfriesland als Terpen, in Groningen als Wierden bezeichnet) finden sich entlang der gesamten südöstlichen Nordseeküste von den Niederlanden bis in das südliche Dänemark. Auch entlang der Unterläufe der großen Flüsse wurden Wurten angelegt. An der Elbe lassen sie sich stromaufwärts bis über Hamburg hinaus nachweisen. Auf den Halligen Nordfrieslands sind die Warften noch heute der einzige Schutz der Wohnhäuser (Abb. 6.3).

Die Region Westergo in den Niederlanden, das Gebiet um Harlingen und Franeker, ist etwa 1000 v. Chr. bis 500 n. Chr. verlandet. Diese junge

6.3 Hanswarft auf Hallig Hooge. Während die Halligoberfläche bei etwa 1,7 Metern über NN liegt, erhebt sich die Warft bis zu einer Höhe von 4,6 Metern über NN. Im Unterschied zu den anderen Halligen hat Hooge einen Sommerdeich.

Salzmarsch war von den Gezeitenflusssystemen der Marne im Südwesten und der Middelzee im Osten praktisch eingeschlossen. Als das Land hoch genug aufgewachsen war, das heißt, als mit Überflutung nur noch seltener als an etwa 50 Tagen im Jahr gerechnet werden musste, begann man auf der Salzmarsch mit dem Wurtenbau. Die ältesten Wurten im Südteil von Westergo, dem sogenannten „Alten Land", stammen vom Übergang der späten Bronzezeit zur frühen Eisenzeit, etwa 600 v. Chr. Die nutzbare Marschfläche erweiterte sich in dieser Zeit je nach Exposition um fünf bis zehn Meter pro Jahr. Der rasche Aufbau dieser Marschflächen profitierte von der gleichzeitigen natürlichen Abtragung der Moor- und Marschgebiete im westlichen Wattenmeer. Eine erste Bedeichung des Gebiets begann nach 1000 n. Chr. (Vos & Gerrets 2005).

Die Entwicklung dieser frühen Siedlungen lässt sich nur durch archäologische Ausgrabungen erschließen. Schriftliche Quellen gibt es nicht. Erst seit dem Ende des 10. Jahrhunderts sind Berichte über Sturmfluten überliefert worden. Diese frühen Quellen (vorwiegend aus den Niederlanden und aus Friesland) beschränken sich meist darauf, das Datum des Ereignisses anzugeben, oft auch nur die Jahreszahl. Da die Chronisten in der Regel die Sturmfluten nicht selbst miterlebt hatten, sondern nur von Berichten kannten, sind die Überlieferungen sehr ungenau. Originalberichte über Sturmfluten gibt es erst seit dem 15. Jahrhundert (Petersen & Rohde 1977).

Erste Deiche und Meereseinbrüche

Der Deichbau an der Nordseeküste begann im 11. Jahrhundert. Die ersten Deiche wurden in den Niederlanden angelegt. Klöster haben hierbei eine entscheidende Rolle gespielt. Man bemühte sich, drohende Landverluste abzuwenden. Nachdem die Moore der Küstengebiete durch Entwässerung besiedelbar gemacht worden waren, hatte man aufgrund der damit einhergehenden Landsenkung plötzlich Meereseinbrüche zu verzeichnen. Große Gebiete zwischen Texel, Vlieland und dem Festland gingen verloren (de Haan & Haagsma 1984).

Die Niederländer galten als die Experten im Deichbau. Schon früh hat man sich auch an der deutschen Nordseeküste ihrer Kenntnisse bedient. 1106 wird ein Vertrag zwischen dem Bremer Erzbischof und den Niederländern geschlossen, mit

6.4 Bedeichungsgeschichte im Bereich des Jadebusens. Die weißen Deichlinien im Wasser zeigen Gebiete an, die dauerhaft verloren gegangen sind.

dem Ziel, die sumpfige Niederung der Elbmarschen urbar zu machen. Die Vier- und Marschlande und das Harburger und Winsener Neuland wurden im 12. und 13. Jahrhundert eingedeicht. Auch das Bremer Umland wurde im 12. Jahrhundert durch Niederländer kolonisiert.

Für den Bereich des Wattenmeeres werden erste Sturmfluten für die Jahre 1010, 1020, 1041, 1075 und 1094 genannt (ARENDS 1833), danach erst wieder 1102 und 1114. Als eine der ersten großen Schadensfluten nach dem Bau der Deiche, der um 1000 begonnen hatte, gilt die **Julianenflut**

vom 17.2.1164. Es folgte eine Reihe schwerer Katastrophenfluten, die zu tiefen Meereseinbrüchen entlang der Küste des Wattenmeeres führte. Die **Luciaflut** am 14.12.1287 leitete die Bildung des Dollarts und wahrscheinlich auch des Jadebusens ein (Abb. 6.4, BEHRE 1999). 1338 wurde Berichten zufolge die Eidermündung zu ihrer heutigen Trichterform ausgeweitet (PETERSEN & ROHDE 1977), und am 16.1.1362 zerstörte die **„Große Mandränke"** weite Teile Nordfrieslands. Die alte Insel Strand wurde geteilt, mehrere Dörfer gingen verloren, darunter auch das sagenumwobene Rung-

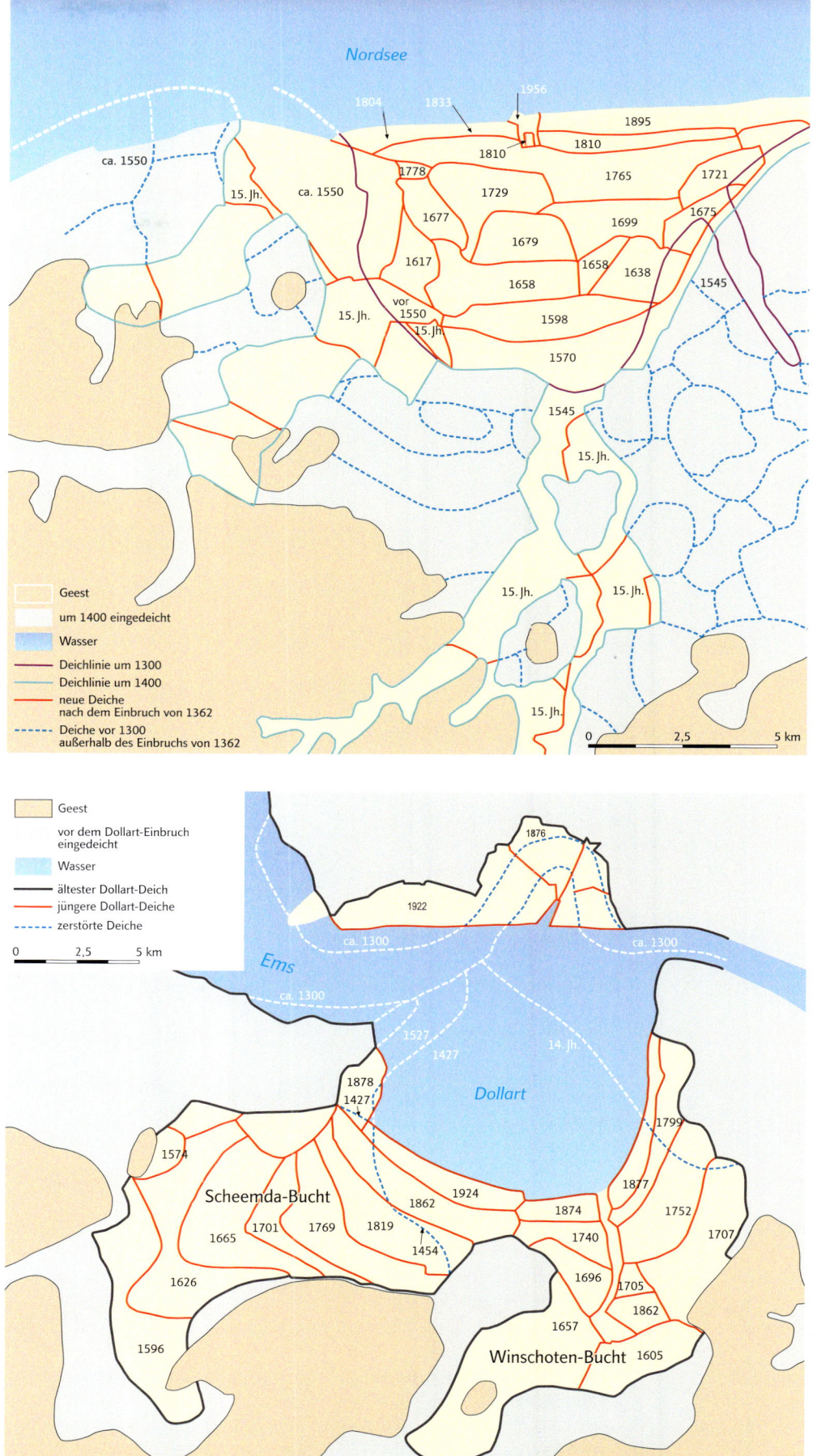

6.5 Ausdehnung und Rückgewinnung der Harlebucht, eines großen Meereseinbruchs von 1362.

holt, dessen Überreste im Watt bei der Hallig Südfall gefunden wurden. In Ostfriesland entstand die Harlebucht, ein zehn Kilometer tiefer, 15 Kilometer breiter Einbruch des Meeres, dessen Ausmaß noch heute am Verlauf der alten Deiche erkennbar ist (Abb. 6.5).

Die großen Sturmfluten des Mittelalters führten nicht schlagartig zum Untergang weiter Landstriche, wie vielfach fälschlich angenommen wird. Zwar wurden bei den großen Katastrophenfluten die bestehenden schwachen Deiche an zahlreichen Stellen durchbrochen, doch setzte die Erosion der ungeschützten Marschflächen danach nur sehr zögernd ein. Es entstanden zunächst große ungeschützte Vorländer, die zwar bei Sturmflut überschwemmt wurden, sonst aber die meiste Zeit des Jahres trockenlagen. Sie waren lediglich von Prielen durchzogen. Es war jedoch mit den Mitteln der damaligen Zeit schwierig, diese Priele abzudämmen und die Lücken der Deiche zu schließen.

Während der Flut vom 26.9.1509 erreichte der Dollart seine größte Ausdehnung (Abb. 6.6, BEHRE 1999). Der Jadebusen erreichte seine größte Ausdehnung nach den Sturmfluten von 1509, 1510 und 1511 (BRANDT 1981); danach setzte auch hier die Rückgewinnung ein. Um diese Zeit war im Bereich der Harle-Bucht bereits mehr Land eingedeicht als vor der Katastrophenflut von 1362 (HOMEIER 1979).

6.6 Meereseinbruch des Dollart und Wiederbedeichung.

Von der **Allerheiligenflut** am 1.11.1570 waren vor allem die Niederlande betroffen. Fünf Sechstel des Landes standen unter Wasser, heißt es. Erste Angaben über Höhen der Flutwasserstände rühren aus dieser Zeit: Die Höhe der Sturmflut von 1532 ist in der Kirche von Klixbüll (Schleswig-Holstein) markiert worden (NN + 4,16 Meter), und die Fluthöhen von 1570 sind an der Kirche von Suurhusen bei Emden (NN + 4,40 bis 4,50 Meter) und in Dangast am Jadebusen (NN + 4,41 Meter) verzeichnet worden (PETERSEN & ROHDE 1977). Größere Landverluste waren jedoch in beiden Fällen nicht zu verzeichnen.

Die Landgewinne setzten sich jedoch bis in das beginnende 17. Jahrhundert hinein fort. Die heutigen Inseln Nordstrand und Pellworm wurden wieder durch Deiche zur neuen Insel Strand miteinander verbunden. Es bestand sogar der Plan, die Rungholtbucht der Insel Strand in Nordfriesland durch einen Deich von Pellworm über Südfall zum heutigen Nordstrand abzuriegeln. Doch dieses Vorhaben wurde nicht ausgeführt (HIGELKE 1982).

Am 11.10.1634 traf Nordfriesland eine weitere Katastrophenflut. Nachdem bereits zu Beginn des Jahrhunderts mehrere Sturmfluten die Deiche beschädigt hatten, ging in dieser **„Zweiten Mandränke"** der größte Teil der hufeisenförmigen Insel Strand nebst einigen Halligen verloren und konnte nicht wiedergewonnen werden.

Eindeichungen und Landgewinne

Im 17. Jahrhundert wurden die Deiche weiter verbessert. Ausgehend von den Niederlanden wurden jetzt Deiche mit einer schwächer geneigten Außenböschung (1:4) und Innenböschung (1:3) gebaut, als sie früher üblich waren. Bei einer absoluten Höhe von drei Metern erreichte der Deich damit eine Basisbreite von 20 Metern. Erstmals wurden 1610 die in Holland entwickelten Schubkarren eingesetzt. Verbesserte Entwässerungstechniken machten es möglich, auch tief gelegene Marschflächen im Schutz der Deiche landwirtschaftlich zu nutzen.

Auch in England machte man sich daran, niedrig gelegene Küstengebiete zu entwässern. In den 30er-Jahren des 17. Jahrhunderts wurde zum ersten Mal versucht, das Land am Rande des Wash urbar zu machen. Der Earl of Bedford und einige *Gentlemen Adventurers* brachten das Geld auf, um

mithilfe niederländischer Experten das Gelände zu entwässern. Der niederländische Ingenieur Cornelius Vermuyden (1590 bis 1677) ließ Windmühlen errichten und schuf ein weitreichendes Entwässerungssystem. Der Erfolg dieser Maßnahmen war jedoch nur von kurzer Dauer. Der Untergrund der Fens besteht aus bis zu 25 Meter mächtigen, überwiegend setzungsempfindlichen Torf- und Kleischichten (GALLOIS 1978). Durch die Entwässerung setzte sich der Torf, und das Land blieb überflutungsgefährdet. Erst gegen Ende des 18. und zu Beginn des 19. Jahrhunderts war es möglich, unter Einsatz kohlebefeuerter Dampfmaschinen die Fens trockenzulegen. (WHEELER 1896).

Mit der schweren Sturmflut von 1634 war die Serie der großen Landverluste entlang der Küste des Wattenmeeres abgeschlossen. Das heißt jedoch nicht, dass die Menschen im Küstengebiet jetzt vor dem „Blanken Hans" – wie die Nordsee bei Sturmflut gern genannt wird – sicher waren. In den Niederlanden führte die Sturmflut 1682 zu schweren Überschwemmungen; 1600 Menschen ertranken (AARTSMA 1977). Die nächste schwere Sturmflut, die auch die deutsche Küste traf, ereignete sich am 25. Dezember 1717. In dieser **Weihnachtsflut** brachen in Norddeutschland und in den Niederlanden zahlreiche Deiche, und große Landstriche wurden überflutet. Die Karte *Geographische Vorstellung der jämmerlichen Wasser-Flutt in Nieder-Teutschland, welche den 25. Dec. A°1717, in der heiligen Christ-Nacht, mit unzählichen Schaden, und Verlust vieler tausend Menschen einen großen Theil derer Herzogth. Holstein und Bremen, die Grafsch. Oldenburg, Frislandt, Gröningen und Nort-Holland überschwemmt hat* (HOMANN 1718), gibt eine Vorstellung vom Ausmaß der Katastrophe; im Detail ist sie aber äußerst ungenau. Die tatsächliche Höhe des Wasserstandes ist nur an drei Stellen dokumentiert (HAGEN 2005).

Damals wurde viel Holz im Seebau verwendet. Scharliegende Seedeiche (Deiche ohne schützendes Vorland) wurden als Fußsicherung gegen die See hin durch Pfahlwerke abgegrenzt. Im Jahre 1730 gerieten diese sogenannten Stackdeiche unversehens in Gefahr: Die mit Schiffen aus Übersee eingeschleppte **Bohrmuschel** *(Teredo navalis)* breitete sich von Friesland her rasant entlang der gesamten Nordseeküste aus. Diese Katastrophe war ein dankbares Thema der zeitgenössischen Berichterstattung. Je weiter man sich vom Meer entfernte, desto ungeheuerlicher erschien das Ausmaß der Bedrohung. Die *Berner Zeitung* schrieb, trotz der Bemühungen Tausender von Männern gruben diese „Würmer" Tag für Tag große Löcher in die Deiche; der Kopf der Tiere sei so hart, dass man ihn mit einem Schmiedehammer nicht zerschlagen könne. Und Elias Baeck in Augsburg berichtete 1732: *„Die General-Staaten haben dieserthalbe schon den 18. October einen Fast- und Bettag durch alle ihre Provinzen angeordnet, mit Befehl an die Prediger, von was Religion sie seyen, das Volk zur Andacht und Buß zu ermahnen um den Zorn Gottes zu besänftigen …"* (abgedruckt in DENDERMONDE & DIBBITS 1956). Gegen die Tiere gab es (und gibt es) jedoch kein Abwehrmittel. Die hölzernen Palisaden mussten durch teure Deckwerke aus Stein ersetzt werden.

Dass man heute wenig von den Bohrmuscheln hört, liegt nicht daran, dass sie inzwischen etwa ausgestorben wären, sondern geht darauf zurück, dass kaum noch Holz im Seebau verwendet wird. Aber am Strand angespültes Treibholz und Torfgerölle weisen häufig Spuren der Bohrmuscheltätigkeit auf (Abb. 5.9 f).

Vor allem in den Niederlanden führten verbesserte Techniken zu neuen Landgewinnungen. Seit Ende des 18. Jahrhunderts wurden Windmühlen zur Entwässerung eingesetzt. Selbst die Trockenlegung des tiefliegenden Haarlemmermeeres konnte jetzt in Angriff genommen werden. Sie wurde 1852 abgeschlossen.

Von der schweren Sturmflut vom 3./4. 2. 1825 war vor allem das nordfriesische Wattenmeer betroffen. In dieser als **„Halligflut"** bezeichneten Katastrophe kamen 800 Menschen ums Leben.

Die Sturmfluten des späteren 19. und frühen 20. Jahrhunderts (1855, 1906, 1911) führten zwar lokal zu schweren Schäden – so musste nach der Flut von 1855 der Ort Wangeroog vom Westende der Insel zur Inselmitte verlegt werden –, doch blieben in Deutschland katastrophale Folgen weitgehend aus. Anders in den Niederlanden. Dort hat eine Sturmflut im Jahre 1916 zu schweren Überflutungen rings um die Zuider Zee geführt. 16 Menschen ertranken. Diese Katastrophe hat dazu geführt, dass die niederländische Regierung beschlossen hat, die Zuider Zee durch einen Deich vom Meer abzutrennen. 16 Jahre später war das Werk vollendet. Am 28. 5. 1932 wurde die letzte Lücke in diesem 30 Kilometer langen Deich geschlossen (DE HAAN & HAAGSMA 1984).

Erst die Sturmflutkatastrophe des Jahres 1953 hat die potenzielle Gefährdung des Küstenraumes wieder stärker in das Bewusstsein gerückt. In der Nacht vom 31. 1./ 1. 2. 1953 wurden in den Niederlanden 143 000 Hektar Land überflutet, fast 2000 Menschen ertranken. Gleichzeitig brachen auch an der englischen Ostküste die Deiche; zwischen Humber- und Themse-Mündung wurden 80 000 Hektar Land überschwemmt. Hier waren über 300 Tote zu beklagen. Die *Great Eastcoast Flood,* wie die **Hollandflut** in England genannt wird, war die größte Katastrophe des 20. Jahrhunderts, die das Vereinigte Königreich in Friedenszeiten betroffen hat (KIME 2005). Knapp zehn Jahre später folgte am 16./17. 2. 1962 die Sturm-

„... soll Euer Deich sich halten, so muss was Lebiges hinein!"

In der Dichtung wird verschiedentlich davon berichtet, dass Tiere oder Menschen bei lebendigem Leibe in die Deiche eingegraben wurden. Die bekannteste Quelle ist *„Der Schimmelreiter"* von Theodor Storm (1888). „Ein Kind ist besser noch!", bekommt der Deichgraf Hauke Haien zu hören, als er den kleinen gelben Hund rettet und seine Arbeiter zur Rede stellt, die ihn eingraben wollen. Und auch im Roman von Waldemar AUGUSTINY (1943) über den Untergang der Insel Nordstrand und ihrer Menschen *„Die große Flut"* wird ein junges Mädchen, das als Hexe gilt, in den Deich geworfen.

Und in Wirklichkeit? WOEBCKEN (1924) berichtet, in Tiebensee in

Norder-Dithmarschen sei ein Hund in den Deich geworfen worden – offenbar die Quelle für den Schimmelreiter. Und als man nach der Weihnachtsflut von 1717 den Deich bei Mariensiel nicht schließen konnte, diskutierten die Arbeiter die Möglichkeit, ein armes Kind zu kaufen und im Deich lebendig zu begraben. Der Plan kam offenbar nicht zur Ausführung. Im Jahre 1596 hatten die Arbeiter beim Deichbau in Steinhausersiel ein taubstummes Kind erworben und in eine Tonne gesteckt. Als man begann, die Tonne zu vergraben, soll das Kind plötzlich gesprochen haben: „Mutters Herz ist härter als Stein." Ob das ausreichte, das Herz der Deichar-

beiter zu erweichen, ist nicht bekannt. Als Graf Anthon Günther 1615 zur Besichtigung des Ellenserdamms angeritten kam, fand er die Arbeiter im Begriff, ein kleines Kind lebendig zu begraben, das die Männer der Mutter abgekauft hatten. Der Graf ließ das Kind wegnehmen und bestrafte die Mutter.

Überliefert sind nur die Fälle, die im letzten Moment verhindert worden sind. Ob diese Dinge tatsächlich geschehen sind, weiß man nicht mit Sicherheit. „Sagen" hat Woebcken das Kapitel betitelt, in das er diese Berichte aufgenommen hat …

6.7 Schafe werden genutzt, um den Boden des Deichs zu verdichten und die Grasnarbe zu pflegen – hier auf einem neuen Seedeich bei Emmerlev, Jütland (2007).

flut in Norddeutschland, bei der 340 Menschen ums Leben kamen.

Die Küsten des Festlandes sind heute durch moderne Deiche geschützt. Völlige Sicherheit kann jedoch nicht erreicht werden. Die Wirkung von Sturmfluten auf Deiche setzt sich aus mehreren Faktoren zusammen. Bei hohem Wasserstand können die Wellen bis zur Deichkrone auflaufen und den Deich überströmen. Dabei besteht die Gefahr, dass die rückwärtige Deichböschung beschädigt wird. Hierzu kommt es vor allem, wenn der Deichkörper bei hohem Wasserstand allmählich durchfeuchtet wird und das Sickerwasser die Auswaschung fördert. Zum anderen können die Wellen, die sich direkt auf der Deichböschung brechen, durch Druckschläge erhebliche Zerstörungen anrichten. Moderne Deiche sind deshalb in der Regel mit einem sanft ansteigenden Profil ausgestattet, auf dem die Wellen langsam auslaufen können. Die meisten Deiche sind mit Gras bedeckt. Um den Boden zu verdichten und um die Grasnarbe kurz und dicht zu halten, werden die Deiche von Schafen beweidet (Abb. 6.7). Nur in Ausnahmefällen, an besonders bedrohten Abschnitten, werden Deiche mit einer Asphaltdecke versehen.

Während die schweren Verluste durch Sturmfluten immer wieder im Mittelpunkt des Interesses stehen, ist in Wirklichkeit die jüngere Vergangenheit eine Zeit großer **Landgewinne**. In den Niederlanden sind allein im 20. Jahrhundert 2500 Quadratkilometer Neuland gewonnen worden; das ist das Dreißigfache der Fläche der Insel Föhr oder die

Fläche von 20 Kartenblättern der Topographischen Karte 1 : 25 000. Zu den größten neuen Poldern gehören die trockengelegten Teile der Zuider Zee sowie die Abdämmung der Lauwerszee.

Probleme des Küstenschutzes

Während bis in die zweite Hälfte des 19. Jahrhunderts die Sicherung des Festlandes für den Küstenschutz die höchste Priorität besaß, hat sich der Schwerpunkt in der Folgezeit aufgrund der veränderten Nutzung des Küstengebiets seewärts verlagert. Die Entwicklung des Fremdenverkehrs hat schon bald massive Eingriffe in die Naturlandschaft nach sich gezogen. Das Seebad in Norderney wurde zu dicht an den Strand gebaut und war rasch vom Uferabbruch bedroht. Küstenschutzbauten wurden erforderlich. Trotz der negativen Erfahrungen auf Norderney hat sich auch das Seebad auf Borkum, das ursprünglich im Schutz der Dünen lag, rasch bis zum Strand ausgedehnt. Das Dorf Wangerooge, das in der Sturmflut am Jahreswechsel 1854/55 vollständig zerstört worden war, war zunächst in geschützter Position im Inselinneren wieder aufgebaut worden. Doch in kurzer Zeit wurden Hotels und Gasthäuser bis an den Strand heran errichtet, sodass auch hier massive Küstenschutzbauten erforderlich wurden.

Zum Schutz bedrohter Küstenabschnitte stehen verschiedene Möglichkeiten zur Verfügung:

- **Ufermauern** wurden zum Schutz unmittelbar bedrohter Ortschaften errichtet. Man findet sie auf Borkum, Norderney, Baltrum, Wangerooge, Föhr, Amrum und Sylt. Auch auf Juist ist 1913 eine 1,4 Kilometer lange Ufermauer errichtet worden, die aber auf Grund positiver Sandbilanz rasch unter jungen Dünen verschwand. Von ihr zeugt nur noch das obere Ende des Handlaufs der Strandtreppe (Abb. 6.8). Auf den niederländischen und dänischen Inseln gibt es keine Ufermauern. Wohl aber in England, wo Mauern zum Schutz der Seebäder zum Beispiel in Cromer, Sheringham, Withernsea und Scarborough errichtet worden sind. Ufermauern haben als Steilkörper ungünstige hydraulische Eigenschaften; sie verstärken die erosive Wirkung der Brandung und führen zu unterernährten Stränden. Schon bald ist man daher dazu übergegangen, anstelle senkrechter Mauern wie in Westerland und Teilen von Baltrum den Schutzbauten ein S-förmiges Profil zu geben.
- Besser geeignet als Ufermauern sind sanft geneigte **Deckwerke** aus Basalt (zum Beispiel Ellenbogen auf Sylt, Norderney), Beton (Wangerooge), Asphalt (zum Beispiel Blidsel, Sylt oder Nordwestspitze Hollands bei Den Helder) oder Granit (neues Deckwerk am Westkopf von Norderney). Ein Deckwerk mit rauer Oberfläche bremst den Wellenauflauf und verhindert auf diese Weise ein Überströmen des Bauwerks. Hölzerne Längswerke, wie sie an der Küste East Anglias in großem Umfang eingesetzt worden sind, sind an der Nordseeküste ungeeignet; sie werden zu rasch von der Brandung zerschlagen. Doch auch Deckwerke halten nicht unbegrenzt (Abb. 6.9).
- **Steinschüttungen** werden meist zur Fußsicherung bestehender Schutzbauten eingesetzt, wenn diese aufgrund fortschreitender Erniedrigung des Strandes drohen, unterspült zu werden (zum Beispiel Wangerooge, Withernsea, Helgoland). Eine Sonderform der Steinschüttung stellt das geordnete oder ungeordnete Einbringen von Tetrapoden aus Beton dar, zum Beispiel auf Sylt (Abb. 6.10).
- **Buhnen** sind zuerst im Strombau zur Flussregulierung eingesetzt worden. Sie sind geeignet, die Strömung von bedrohten Uferbereichen abzuweisen. Diese Eigenschaft kann besonders

6.8 Von der Strandtreppe an der Ufermauer auf Juist (Baujahr 1913) zeugt nur noch das obere Ende des Handlaufs; der Rest der Anlage ist genau wie die gleichzeitig errichteten Buhnen unter frisch angewehten Dünen verschwunden (2007).

6.9 Zerstörte West-
spitze des 1936
erbauten Basalt-
Deckwerks am
Ellenbogen auf Sylt.
Die korrodierte
Spundwand im Vor-
dergrund war ur-
sprünglich Teil des
Deckwerks. Zustand
a) 1976 und
b) 2006.

6.10 Südspitze der Insel Sylt 1968 (a) und 2006 (b). Um die in den 1960er-Jahren zu dicht an den Strand gebaute Kersig-Siedlung zu schützen, wurde ein Längs- und Querwerk aus Tetrapoden errichtet (b, links im Bild). Im Lee dieses Bauwerks setzte starke Erosion ein. Die Kersig-Siedlung konnte erhalten werden. Südlich davon ist das Naturschutzgebiet Hörnum-Odde jedoch zu großen Teilen der Erosion zum Opfer gefallen. Die Sandflächen oben rechts im aktuellen Luftbild stehen im Zusammenhang mit der Umgestaltung des ehemaligen Bundeswehrgeländes.

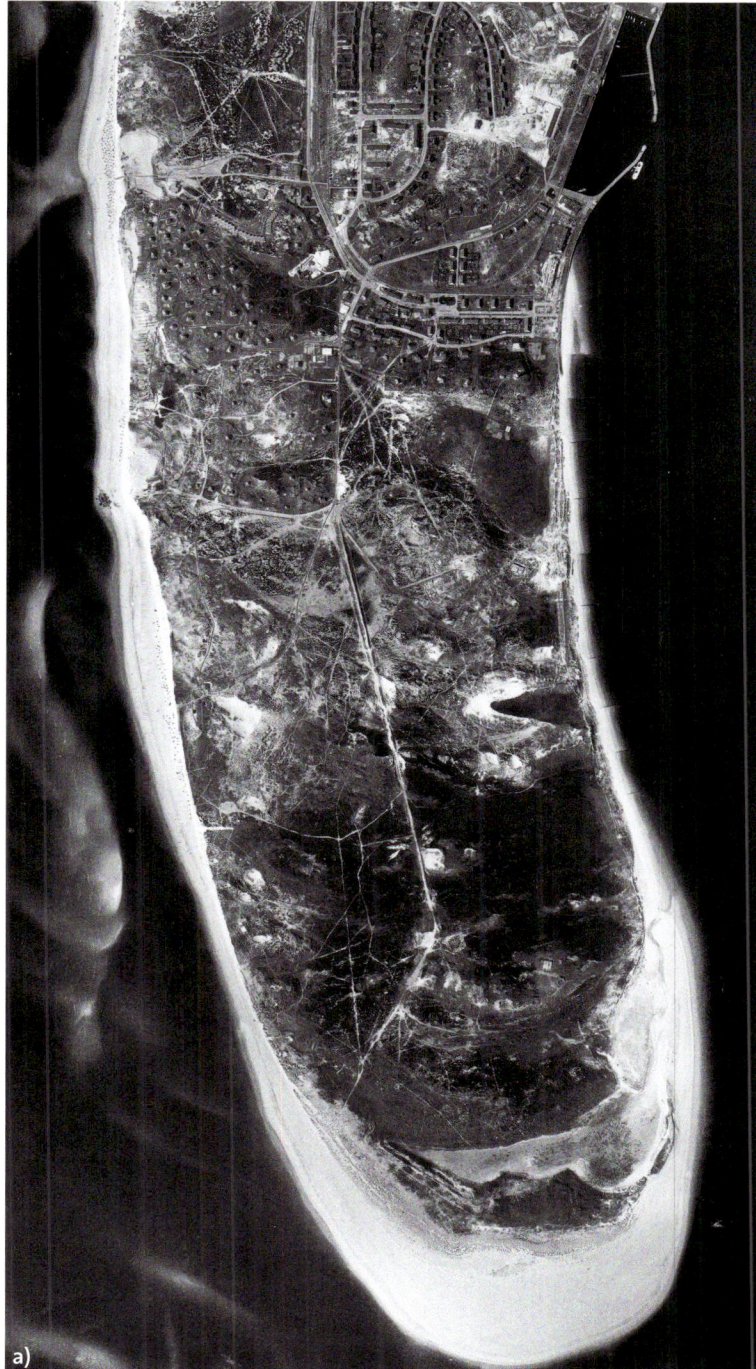

beim Schutz der Westköpfe der Ostfriesischen Inseln vor herandrängenden Seegats genutzt werden (Borkum, Norderney, Baltrum, Wangerooge). Zum Schutz des Strandes sind Buhnen dagegen nur bedingt geeignet. Buhnenfelder erzeugen darüber hinaus ähnlich wie Längsbauten einen Leeseiteneffekt, der zu verstärkter Erosion an den jeweiligen Enden führt. Wenn Buhnen eingesetzt werden, muss demzufolge der gesamte bedrohte Strandabschnitt damit gesichert werden. Buhnen unterscheiden sich in ihrer Bauweise. An der deutschen Nordseeküste sind bevorzugt Buhnen aus Basaltpflaster eingesetzt worden. Leichtere Holzbauten, wie sie vielfach in England verwendet worden sind, sind nicht haltbar genug. Eisenbuhnen, wie sie 1929 bis 1937 auf Sylt eingebaut worden sind, wurden durch die Korrosion zu gefährlichen scharfkantigen Unterwasserhindernissen für Badegäste und mussten aufwendig entfernt werden.

■ Besser geeignet als all diese Ingenieurbauten sind **Sandvorspülungen** (Abb. 6.11). Dabei bleibt der Strand erhalten, und auch benachbarte Küstenabschnitte kommen durch die küstenparallele Verlagerung des Sandes in den Nutzen eines positiven Leeseiteneffekts. Sandvorspülungen sind keine dauerhafte Lösung, sondern müssen im Abstand weniger Jahre wiederholt werden. Bei den ersten Vorspülungen wurde der Sand im Watt gewonnen. Dies hat sich als

nachteilig erwiesen, da die dabei entstehenden Baggerlöcher nur sehr langsam wieder verfüllt werden. Heute wird der Sand in der Regel mehrere Kilometer seewärts des bedrohten Strandes vom Meeresboden gewonnen.

Zahlreiche Untersuchungen sind angestellt worden, um das Verfahren der Sandvorspülungen zu optimieren. Es ist versucht worden, den Sand direkt im Bereich von Buhnenfeldern und Deckwerken aufzuspülen. Doch dieses Verfahren bringt keinen Vorteil. Auch besonders viel Sand aufzuspülen ist nicht günstiger, da mit zunehmendem Sandvolumen die Anfangsverluste der Aufspülung steigen. Von der Sedimentbilanz her sind daher häufig wiederholte Aufspülungen in kleinerem Umfang am sinnvollsten. Da aber die Kosten für kleinere Vorspülungen verhältnismäßig hoch sind, muss aus wirtschaftlichen Gründen ein Kompromiss gefunden werden (KFKI 2001).

Die Sandvorspülungen müssen laufend fortgesetzt werden. Im Jahre 2005 ist auf Sylt eine Million Kubikmeter Sand vorgespült worden; die Kosten pro Kubikmeter Sand betrugen 3½ Euro.

Küstenschutz kann zwar unter erheblichem finanziellen Aufwand die gegenwärtige Küstenlinie verteidigen; das ursprüngliche Landschaftsbild einer Kliffküste geht dabei allerdings verloren. Das Rote Kliff ist hinter dem hoch aufgespülten Strand durch Zerfall des Steilufers heute nicht mehr in alter Schönheit erkennbar, aber der Kern der Insel ist vorerst gesichert (Abb. 6.12).

a)

6.12: Erfolgreiche Sandvorspülung.
a) Auf Sylt, Rotes Kliff bei Wenningstedt, Blick von der Kliffkante nach Norden, 1983. Das damalige Haus Düneck (heute „Gosch am Kliff", Strandstraße 27) lag damals in bedrohlicher Lage.
b) 2006: Durch wiederholte Sandvorspülungen ist das Haus gesichert.

b)

c)

c) Blick vom Strand, 1989: Der Strand ist durch Sandvorspülung verbreitert, das Kliff stabilisiert sich.
d) 2006: Der Strand ist breiter geworden, und das Kliff ist unter dem Sand verschwunden.

d)

Inseln versenken?

Am 30. 8. 2004 schrieb das Hamburger Abendblatt: *„Forscher fordern: Gebt Sylt auf!"* Der Untertitel lautete: *„Küstenschutz – Sandvorspülungen immer teurer. Jetzt schlagen zwei Wissenschaftler vor: Überlasst die Westküste dem Meer! Weg mit Westerland!"*

Im zugehörigen Bericht wird dann beschrieben, wie das aussehen würde: *„Westerland im Jahr 2104: Durch die Ruinen des Bahnhofs weht der Sand. Meerwasser schwappt salzig bis an die Eingangshalle heran. Etwas westlich davon ragen Betonpfeiler aus der Brandung – Überreste der Hochhäuser an der Uferpromenade. Die Menschen haben ihre Habe längst fortgeschafft. Nach Osten, auf die geschützte Wattseite der Insel. – So könnte es in 100 Jahren auf Sylt aussehen …"*

Das klingt, als wollten Küstenforscher die Nordseeinseln versenken. Doch eine Presseerklärung des Alfred-Wegener-Instituts vom 7.9. 2004 stellt richtig: *„Die vollständige Nachricht lautet, weniger Sand auf die Seeseite und dafür mehr auf die Wattseite der Insel zu spülen, denn dort bleibt der Sand viel länger liegen. So machte es die Natur über viele Jahrhunderte: Das Meer lockerte im Westen den Sand und der Wind trieb ihn als Wanderdünen quer über die Insel nach Osten. Was im Westen verloren ging, kam so im Osten wieder dazu. Da Sand nicht mehr in Dörfern und über Straßen geduldet wird, bleibt heute nur der Einsatz von Spülschiffen, die den Sand zur Ostseite bringen. Auf lange Sicht wäre dies auch billiger, als auf einer Linie im Westen zu beharren und diese koste es was es wolle zu verteidigen. Durch die Klimaerwärmung wird eine Sandküste immer schwerer zu halten sein. Doch selbst wenn keine Sandvorspülungen mehr betrieben würden, ginge die Insel nicht unter. Die Nordsee wird sie so lange umlagern, bis sie mit den dänischen Nachbarinseln auf einer Linie liegt. Das aber geht im Schneckentempo vor sich. Deswegen wäre es möglich, Stadt oder Dorf um 100 bis 200 Meter im Jahrhundert zu verlegen und heute dafür die Pläne zu entwerfen. Das war und ist der Vorschlag der Wissenschaft und es wäre schade, wenn er in der hoch wogenden Debatte um das Geld zu versanden droht."*

Diese Darstellung des Alfred-Wegener-Instituts entspricht der Auffassung der meisten Küstenmorphologen (EHLERS 1988a). Eine Inselbarriere entsteht immer im Zusammenspiel der natürlichen Kräfte. Ihre Lage ist abhängig von der Höhe des Meeresspiegels. Steigt der Meeresspiegel, so passt sich das Barrieresystem den veränderten Bedingungen an. Die Inseln verlagern sich landwärts. Unter natürlichen Bedingungen erfolgt diese Anpassung durch Wanderung der Dünen, Erosion auf der Seeseite, gelegentliche Durchbrüche durch die Dünenkette, Überspülung von Sand in Richtung Watt, Ausbildung neuer Dünen.

Diese Prozesse werden gegenwärtig durch Maßnahmen des Küstenschutzes verhindert. Die Festlegung der Dünen verhindert den äolischen Sandtransport quer über die Insel, was besonders auf der quer zur Hauptwindrichtung liegenden Insel Sylt nachteilig zu spüren ist. Die Festlegung der seeseitigen Inselränder führt dazu, dass die Strände unterernährt sind und selbst auf der Wattseite der Inseln Erosionserscheinungen festzustellen waren, denen im Fall der Insel Sylt durch Deckwerke bei List, Blidsel und Keitum entgegengewirkt werden musste. Eine starre Küstenverteidigung birgt die Gefahr, dass bei ständig wachsenden Kosten schließlich die Barriere an Ort und Stelle untergeht, statt sich den veränderten Bedingungen anzupassen (LEATHERMAN 1982).

6.13 Die Küste der Halbinsel Holderness in Yorkshire liegt stark im Abbruch. a) Die Cliff Farm bei Ulrome bekommt bei Sturm die volle Gewalt der Brandung zu spüren (21. 3. 2007). b) Den Bewohnern der betroffenen Häuser wie hier in Aldbrough bleibt nur der Abbruch (16. 1. 2006). c) Auch die Intack Farm südlich von Withernsea ist aufgegeben worden. Für den Abbruch sind die Besitzer selbst verantwortlich. Der Eigentümer hat in diesem Fall ein ähnliches Haus 175 Meter weiter landwärts errichtet (2006).

a)

Die Gefährdung Sylts ist allerdings nicht so stark, wie der oben zitierte Artikel aus dem Hamburger Abendblatt glauben macht. Der Rückgang der Uferlinie bei Westerland betrug vor Anlage der Küstenschutzbauwerke etwa einen Meter pro Jahr. Selbst wenn man nichts mehr in den Küstenschutz investierte, würden die bestehenden Schutzbauten noch für einige Jahrzehnte einen – wenn auch abnehmenden – Schutz gewähren. Der erwähnte Bahnhof von Westerland liegt gut 750 Meter vom Strand entfernt; der Zugverkehr wäre daher bis über das Jahr 2750 hinaus gesichert. Und natürlich hat niemand die Absicht, Westerland aufzugeben.

Welche Art von Küstenschutz durchführbar ist, hängt von der Länge der Küstenlinie ab. Hier gibt es zwischen den Anrainerstaaten der Nordsee starke Unterschiede:

Land:	Länge der Küstenlinie
Belgien	72 Kilometer
Niederlande	451 Kilometer
Deutschland (Nord- und Ostsee)	2389 Kilometer
Dänemark (Nord- und Ostsee)	7314 Kilometer
Großbritannien	12429 Kilometer

In **England** wird daher nicht auf starre Verteidigung, sondern auf Anpassung gesetzt. Zuständig für den Küstenschutz ist das Ministerium für Umwelt, Ernährung und ländliche Räume (Defra). Nachhaltigkeit bestimmt das Handeln. Eine grundlegende Richtlinie der britischen Regierung für die Aufstellung von *Shoreline Management Plans* (SMP) besagt, dass in natürliche Prozesse nur eingegriffen werden darf, wenn Menschenleben oder Be-

sitz in Gefahr sind, wobei die zu ergreifenden Maßnahmen wirtschaftlich machbar und umweltverträglich sein müssen. Das bedeutet, dass nur Siedlungsschwerpunkte weiter geschützt werden, der Rest der Küste den natürlichen Prozessen überlassen bleibt. Der Verlust von Einzelhäusern, kleineren Siedlungen, Caravan-Parks und landwirtschaftlichen Nutzflächen wird dabei in Kauf genommen (Abb. 6.13).

Dies hat erhebliche Härten für die Eigentümer zur Folge, die vom Staat in keiner Weise aufgefan-

b)

c)

6.14 a) Happisburgh im Mai 1998. Links im Bild Leeseiten-Erosion am Ende des hölzernen Längswerks.
b) Happisburgh am 10. 11. 2007. Das Längswerk ist weitgehend zerstört, die neu eingebrachte Fußsicherung aus Felsblöcken ist unwirksam. Die vordere Zeile Häuser der früheren Aufnahme ist verschwunden, und auch die ersten drei Häuser der zweiten Zeile sind dem Uferabbruch zum Opfer gefallen.

gen werden. Gemäß der *Land Drainage, Water Resources and Coast Protection Acts* hat niemand einen Anspruch auf Küstenschutz. Folglich muss keinerlei Entschädigung gezahlt werden, selbst wenn bisher existierende Küstenschutzbauwerke nicht länger unterhalten oder gar abgebaut werden.

Die Küste wird im Rahmen des SMP in kleine Abschnitte aufgeteilt, für die jeweils eine von vier möglichen Optionen beschlossen wird:
1. nicht eingreifen (beobachten und überwachen)
2. die gegenwärtige Küstenlinie halten
3. die Verteidigungslinie nach vorn verlegen
4. die Verteidigungslinie zurückverlegen

In **Yorkshire** lautet die Empfehlung für viele Bereiche der Küstenline „nicht eingreifen" *(Do nothing)*. Die örtlichen Behörden können nach dem *Coast Protection Act* von 1949 auf eigene Faust Küstenschutzmaßnahmen durchführen, die Möglichkeiten auf Kreis- oder Gemeindeebene sind jedoch stark eingeschränkt, da Haushaltsmittel für Küstenschutz in der Regel nicht vorgesehen sind.

Wo eiszeitliche Lockergesteine die Küste von Yorkshire bilden (südlich von Flamborough Head), treten sehr hohe Erosionsraten auf. Im Schnitt weicht die Küste um 1,8 Meter pro Jahr zurück, während die Kreidegebiete im Norden einen kaum messbaren Rückgang zu verzeichnen haben. Auf der Halbinsel Holderness werden lediglich die Ortschaften Bridlington, Hornsea, Mappleton und Withernsea sowie das *Gas Terminal* in Easington geschützt. Private Uferschutzmaßnahmen sind in Skipsea und Ulrome durchgeführt worden. Dadurch beläuft sich der geschützte Teil der Küstenlinie auf eine Gesamtlänge von 11,4 Kilometern (NORTH EAST COASTAL AUTHORITIES GROUP 2007).

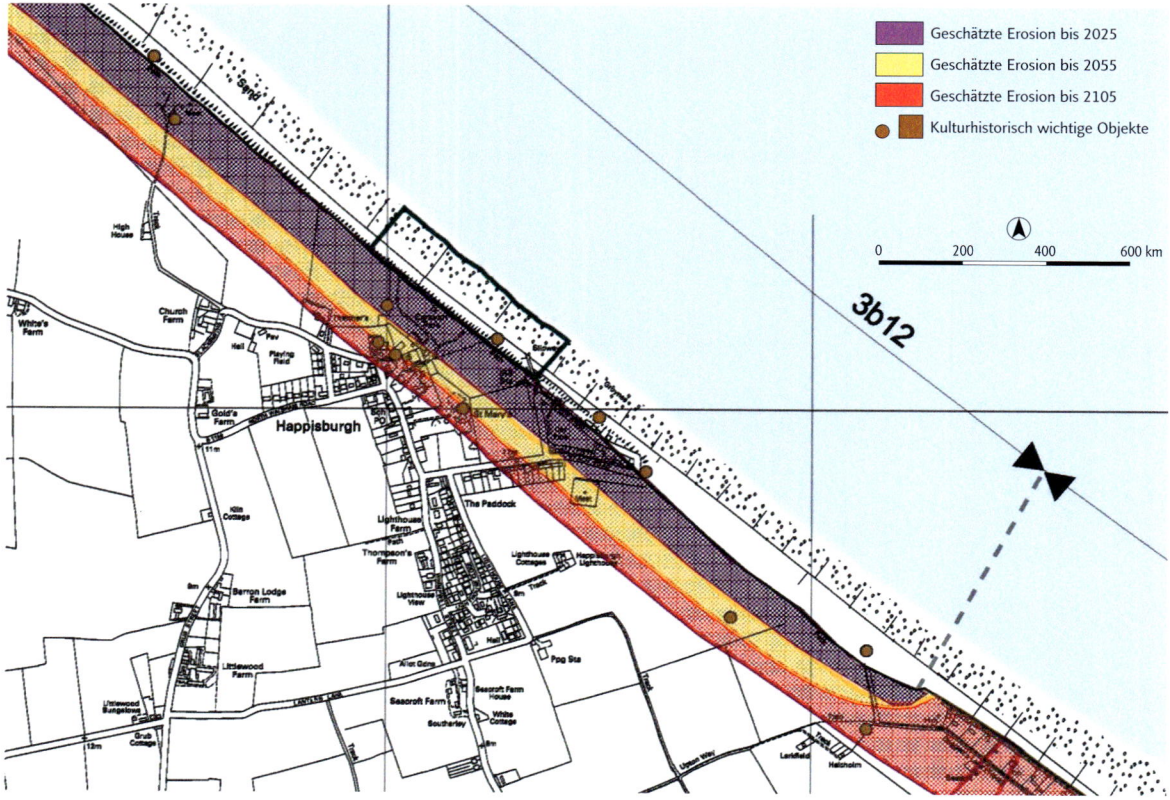

6.15 Der Ausschnitt aus dem Shoreline Management Plan „Kelling to Lowestoft Ness" (2006) zeigt den zu erwartenden Ablauf der Küstenerosion in Happisburgh. Der Verlust wichtiger Kulturgüter (Important Heritage Sites) wird in Kauf genommen. Der östliche Nachbarort ist für die nächsten Jahrzehnte noch durch bestehende Küstenschutzbauten gesichert, soll jedoch langfristig nicht verteidigt werden.

Auch in **Norfolk** wird den natürlichen Prozessen Priorität eingeräumt. Unmittelbar betroffen ist im Augenblick vor allem der Ort Happisburgh. Im Gegensatz zu Yorkshire sind in Norfolk in der Vergangenheit vor größeren Abschnitten der Küste Schutzbauwerke errichtet worden. So begann man 1958 damit, die Küste bei Happisburgh durch ein kurzes Holz- und Stahllängswerk zu schützen. 1961 wurde das Längswerk auf die ganze Länge des Ortes ausgedehnt und durch Holzbuhnen ergänzt. 1970 wurden die Längswerke durch eine kurze Betonmauer in Richtung Norden erweitert. 2003 wurde schließlich eine Steinpackung zur Sicherung des Klifffußes angelegt. Das Holzlängswerk und die Buhnen sind inzwischen auf größeren Strecken zusammengebrochen und weitgehend wirkungslos, die Steinsetzung bremst die

Erosion, hält sie jedoch nicht auf (Abb. 6.14). Alle Schutzwerke werden innerhalb der nächsten zehn Jahre ausfallen. Happisburgh wird damit unmittelbar von der vollen Wucht der geänderten Politik getroffen (Abb. 6.15).

Im *Shoreline Management Plan* für das Gebiet *Kelling to Lowestoft Ness* (2006) heißt es: „*Aufgrund der Auswirkungen auf die gesamte Küstenlinie wäre es unangemessen, Happisburgh zu verteidigen, da der Uferabbruch auf beiden Seiten des Ortes einen Vorsprung in der Küstenlinie schaffen würde, der technisch schwer zu erhalten wäre, und der obendrein den Sandtransport entlang der Küste unterbinden würde. Der zu erwartende Verlust von Wohneigentum und anderen Einrichtungen reicht nicht aus, um den Bau neuer Küstenschutzwerke in diesem Abschnitt zu rechtfertigen.*" Bis 2025 wird mit dem Verlust von gutem Ackerland, Caravan-Park-Land und etwa 15 Wohnhäusern gerechnet. Bis 2105 werden sich die zu erwartenden Verluste auf insgesamt ungefähr 45 Hektar Ackerland sowie Caravan-Park-Land und 20 bis 35 Häuser ausweiten. Wahrscheinlich wird bis dahin auch die St. Mary's Church (Abb. 6.16) sowie das Gutshaus verlorengehen. Der Leuchtturm stünde dann nur noch etwa 30 Meter vom Kliff entfernt.

Das kleine Seebad Sheringham soll dagegen verteidigt werden. Der Ort liegt in einem Bereich mit deutlich negativer Sedimentbilanz. Bereits 1910 musste eine erste Ufermauer errichtet werden, die später durch weitere Mauern und Buhnen ergänzt wurde. Sheringham liegt aber etwa an der Stelle, an der der westwärts gerichtete Sandtransport (Richtung Wash) in einen ostwärts gerichteten Transport (Richtung Yarmouth) umschlägt. Aufgrund der geringen Sedimentmengen, die hier küstenparallel bewegt werden, scheint es sinnvoll, den Ort zu halten, auch wenn dadurch ein Vorsprung in der Küstenlinie entsteht. Dasselbe gilt auch für das östlich benachbarte Cromer.

Ungünstiger ist die Situation dagegen für Overstrand. Hier wird durch die existierende Ufermauer zwar ein gewisser Schutz gewährt. Da dies bereits dazu geführt hat, dass Overstrand einen Vorsprung in der Küstenlinie bildet und den Sandtransport hemmt, soll die Ufermauer nicht ersetzt werden. Dies führt dazu, dass nach einer Übergangszeit von etwa 20 Jahren die „Hold-the-Line"-Politik in eine Phase des Nichteingreifens übergeht. Wenn es dazu kommt, werden bis zum Jahre 2105 etwa 60 bis 135 Häuser verlorengehen.

Der östliche Nachbarort Mundesley soll etwa 50 Jahre verteidigt werden; die Promenade von 1910 hat noch eine geschätzte Lebensdauer von etwa 20 Jahren. Danach werden dann allerdings bis zum Jahre 2105 etwa 215 Häuser verlorengehen, und eine Verlegung der Straße B1159 wird erforderlich sein. Auf 50 Jahre geschützt werden soll auch das Bacton-Erdgas-Terminal.

Der benachbarte Ort Bacton wird nur so lange verteidigt werden, wie die gegenwärtigen Schutzmaßnahmen noch anhalten. Die Betonufermauer von 1954 hat noch eine geschätzte Lebensdauer von unter 15 Jahren. Dasselbe gilt für das südlich anschließende Holzlängswerk von 1991. In gut 20 Jahren soll die Küstenlinie sich an die natürlichen Prozesse anpassen. Dies wird bis 2055 zum Verlust von 195 Häusern, bis zum Jahre 2105 gar zum Verlust von 385 Häusern führen.

Besonders kritisch ist auch der an Happisburgh südöstlich anschließende Küstenabschnitt. Hier schützt nur ein zum Teil dünner Dünengürtel das dahinterliegende ausgedehnte Feuchtgebiet der Broadlands. Küstenschutzmaßnahmen begannen mit dem Bau von Buhnen in den 1930er-Jahren. Diese wurden später durch Betonufermauern, Deckwerke, Wellenbrecher, künstliche Riffe und

6.16 St. Mary's Church. Da der Küstenschutz für Happisburgh aufgegeben worden ist, droht der Kirche in gut 50 Jahren der Untergang (2006).

Sandaufspülungen ergänzt. Ein Einstellen des Küstenschutzes könnte hier großflächige Überflutungen des Hinterlands nach sich ziehen. Jedoch soll langfristig ein Rückzug von der heutigen Verteidigungslinie ins Auge gefasst werden. Je nach Ausmaß kann diese den Verlust von bis zu über 1000 Wohnhäusern zur Folge haben.

Es bleibt abzuwarten, ob die radikalen Maßnahmen des Plans tatsächlich durchführbar sind. Der *North Norfolk District Council* hat den Plan nicht akzeptiert und stattdessen zwei Millionen Pfund für Ausbesserungsarbeitern an den existierenden Küstenschutzbauwerken investiert, um Zeit zu gewinnen, eine für die betroffenen Bürger günstigere Lösung zu erarbeiten (NORTH NORFOLK DISTRICT COUNCIL 2007). Der *Shoreline Management Plan* hat jedoch schon jetzt eine erhebliche psychologische Wirkung. Darin veröffentlichte Karten des zu erwartenden Uferrückgangs sind eine deutliche Warnung für alle, die planen, ihr Haus oder ihren Betrieb unmittelbar an der Küste zu errichten, und dürften dazu beitragen, dass bei künftigen Bauvorhaben ein gebührender Sicherheitsabstand von der Küste eingehalten wird.

Silber aus dem Meer – Wal- und Fischfang

Walfang

Zu Beginn des 17. Jahrhunderts hatte sich eine neue Einkommensquelle für die Küstenbewohner der Nordsee aufgetan: der Walfang. In den Jahren 1610 und 1611 begannen die Engländer, in den Gebieten um Spitzbergen und Grönland auf Walfang zu gehen. Ein Jahr später folgten die Niederländer, die rasch eine beherrschende Stellung unter den Walfängern einnahmen. Die Franzosen gesellten sich 1613 dazu (FALK 1983). Hamburg war die erste deutsche Stadt, die sich ab 1643 am Walfang beteiligte (OESAU 1955). Dänische Städte folgten – zunächst Kopenhagen (1763), dann in rascher Folge Tønder, Ribe, Kiel, Elmshorn, Kollmar, Itzehoe und Brunsbüttel (FALK 1983).

Zunächst waren die Seegebiete um Spitzbergen und Grönland reich an Walen, und der Walfang erwies sich als extrem gewinnträchtig. Viele Bewohner der Küste des Wattenmeeres musterten auf Walfängern an, und diese Zeit wird oft als das „Goldene Zeitalter" bezeichnet. Besonders von den Inseln stammte eine große Zahl von Walfängern, von denen viele in verantwortlicher Position als Steuerleute oder Kapitäne *(Commandeurs)* an den Unternehmungen teilnahmen. Föhr hatte damals eine Gesamtbevölkerung von 4500 Einwohnern; 1500 Männer waren im Walfang beschäftigt. Das ist ein Anteil der männlichen Bevölkerung von etwa 70 Prozent (QUEDENS 1985, FALK 1983). Da diese Männer für die meiste Zeit des Jahres auf See waren, musste die Landwirtschaft von den wenigen Zurückgebliebenen und von den Frauen übernommen werden. Der Deichbau auf Föhr begann zum Beispiel besonders spät, da die Landwirtschaft als sekundär angesehen wurde und nicht genügend männliche Arbeitskräfte zur Verfügung standen (QUEDENS 1985).

Die Abb. 7.1 zeigt den Grabstein des „glücklichen Matthias" auf dem Friedhof der Kirche St. Laurentii auf Föhr. Aber der Walfang brachte

7.1 Das Grabmal des „glücklichen Matthias" auf Föhr (2005).

(Quelle: Webseite der ev.-luth. Kirchengemeinde St. Laurentii auf Föhr, www.kirche-foehr.de)

Grabinschrift
Matthias Petersen
Nat: Oltsumi D: 24 Dec: 1632
Denat: D: 16 Sept: 1706, Rei
Nauticae, in Gronlandiam
peritissimus, ubi incredibili successu
373 Balenas
cepit, ut inde omnium
suffragio nomen
‚Felicis Adeptus sit; et coniux
Inge Matthiessen Nat:
D. 7 Oct: 1641 Den: D: 5 April 1727
Securus morte est, qui
scit se morte renasci
mors ea non dici, sed
nova vita potest.

Matthias Petersen
geb: in Oldsum den 24. Dec: 1632
gest: den 16. Sept: 1706. Er
war in der Schifffahrt nach Grönland sehr kundig,
wo er mit unglaublichem Erfolg
373 Wale
gefangen hat, sodass er von da an mit Zustimmung aller den Namen
„Der Glückliche" annahm; und dessen Frau
Inge Matthiessen geb:
den 7. Oct: 1641 gest: den 5. April 1727.
Ruhig im Tode ist der, welcher
weiß, dass er aus dem Tode
wiedererstehen wird; Tod kann das
nicht genannt werden, sondern ein neues Leben.

nicht nur Wohlstand, er war auch ein äußerst gefährliches Unternehmen, und die Verluste waren hoch. KROHN (1949) hat ausgerechnet, dass auf Sylt in dieser Zeit etwa 50 Prozent der männlichen Bevölkerung auf See gestorben sind. Die meisten Unfälle waren darauf zurückzuführen, dass die eigentliche Jagd auf die Wale in kleinen, zerbrechlichen Booten ausgeführt wurde, die einem zufälligen Schlag mit der Schwanzflosse eines harpunierten Wals nicht standhalten konnten.

Nur wenige Walarten waren mit den damaligen Mitteln überhaupt zu erjagen. Finnwale und Blauwale erreichen eine Geschwindigkeit von bis zu 50 Stundenkilometern und waren für geruderte Boote uneinholbar. So waren es vor allem die langsameren **Pottwale,** auf die sich der Walfang konzentrierte. Schon bald waren die reichen Fanggründe vor Spitzbergen erschöpft, und der Fang verlagerte sich in die Gewässer um Grönland. Die Gefahr der Überfischung oder gar der Ausrottung der Wale wollte man nicht wahrhaben. Man war vielmehr der Ansicht, dass die großen Meeressäuger sich zu Schwärmen zusammenschlössen, um so vereint ihren Fängern auszuweichen (MELVILLE 1851).

Ab Mitte des 19. Jahrhunderts, als durch Dampfschiffe und den Einsatz von Harpunenkanonen auch schnelle und große Walarten erlegt werden konnten, ging man dazu über, auch Finnwale und Blauwale zu jagen. Am attraktivsten aufgrund ihrer Größe waren zunächst die **Blauwale.** Die Vorräte schienen unerschöpflich. Noch 1920 wurden die Bestände an Blauwalen auf 220 000 Exemplare geschätzt. Doch zeigte sich bald, dass der Walbestand gefährdet war. Seit den 1930er-Jahren

begann man, sich allmählich um den Schutz der Wale Gedanken zu machen. Doch allein 1930/31 wurden 30 000 Blauwale getötet; das sind wesentlich mehr als der heutige Gesamtbestand, der auf 10 000 bis 20 000 geschätzt wird. Seit 1972 besteht ein generelles Fangverbot für Blauwale.

Als der Bestand an Blauwalen erschöpft war, ging man dazu über, verstärkt die deutlich kleineren **Finnwale** zu jagen. Die ursprüngliche Population wird auf 400 000 auf der Südhalbkugel und 70 000 auf der Nordhalbkugel geschätzt. 1937/38 wurden 28 000 Finnwale im Südpolarmeer erbeutet. Die Bestände gingen schließlich auf etwa 5000 Exemplare zurück, haben sich aber bis heute wieder einigermaßen erholt und liegen bei insgesamt etwa 55 000 Exemplaren.

Die Regenerationsfähigkeit der Bestände ist dadurch eingeschränkt, dass die Wale ein sehr hohes Lebensalter haben (bis zu über 100 Jahre) und sich sehr langsam vermehren. Finnwale erreichen die Geschlechtsreife erst nach sechs bis zehn Jahren und bringen dann nach einer Tragzeit von zwölf Monaten einzelne Junge zur Welt, die sechs Monate lang gesäugt werden.

Der Schutz der anderen Walarten hat später eingesetzt und ist bis heute unvollständig. 1946 wurde die *International Convention for the Regulation of Whaling* (ICRW) abgeschlossen. Von der ICRW wurde zur Regulierung des Walfangs die *International Whaling Commission* (IWC) gegründet. Diese hat 1982 den Beschluss gefasst, dass jeglicher kommerzieller Walfang ab der Saison 1985/86 einzustellen sei. Nicht alle Länder sind diesem Beschluss gefolgt. In Europa ist es vor allem Norwegen, das weiterhin den **Nördlichen Zwergwal** jagt. Die

Seemannsgarn?

7.2 „Die Kathleen aus New Bedford sinkt mitten im Ozean, nachdem sie von einem ungeheuren Wal gerammt worden ist. Die Flaggen an den Mastspitzen fordern die Fangboote auf, zum Schiff zurückzukehren [...]" (o. Verf. 1915).

„Als der Wal den Schwall des heranrauschenden Bootes hörte, fuhr er herum, um dem Angreifer die Stirn zu bieten [...]" (MELVILLE 1851). Regelrechte Angriffe der Wale, die sich gegen ihre Jäger gewendet hatten, waren selten, sind aber nicht auf die Versenkung der „Pequod" in Melvilles Roman „Moby Dick" beschränkt. Melvilles Quelle waren Aussagen von Überlebenden der „Essex", eines Walfangschiffes, das 1820 im Südpazifik von einem Wal gerammt und zum Kentern gebracht wurde. Das war kein Einzel-

fall. So wird von Angriffen auf die „Pusie Hall" (1835), die „Lydia" und „Two Generals" (beide 1836) berichtet sowie vom Untergang der „Pocahontas" (1850) und der „Ann Alexander" (1851). Der Bericht über den Angriff auf die „Kathleen" 1902 kann sogar mit einem Foto aufwarten (Abb. 7.2). Bei genauerem Hinsehen erkennt man allerdings, dass die drei Flaggen an den Mastspitzen nachträglich eingezeichnet sind, genau wie der Wal, der angeblich gerade das Schiff versenkt. Die Abbildung ist eine Fälschung.

kommerzielle Jagd auf den Zwergwal hat erst in den 1970er-Jahren begonnen, als die Bestände der anderen Walarten erschöpft waren. Auch die Færøer sind dem Abkommen zur Regulierung des Walfanges nicht beigetreten und betreiben Walfang in den Buchten der Inselgruppe. Island hat das Abkommen gekündigt und 2006 den kommerziellen Walfang wieder aufgenommen.

Fischerei

„Klaus Mewes fischt auf der Doggerbank, hundertfünfzig Seemeilen hinter Helgoland auf der Höhe von Hornsriff. Mit der abnehmenden Sonnenwärme haben die Fische die seichten Küsten verlassen und sind nach der Mitte der Nordsee, in die Tiefe geschwommen, wo das Wasser wärmer und der Grund stiller ist. Wer noch einen guten Streek tun will, der muss Helgoland und Neuwerk weit hinter sich lassen und sich schutzlos der weiten See anvertrauen …" (FOCK 1912).

Als Romanheld Klaus Mewes mit seinem Ewer unterwegs war – das Buch spielt im Jahre 1887 –, fuhren von der Elbe bei Hamburg noch an die 300 Kutter und Ewer auf Fischfang, 187 allein von Finkenwerder, kenntlich am H. F. am Bug und auf den Segeln, 83 von Blankenese (H. B.), und der Rest von Cranz, Mühlenberg, Teufelsbrück oder vom „lüneburgischen Finkenwerder", dem Teil der Elbinsel, der damals nicht zu Hamburg gehörte. Doch die Blütezeit des Fischfangs war schon vorbei, und Gorch Fock schreibt: *„Die Zeiten sind schon nicht mehr danach, dass man mit dem Sommerfang auskäme: es muss auch winters gefischt und verdient werden.'* Heute gibt es keine Hochseefischerei mehr in Finkenwerder; der letzte große Kutter wurde in den 90er-Jahren des vorigen Jahrhunderts verkauft.

In den 17 Häfen der niedersächsischen Küste sind noch rund 140 Fischereifahrzeuge im Einsatz, die alle in der Küstenfischerei tätig sind. Gefangen werden vor allem Krabben von März bis September. Ab April wird auf einigen Kuttern zusätzlich Plattfisch gefangen, vor allem Seezungen und Schollen. Dieser Erwerbszweig ist jedoch stark rückläufig, da die Bestände in der inneren Deutschen Bucht erschöpft sind. Bis in die 1990er-Jahre war vor der niedersächsischen Küste im Winter auch noch der Fang von Kabeljau möglich, doch hat der Bestandsrückgang diese Art des Fischfangs inzwischen völlig zum Erliegen gebracht. Außer der Küstenfischerei wird noch in geringem Umfang Flussfischerei in Elbe, Weser und Ems betrieben.

Fünf Kutter sind mit der Miesmuschelfischerei eingesetzt. Wildbestände sind zuletzt 1999 gefischt worden. Die Muscheln werden heute auf eigens zu diesem Zweck angelegten Muschelbänken gezüchtet und geerntet. Insgesamt 1300 Hektar Kulturfläche im niedersächsischen Watt werden auf diese Weise bewirtschaftet. Die Miesmuschelfischerei wird seit 2000 von der Nationalparkverwaltung wissenschaftlich begleitet. Die Erträge sind stark witterungsabhängig. Kalte Winter führen zu guten Erträgen, doch die kalten Winter sind selten geworden.

Die Fischerei in der Nordsee hat eine lange Tradition. Einige Städte sind durch den Fischfang groß geworden, so zum Beispiel Ålesund (Abb. 7.3) und Hull. Bei der **Hochseefischerei** wird zwischen der Kleinen und der Großen Hochseefischerei unterschieden. In der Kleinen Hochseefischerei werden etwa 18 bis 32 Meter lange Fischkutter eingesetzt, die wenige Tage auf See bleiben und mit einer Besatzung von vier bis sechs Mann auskommen. Die gesamte Nordsee zählt zum Einsatzgebiet der Kleinen Hochseefischerei. Die Große Hochseefischerei sucht weiter entfernte Fanggebiete auf. Hier sind größere Trawler und Vollfroster im Einsatz, die in der Regel drei Monate auf See bleiben.

Ursprünglich waren alle Fischereifahrzeuge als Seitenfänger konstruiert, das heißt, das Netz wurde seitlich ausgebracht und wieder eingeholt. Nach dem Zweiten Weltkrieg haben sich dann die Heckfänger durchgesetzt *(stern trawler)*, weil diese Fangmethode ein schnelleres und sichereres Einholen der Netze ermöglicht.

Bei der Hochseefischerei unterscheidet man zwischen aktiver und passiver Netzfischerei. Zur passiven gehören die **Treibnetze:** Das sind Vorhänge aus Netzen, deren oberer Rand – der Obersimm – mit Schwimmern (Glaskugeln, Kork oder Plastikschwimmern) versehen ist, der untere Rand – der Untersimm – dagegen mit Eisenketten oder Bleigewichte beschwert wird. Auf diese Weise wird das Netz in eine senkrechte Position gebracht. Sind die Gewichte schwerer als der Auftrieb der Schwimmer, so sinkt die Unterkante des Netzes bis auf den Meeresgrund. Man spricht dann von einem Stellnetz. Sind die Gewichte leichter, so kann das Netz als Treibnetz an der Oberfläche schweben oder in jeder gewünschten Tiefe. Diese Art des Fischfangs wird als passive Netzfischerei bezeichnet, weil die Netze ortsfest sind; die Fische werden nicht in das Netz getrieben, sondern verfangen sich darin mit ihren Kiemen oder Flossen. Die Maschengröße entscheidet über die Zusam-

7.3 Ålesund in Norwegen, am nördlichsten Rand der Nordsee, ist durch den Fischfang groß geworden. 1848 erhielt der Ort die Stadtrechte. 1905 ist Ålesund fast vollständig abgebrannt. Der Ort wurde mit großzügiger Hilfe Kaiser Wilhelms II. wieder aufgebaut. Die Innenstadt ist vollständig im Jugendstil errichtet worden (2006).

mensetzung des Fanges. Treibnetze werden zum Fang pelagischer Arten wie Heringe, Makrelen, Lachs oder Dorschartige eingesetzt.

Die aktive Netzfischerei wird auf zwei verschiedene Arten betrieben. Die **Ringwade** *(purse seine)* wird gezielt gegen optisch oder mit Echolot wahrgenommene Schwärme (Lachs, Makrele, Thunfisch, Sardinen, Heringe, Sprotten) eingesetzt. Hat man einen Schwarm geortet, so wird er mit einem schnellen Boot umkreist, wobei ein bis zu 500 Meter langes Netz ins Wasser gelassen wird, dessen Obersimm von Schwimmern an der Wasseroberfläche gehalten wird und dessen Untersimm in einer Wassertiefe von 50 bis 100 Metern hängt. Wenn das Boot seinen Ausgangspunkt wieder erreicht hat, sodass der Schwarm im Inneren der Ringwade eingeschlossen ist, wird der Untersimm durch eine Schnürleine zugezogen. Das nun geschlossene Netz wird mit einen Powerblock an Bord des Fischdampfers geholt.

Schleppnetze sind große trichterförmige Netze, die entweder von einem oder von zwei Booten (Trawler) an zwei Kurrleinen geschleppt werden.

Damit das Netz offen bleibt, ist der obere Rand der Netzöffnung mit Schwimmern versehen, während der untere Rand durch Gewichte (Grundtau mit Rollgeschirr) nach unten gezogen wird. An der Kurrleine sind außerdem schräggestellte Scherbretter angebracht, die beim Schleppvorgang nach außen ziehen, sodass das Netz zu den Seiten hin offen bleibt. Eine besondere Variante ist das Baumnetz (Baumkurre, *beam trawl*), bei dem das Netz durch eine waagerecht angebrachte Stange offen gehalten wird. Da die Heringsschwärme sich nicht an der Wasseroberfläche aufhalten, wird hier ein spezielles pelagisches Schwimmschleppnetz *(flyde trawl)* verwendet. Es wird meist von zwei Booten geschleppt und kann auf jede gewünschte Tiefe eingestellt werden. Für bestimmte Zwecke werden Grundschleppnetze eingesetzt, die mit dem Grundtau und dem Unterblatt mit dem sogenannten Steerk *(cod end)* über den Meeresgrund gleiten und alles aufnehmen, was vor die Netzöffnung gelangt. Der Einsatz von Grundschleppnetzen setzt voraus, dass der Meeresboden frei von Hindernissen ist. Da bei dieser Fangmethode der Boden aufgewühlt wird, ist davon auszugehen, dass das Leben am Meeresgrund empfindlich gestört wird.

Langleinenfischerei, bei der im Extremfall bis zu 130 Kilometer lange Leinen mit über 20 000 Köderhaken zum Einsatz kommen können, wird vor allem auf der Südhalbkugel betrieben. In der Nordsee werden **Langleinen** in wesentlich geringerem Umfang zum Kabeljaufang verwendet. Der Vorteil dieser Fangmethode liegt darin, dass gezielt bestimmte Fischarten geködert werden können. Ein Nachteil ist, dass unerwünschter Beifang von Seevögeln recht hoch sein kann.

In der Nordsee werden vor allem Kabeljau, Schellfisch, Wittling, Seelachs, Scholle, Seezunge und Kaisergranat gefischt. Der Fang ist vor allem auf die Nördliche Nordsee und – in geringerem Ausmaß – auf den östlichen Kanal (nur Kabeljau und Wittling) konzentriert. Die Plattfische Scholle und Seezunge werden überwiegend in der Südlichen Nordsee und im östlichen Kanal gefischt. In der zentralen Nordsee findet dagegen kaum Fischfang statt (Rätz et al. 2005).

Jedes Jahr werden in der Nordsee etwa zwei Millionen Tonnen Fisch gefangen. Ein erheblicher Anteil davon (mehr als die Hälfte) ist nicht für den menschlichen Verzehr bestimmt. Vor allem Sprotte, Kleiner Sandaal, Stintdorsch, Wittling und auch Teile des Heringsfangs werden zu Fischmehl und Fischöl verarbeitet. Etwa 700 000 Tonnen dienen der menschlichen Ernährung (vor allem Hering und Makrele). Viele Arten von Schwarmfischen sind seit den 1980er-Jahren ständig zurückgegangen und haben heute den niedrigsten jemals ermittelten Stand erreicht. Das krasseste Beispiel hierfür ist der Kabeljau. Da auch in den letzten Jahren sehr wenig Nachwuchs zu verzeichnen war, ist die Krise des Kabeljaus so bald nicht überstanden. Ein effektiver Schutz für den Kabeljau ist politisch schwer durchzusetzen, da Kabeljau gemeinsam mit anderen Arten gefischt wird und eine Sperrzone zwangsläufig unerwünschte Auswirkungen auf die Fangerträge anderer Arten haben würde (ICES 2003).

Die **Beschränkung der zugelassenen Fänge** wird nur theoretisch eingehalten. Zwar wurde 2003 die zulässige Fangmenge von Kabeljau in der Nordsee von 30 000 Tonnen knapp unterschritten. Die tatsächlichen Fänge sind jedoch wesentlich höher anzusetzen, da bei dieser Zahl die Rückwürfe zu kleiner Fische *(discards)*, die in der Regel tot sind, und Schwarzmarktanlandungen nicht berücksichtigt werden. Die wahre Fangmenge wird auf 73 000 Tonnen geschätzt, was einer Überfischung des TAC *(Total Allowable Catch)* um mehr

als 140 Prozent entspricht. Durch Überfischung hat die Menge der geschlechtsreifen Fische von 250 000 Tonnen Anfang der 1970er-Jahre auf 46 400 Tonnen im Frühjahr 2004 abgenommen. Die Überfischung der Bestände führt dazu, dass mit zu hohem Aufwand zu wenige Fische gefangen werden. Bei nachhaltigem Fischmanagement könnten jährlich 300 000 Tonnen mit etwa 50 Prozent der heutigen Fangflotten gefischt werden (Rätz et al. 2005).

Ein großes Problem besteht darin, dass zum Beispiel beim Fischen mit zu engmaschigen Schleppnetzen der Anteil des Rückwurfs sehr hoch ist. Bei einer gezielten Seelachsfischerei mit Schleppnetzen mit einer Maschenweite von 100 Millimetern werden hohe Anteile vor allem von Kabeljau, Schellfisch und Schollen als ein- bis zweijährige Jungtiere gefangen. Bei einer Maschenweite von 110 Millimetern wäre dieser Beifang erheblich reduziert. Am größten sind die Verluste beim Fischen mit der Baumkurre und Maschenöffnungen von acht Zentimetern, wie sie für den Schollen- und Seezungenfang zugelassen sind. Auf diese Weise werden überwiegend zu kleine Jungschollen gefangen, die nicht vermarktet werden können; die Rückwurfrate liegt bei etwa 80 Prozent (Rätz et al. 2005). Von einem nachhaltigen Fischfang in der Nordsee ist man noch weit entfernt.

Großbritannien ist noch immer eine der größten Fischereinationen Europas. Die Abnahme der Fischbestände und die damit einhergehenden Einschränkungen haben dazu geführt, dass sich die Zahl der Schiffe, die im Fischfang eingesetzt waren, von 1994 bis heute um 34,6 Prozent auf 6735 Fahrzeuge verringert hat; gleichzeitig sank die Zahl der Fischer um 56,9 Prozent auf 11 774, von denen wiederum 22,1 Prozent nicht voll in der Fischerei beschäftigt sind (Wehling 2007). Auch die Gesamtmenge des angelandeten Fischs hat sich deutlich verringert; sie ging von 1998 bis 2003 allein um 31,6 Prozent zurück. Etwa die Hälfte der in Großbritannien angelandeten Menge an Fisch wird in der Nordsee gefangen. Von vielen kleinen Häfen aus wird nach wie vor Fischfang betrieben (Abb. 7.4). Die mit Abstand wichtigsten Fischereihäfen der Britischen Inseln sind Peterhead und Fraserburgh in Schottland und Lerwick auf den Shetland-Inseln. In den „klassischen" Fischereihäfen wie Whitby und Grimsby wird heute nur noch ein Bruchteil des Ertrags angelandet. Auch in Hull zeugen nur noch ein Museumsfischdampfer und die Fische im Straßenpflaster (Abb. 7.5) von der ehemaligen Blütezeit der Fischerei. Neben der

7   Wal- und Fischfang

7.4 Fischernetze in Macduff, Schottland, einem kleinen Fischereihafen mit einer Werft, auf der Fischkutter gebaut und repariert werden (2007).

a)

b)

7.5 Bald nur noch Geschichte? a) „Fisher Jessie" – Denkmal für eine typische Fischersfrau in Peterhead. Bis in die 1950er-Jahre fand hier noch ein direkter Warenaustausch zwischen Fischern und Bauern statt (2007). b) In Hull verweisen nur noch die Fische im Pflaster der Gehwege auf den ehemaligen Glanz der Fischerei (2007).

Hochsee- und Küstenfischerei nimmt die Aufzucht
von Fischen, vor allem Lachsen, in **Fischfarmen**
immer mehr an Bedeutung zu (Abb. 7.6). Hier
liegt das Schwergewicht an der schottischen Westküste mit den vorgelagerten Inseln, aber auch auf
den Orkneys und Shetlands (WEHLING 1991 und
2007).

   Ähnlich wie einst beim Walfang droht auch den
Fischern die Erschöpfung der Bestände. Die Vorräte an Fisch sind begrenzt. Während im Jahre 1950
weltweit lediglich 20 Millionen Tonnen Fisch gefangen oder gezüchtet wurden, ist diese Zahl heute auf über 140 Millionen Tonnen pro Jahr gestiegen. Etwa 50 Millionen Tonnen entfallen allein
auf die Volksrepublik China. Während der Fang
an Seefischen seit den 1980er-Jahren stagniert,
hat die Fischzucht (Aquakultur) in den letzten
Jahrzehnten erheblich an Bedeutung zugenommen. Weltweit haben die Erträge in jüngster Zeit
eine jährliche Zuwachsrate von acht Prozent zu
verzeichnen (FAO FISHERIES AND AQUACULTURE DE-
PARTMENT 2007). Es ist denkbar, dass die Fischzucht
den marinen Fischfang innerhalb der nächsten 20
Jahre an Bedeutung einholt. Nicht alle ökologischen Probleme, die diese Art der Fischerei mit
sich bringt, sind bisher gelöst. Zwar ist es gelun-
gen, den Einsatz von Antibiotika in der Massen-
fischhaltung erheblich zu reduzieren, doch benötigen fleischfressende Fische wie Lachse tierisches
Eiweiß. Sie werden mit Fischmehl gefüttert, wodurch der Druck auf andere Fischarten erhöht
wird.

Nicht nur Öl und Gas – die natürlichen Ressourcen und ihre Nutzung

Öl und Gas

Das erste Erdgas in der Umgebung der Nordsee wurde durch Zufall entdeckt. Am 4.11.1910 stieß eine Wasserbohrung in Hamburg-Neuengamme in 280 Meter Tiefe überraschend auf Gas, das mit großer Gewalt aus dem Bohrloch schoss und sich kurz darauf entzündete. Der hölzerne Bohrturm ging in Flammen auf, doch das war unwichtig. Erdgas in Hamburg! Die Presse war begeistert. Wo Gas war, gab es bestimmt auch Öl. Schon wurden Vergleiche mit Pennsylvania und Baku angestellt, doch die Sensation blieb aus. Es dauerte bis 1937, bis das zugehörige Ölfeld in Reitbrook entdeckt wurde.

Auch in England verlief die Suche nach Erdöl zunächst ziemlich erfolglos. Im Ersten Weltkrieg hatte man in Schottland und bei Hardstoft (Derbyshire) geringe Ölvorkommen entdeckt. Doch erst bei Ausbruch des Zweiten Weltkrieges wurden ernsthafte Anstrengungen unternommen, diese Lagerstätten zu nutzen. Der beängstigende Ölmangel auf dem Höhepunkt des U-Boot-Krieges führte schließlich dazu, dass mit amerikanischer Hilfe das Feld Dukes Wood (Nottinghamshire) in Rekordzeit erschlossen wurde. Wurden im Jahre 1942 noch 6002 Tonnen gefördert, so waren es 1943 schon 60 150 Tonnen, wobei eine Tonne Öl 7,5 Barrels entspricht. Die Ausbeutung des Ölfeldes ließ sich vor den Kriegsgegnern weitgehend geheim halten, da die Anlagen in einem Waldgebiet lagen. Doch auch das weithin sichtbare deutsche Gegenstück, das Ölfeld Reitbrook bei Hamburg, ist von Luftangriffen verschont geblieben. Hier waren Anfang 1940 zeitweilig 43 Bohranlagen gleichzeitig im Einsatz; im Laufe des Jahres wurden 357 154 Tonnen Öl gefördert. Diese hohen Förderraten ließen sich jedoch nicht aufrechterhalten; ab 1943/1944 konnte die Produktion bei 31 000 Tonnen pro Jahr gehalten werden.

Im Jahre 1959 wurde das Gasfeld Groningen in den Niederlanden entdeckt. Als das Ausmaß der Lagerstätte bekannt wurde, lag es auf der Hand, die Umgebung des Gebietes in die weitere Exploration mit einzubeziehen. Man war sich der Tatsache wohl bewusst, dass auch im Bereich der Nordsee Öl- und Gasvorkommen liegen könnten, doch schien die Erschließung aufgrund des sehr niedrigen Weltmarktpreises und der technischen Schwierigkeiten zunächst unwirtschaftlich. 1961 hat das niederländische Unternehmen Nederlandse Aardolie Maatschappij (NAM) probeweise eine Bohrung unmittelbar vor dem Strand von Kijkduin durchgeführt, in der Hoffnung, das Erdgasfeld von Slochteren möge sich bis unter die Nordsee fortsetzen. Diese Hoffnung erfüllte sich jedoch nicht (Glennie 2001). Auch war die rechtliche Lage noch ungeklärt. Erst als man sich über die Aufteilung des Nordseebodens geeinigt hatte und der entsprechende Vertrag zwischen den Anrainerstaaten im Jahre 1964 ratifiziert wurde, konnte mit der Erkundung begonnen werden.

Das erste Offshore-Bohrloch wurde im Mai 1964 von der Bohrinsel „Mr. Louie" 45 Kilometer vor Juist abgeteuft. Die Bohrung traf auf unter hohem Druck stehendes Gas, dessen Erschließung jedoch als zu gefährlich eingestuft wurde. Unterdessen begann man auch im britischen Sektor nach Öl und Gas zu bohren. Die ersten drei Bohrungen von den Bohrinseln „Mr. Cap" und „Glomar IV" aus waren jedoch ergebnislos. Erst die vierte Bohrung, die von der Plattform „Sea Gem" 64 Kilometer östlich der Humber-Mündung abgeteuft wurde, traf auf Gas. Die erste sehr zurückhaltend formulierte Meldung des Betreibers BP wurde von der Presse sofort gewaltig aufgebauscht: „BP Strikes Gas … North Sea Klondike". In diesem Fall sollte die Presse recht behalten. Die Ergebnisse der Bohrung hatten tatsächlich eine Goldgrube offenbart.

Für die Männer der „Sea Gem" freilich endete der Triumph in einer Katastrophe. Am 27. Dezember, als gerade das Frachtschiff „Baltrover" die

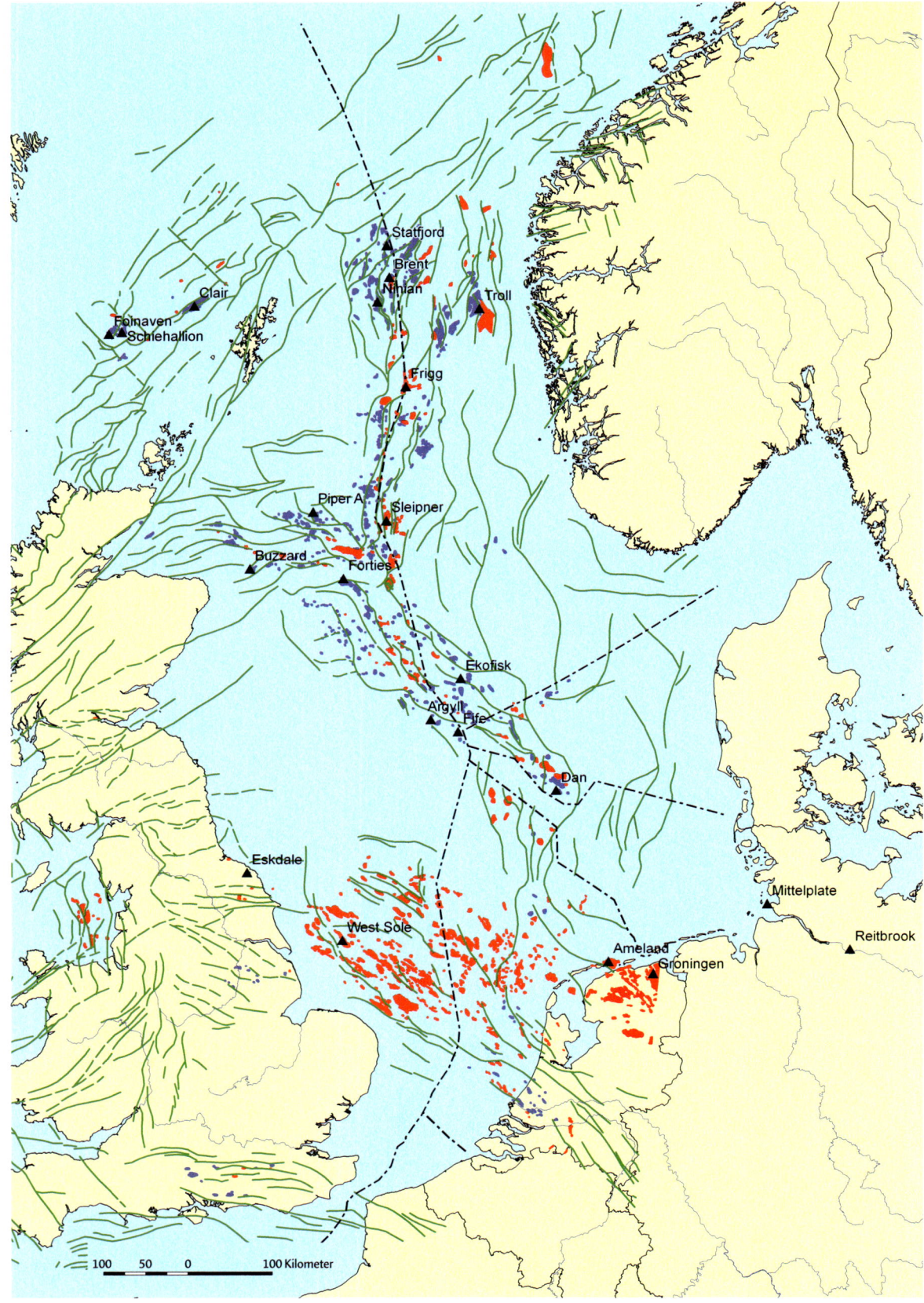

■ Erdgas
■ Erdöl
— Verwerfungen

Statfjord

Brent
Ninian
Troll

Clair

Foinaven
Schiehallion

Frigg

Piper A
Sleipner

Buzzard
Forties

Ekofisk

Argyll
Fife

Dan

Eskdale

West Sole

Mittelplate

Ameland
Groningen

Reitbrook

100   50   0   100 Kilometer

Bohrinsel passierte, sah die Besatzung zu ihrer Verblüffung, wie die stählerne Plattform plötzlich zusammenbrach und sank. Trotz der sofort eingeleiteten Rettungsmaßnahmen konnten nur 19 Mann gerettet werden; 13 Besatzungsmitglieder der „Sea Gem" fanden den Tod.

1967 ging das von der „Sea Gem" entdeckte erste Nordsee-Erdgasfeld **(West Sole)** in Produktion, und acht Jahre später, am 18.6.1975 kam das erste Nordsee-Öl per Tanker bei der englischen Raffinerie „Isle of Grain" in der Themse-Mündung an. Der damalige britische Energieminister Tony Benn hielt eine Flasche Rohöl in die Höhe und verkündete der Presse: *„Ich halte hier die Zukunft Großbritanniens in der Hand!"*

Das war der Anfang. Unmittelbar nach dem kleinen **Argyll**-Feld, aus dem dieses erste Öl stammte, gingen größere Felder in Produktion. Auch im norwegischen, dänischen, deutschen und niederländischen Sektor der Nordsee hatte die Exploration begonnen. Im norwegischen Sektor hatte man 1966 die ersten Probebohrungen abgeteuft. 1969 entdeckte die „Phillips Petroleum Company" das **Ekofisk**-Feld. Die kommerzielle Nutzung begann 1971. Das Öl wurde zunächst mit Tankern, ab 1975 dann per Pipeline ins englische Cleveland transportiert. Seit 1977 gibt es eine weitere Pipeline, die durch das Wattenmeer (durch das Westende von Juist und durch das Watt östlich von Memmert) nach Emden führt.

Aber die Öl- und Gasvorräte der Nordsee sind nicht gleichmäßig verteilt. Die größten Vorkommen finden sich im britischen und norwegischen Sektor. Die Niederlande und Dänemark verfügen über kleinere Lagerstätten; der deutsche Anteil der Nordsee ist dagegen so gut wie leer.

Im Juli 1971 wurde das große Ölfeld **Brent** entdeckt. Dieses größte Ölfeld der Nordsee (560 Millionen Tonnen) ging 1975 in Produktion. Für Brent und das benachbarte Feld **Ninian** schien es am sinnvollsten, das Öl zur weiteren Verarbeitung durch eine Pipeline zum nächstgelegenen Land zu transportieren – in diesem Fall war das nicht Norwegen, sondern es waren die Shetland-Inseln (Abb. 8.1). So wurde das „Shetland Oil Terminal in Sullom Voe" gebaut. Als sich im Oktober 1973 in der ersten Ölkrise der Preis für Rohöl aus Saudi-Arabien vervierfachte, konnten Norwegen und Großbritannien das Ende der Krise gelassener abwarten als viele andere Länder.

Immer weitere Vorkommen wurden entdeckt. Öl gibt es nicht nur in der Nordsee, sondern auch im Übergangsbereich zum Nordatlantik. 1977 wurde das erste Ölvorkommen westlich der Shet-lands erbohrt (Feld **Clair**). Das Feld liegt in einer Wassertiefe von 140 Metern etwa 75 Kilometer westlich der Shetlands. Das Feld ist noch nicht erschlossen. Benachbart liegen die Felder **Foinaven** und **Schiehallion.**

In der Nordsee gibt es heute rund 450 Bohrinseln und Förderplattformen. Die meisten befinden sich im britischen Sektor, gefolgt vom norwegischen, dem niederländischen und dem dänischen Sektor. Im britischen und norwegischen Sektor liegen die größten Ölreserven. Man schätzt, dass im norwegischen Sektor 54 Prozent der Öl- und 45 Prozent der Gasreserven der Nordsee liegen. Für die Erschließung des norwegischen **Statfjord**-Feldes wurde erstmals die Norwegische Rinne mit einer Pipeline gequert. Das größte Erdgasfeld der Nordsee, das **Troll**-Feld, liegt in der Norwegischen Rinne in einer Wassertiefe von 345 Metern. Die Erschließung war außerordentlich schwierig. Die hier zum Einsatz gebrachte Bohrplattform ist 472 Meter hoch und wiegt 656 000 Tonnen. Sie ist nicht nur die größte Offshore-Bohrplattform, sondern auch das größte jemals von Menschen transportierte Objekt.

Die Erdölproduktion in der Nordsee hatte 1999 ihren Höhepunkt erreicht. Damals wurden fast 800 000 Tonnen pro Tag gefördert. Der Ölpreis fiel auf 9,83 US-Dollar pro Barrel. Allerdings waren inzwischen die meisten Kohlenwasserstoffvorkommen im Nordseeraum bekannt. Im Frühjahr 1999 wurde zum letzten Mal ein neues großes Ölfeld entdeckt (Feld **Buzzard,** knapp 70 Millionen Tonnen). Das klingt gewaltig, ist aber tatsächlich weniger als die Menge an Öl, die weltweit innerhalb einer einzigen Woche verbraucht wird (zur Zeit 79,1 Millionen Tonnen; Quelle: www.welt-in-zahlen.de, 1.4.2007).

Während die Erdgasproduktion im Jahre 2001 auf 280 Milliarden Kubikmeter stieg, ging die Ölförderung allmählich zurück. Zu diesem Zeitpunkt war die Hälfte der gewinnbaren Erdölvorräte aus der Nordsee bereits gefördert. Die Ölproduktion in der Nordsee sank im Jahre 2004 um 10 Prozent und um weitere 12,8 Prozent im Jahre 2005. Das führte dazu, dass Großbritannien erstmals wieder Öl importieren musste. Und trotz verstärkter Exploration ist davon auszugehen, dass die Förderung von Nordsee-Öl weiter sinken wird, bis zum Jahre 2020 etwa auf ein Drittel der maximalen Produktion.

Im deutschen Sektor der Nordsee wird Öl bisher nur auf der **Mittelplate** gefördert (Abb. 8.2). Im Wattenmeer vor der Küste Dithmarschens liegt hier das größte Ölfeld Deutschlands. Es wurde von

der Bohr- und Förderinsel Mittelplate-A aus erschlossen. Bereits in den 1950er-Jahren vermuteten Geologen Öl vor der deutschen Küste. Erste Probebohrungen in den 1960er-Jahren ergaben zwar Hinweise auf Öl, allerdings in nicht wirtschaftlich gewinnbaren Mengen. Die Ölschocks 1973 und 1979 weckten jedoch erneut das Interesse an heimischen Ölquellen. In den Jahren 1980 und 1981 wurden Probebohrungen im Bereich der Mittelplate abgeteuft. Sie trafen in Sandsteinschichten des Dogger in 2000 bis 3000 Meter Tiefe auf Öl. Im Juni 1985 begann daraufhin der Bau der Insel Mittelplate. Im Herbst 1986 wurden von der Mittelplate aus drei Probebohrungen niedergebracht, die im Oktober 1987 in Produktion gingen. Diese Pilotförderung lief bis zum Jahr 1991 und erwies sich als erfolgreich.

Die Größe der Lagerstätte wird heute auf über 100 Millionen Tonnen geschätzt, wovon bis 2007 erst 17 Millionen Tonnen gefördert wurden. Die Jahresproduktion der Insel Mittelplate beträgt 900 000 Tonnen Öl. Wirtschaftlich sind unter derzeitigen Bedingungen noch etwa 40 Millionen Tonnen förderbar. Nach Angaben des Betreiberkonsortiums lagern hier etwa 65 Prozent der wirt-

schaftlich förderbaren deutschen Erdölreserven. Ein Teil des Ölfeldes ist vom Land her erschlossen worden. Von Dieksand/Friedrichskoog aus wurden stark abgelenkte Horizontalbohrungen (teilweise bis etwa 9200 Meter lang) in die östlichen Teile des Feldes gebohrt. Seit dem Jahre 2000 wird das Öl von hier per Pipeline nach Brunsbüttel geleitet und weiter zur Erdölraffinerie in Hemmingstedt gebracht.

Von der Mittelplate selbst wurde das Öl ursprünglich mit Schiffen zum Ölhafen Brunsbüttel gebracht. Im Sommer 2005 wurde schließlich eine acht Kilometer lange Pipeline mit 25 Zentimeter Durchmesser von der Plattform durch das Watt nach Friedrichskoog und weiter bis Dieksand gelegt. Da die Röhre die höchste Schutzzone des Nationalparks quert, war der Bau umstritten. Es ist jedoch anzunehmen, dass eine unterirdische Pipeline sicherer und umweltschonender ist als der Transport mit Schiffen.

Die Erdöl- und Erdgasvorkommen der Nordsee konzentrieren sich auf zwei Stockwerke. Das untere Stockwerk, das nur in der Südlichen Nordsee vorkommt, umfasst die Ablagerungen vom Oberkarbon bis zur Trias. Diese Schichten liegen in Tiefen von etwa 2000 bis 5000 Metern und führen fast ausschließlich Erdgas. Muttergestein sind die Steinkohlenflöze des Oberkarbon. Der wichtigste Speicher sind die Sandsteine des Rotliegenden, über denen das undurchlässige Salz ein Entweichen des Gases verhindert. Aber auch der Buntsandstein der Trias führt noch bedeutende Mengen von Erdgas.

Das obere Stockwerk in etwa 500 bis 2500 Meter Tiefe enthält vor allem Erdöl. Es ist in der Mittleren und Nördlichen Nordsee verbreitet. Das Speichergestein sind hier Sandsteine der Oberen Trias, des Unteren und Oberen Jura sowie der Unterkreide. Auch die Schreibkreidekalke der Oberkreide bilden ein ergiebiges Speichergestein. Selbst die Schichten des älteren Tertiärs können in diesen Gebieten noch nennenswerte Mengen Erdgas und Erdöl führen (WALTER 2007).

Erdöl- und Erdgasförderung im Offshore-Bereich ist nicht ohne Risiko, wie die folgenden Beispiele zeigen:

- Am 22.4.1977 kam es zu einem sogenannten Blow-out, einem plötzlichen Ausbruch von Öl aus dem Bohrloch, auf der norwegischen Bohrinsel „Bravo". Die Besatzung hatte Glück: Das Gas entzündete sich nicht. 112 Besatzungsmitglieder konnten unverletzt evakuiert werden. Nach acht Tagen hatte man das Leck wieder geschlossen.
- Am 27.3.1980 knickte als Folge von Materialermüdung eines der Beine der Plattform „Alexander Kielland" im norwegischen Ekofisk-Ölfeld weg. Die Insel kenterte. 123 Arbeiter kamen ums Leben, 89 konnten gerettet werden.
- Am 6.7.1988 ereignete sich eine Explosion auf der Plattform „Piper Alpha", etwa 170 Kilometer nordöstlich von Aberdeen. Das Feuer ließ sich nicht eindämmen; die Plattform versank schließlich, wobei 166 Menschen ums Leben kamen, 60 wurden gerettet.

Jedes dieser Unglücke hat dazu geführt, dass die Sicherheitsvorkehrungen weiter verbessert worden sind. Doch auch wenn größere Zwischenfälle seit 20 Jahren ausgeblieben sind, bleibt die Arbeit im Offshore-Bereich gefährlich.

Sand und Kies

In den Nordsee-Anrainerstaaten besteht ein großer Bedarf an Sand und Kies. Der Verbrauch pro Person pro Jahr wird für Großbritannien mit 5,5 Tonnen angegeben; in Deutschland liegt er bei vier Tonnen (Quelle: www.bgr.bund.de). Der Gesamtbedarf an Sand und Kies in Deutschland betrug im Jahre 2006 18 819 710 Kubikmeter (FACHVERBAND STEINE KERAMIK 2007). Um diesen Bedarf zu decken, wird in großem Umfang Sand vom Meeresboden gewonnen. In Deutschland wurden 2006 aus der Nordsee 1 279 135 Kubikmeter Sand und Kies zum Küstenschutz entnommen und 215 212 Kubikmeter für Bauzwecke. Eine gleich große Menge wurde aus der Ostsee gefördert. In Dänemark betrug die Entnahme aus der Nordsee (einschließlich Skagerrak und Kattegat) 5,88 Millionen Kubikmeter. Die größte Menge wird in den Niederlanden gefördert. Waren es von 1974 bis 1986 im Schnitt gut zwei Millionen Kubikmeter, so wurden im Jahre 2006 23 366 410 Kubikmeter aus der Nordsee gefördert. In Großbritannien wurden im gleichen Jahr 14 632 895 Kubikmeter gefördert. Davon waren 2 165 925 Kubikmeter für den Küstenschutz (Sandvorspülungen) bestimmt. Gut vier Millionen Kubikmeter gingen in den Export, vor allem in die Niederlande und nach Belgien.

Ein Problem besteht darin, dass auch am Meeresboden Sand und Kies nur selten in der benötigten Korngröße anzutreffen sind. Der überwiegende Teil des Sediments ist zu feinkörnig und muss wieder ins Meer gespült werden. Das führt dazu, dass etwa die vier- bis fünffache Menge des tatsächlich benötigten Materials gebaggert werden muss. Umweltschützer weisen darauf hin, dass der jährliche Sand- und Kiesabbau vor der Küste East Anglias einem zwei Meter tiefen Loch von der Größe der Stadt Norwich entspricht und dass auf einer noch größeren Fläche durch die Aufschüttung des nicht benötigten Feinmaterials jedes Leben am Meeresboden erstickt werde.

Windkraft

Im Umkreis der Nordsee wird Windenergie seit Jahrhunderten genutzt. Waren es früher Getreide- und Entwässerungsmühlen (Abb. 8.3), so dienen die heutigen Windräder vor allem der Gewinnung von Strom (Abb. 8.4). In den Niederlanden stehen zurzeit (Stand: August 2007) 1867 Windkraftanlagen, in Deutschland ziemlich genau die zehnfache Zahl: 18 767 Windräder, davon fast die Hälfte in den Nordsee-Küstenländern Niedersachsen und Schleswig-Holstein. Deutschland erzeugt fast dreimal so viel Strom aus Windenergie wie alle anderen Nordsee-Anrainerstaaten zusammen. Fast völlig ungenutzt sind jedoch bisher die Möglichkeiten der Nutzung der Windenergie auf See. Die Windge-

a)

b)

8.3: Traditionelle Nutzung der Windkraft:
a) Windmühle „Windvang", Baujahr 1791, in Goedereede auf Goree-Overflak-kee in den Niederlanden und
b) Windmühle „Selden Rüst", Baujahr 1862, auf Norderney (2006).

8.4: Moderne Nutzung der Windkraft: Windpark bei Brunsbüttel (2006).

schwindigkeiten sind hier im Schnitt höher als an Land, und es ist technisch möglich, Windparks in einem flachen Meer wie der Nordsee einzurichten.

Der bisher größte Offshore-Windpark der Nordsee liegt vor der dänischen Küste auf Horns Rev. Die 80 Windräder, die in einer Wassertiefe von 6 bis 14 Metern stehen, sollen 160 Megawatt Energie erzeugen. Die Beanspruchung der Anlagen unter den harten klimatischen Bedingungen der Nordsee ist hoch. Schon nach einem Jahr mussten alle Generatoren und Transformatoren wegen Korrosion ausgetauscht werden. Ähnliche Schwierigkeiten erlebte der Windpark „Scroby Sands" vor der englischen Nordseeküste, der 30 Windräder hat und Strom für 41 000 Haushalte produziert. Während entsprechende Reparaturen auf Land mit relativ geringem Aufwand zu erledigen wären, sind die Kosten bei Offshore-Anlagen aufgrund des erforderlichen Hubschraubereinsatzes etwa zehnfach höher.

Je größer die Zahl der Windräder, desto stärker ist aber auch die Störung für die Tiere. Die möglichen Auswirkungen reichen von der unmittelbaren Hinderniswirkung für Vögel (HÜPPOP & EXO 2004) bis hin zur Lärmbelastung für Meeressäuger. Während die Folgen der bisherigen Einzelanlagen gering sein dürften, würde eine Ausweitung auf mehrere Tausend Windräder nicht ohne Konsequenzen bleiben. Außerdem ist der Flächenbedarf von Windkraftanlagen sehr groß. Die dänischen Anlagen bei Horns Rev stehen in einem Abstand von jeweils 560 Metern und verteilen sich über eine Fläche von 20 Quadratkilometern. Für den deutschen Nordseeanteil werden zurzeit für etwa acht Prozent der Fläche Windparks geplant (Quelle: Karte „Nordsee: Offshore-Windparks" des Bundesamts für Seeschifffahrt und Hydrographie vom 4. 2. 2008).

Handel und Wandel

Erste Besiedlung

Der Nordseeraum ist seit mehreren Hunderttausend Jahren vom Menschen besiedelt. Zu spürbaren Eingriffen in die Naturlandschaft kam es jedoch erst nach dem Ende der letzten Eiszeit. Während die Menschen bis dahin als Jäger und Sammler gelebt hatten, begann in der **Jungsteinzeit** der Ackerbau. Dieser Wandel vollzog sich im südlichen Mitteleuropa um 5500 v. Chr., im Norden wesentlich später. Die Ertebølle-Ellerbek-Kultur in Dänemark und Schleswig-Holstein (etwa 5000 bis 4300 v. Chr.) steht am Übergang von der Mittleren zur Jungsteinzeit. Ihre Menschen lebten noch weitgehend als Sammler und Jäger; Getreideanbau und beginnende Viehzucht dienten zur Ergänzung des Nahrungsangebots. Fischfang wurde mit Einbaum und Aalstecher betrieben; aus Dänemark sind auch Funde von Angelhaken aus Knochen belegt. In die Übergangsphase zur Jungsteinzeit gehört auch die Vlaardingen-Kultur in den Marschgebieten der Niederlande (etwa 3500 bis 2500 v. Chr.). Das Meer war jetzt nicht mehr unüberwindbar. Von den Orkney-Inseln aus, die bereits im Mesolithikum besiedelt waren, konnte man bei klarem Wetter im Norden die kleine Insel Fair Isle liegen sehen, und von dort aus wiederum die Shetland-Inseln. Jetzt gab es Boote, mit denen man die Überfahrt wagen konnte. Neolithische Funde auf den Shetlands lassen sich auf die Zeit um 3500 v. Chr. datieren (BLACKADDER 2003).

Zwischen 2800 bis 2400 v. Chr. liegt die Zeit der schnurkeramischen Kulturen. Aus Grabungsbefunden weiß man, dass die Schnurkeramiker Tauschhandel über größere Entfernungen trieben. Besonders wertvoll war offenbar Bernstein von der Ostseeküste. Für den Transport schwerer Lasten wurden bereits Wagen eingesetzt, wie Funde von Rädern in Zürich in der Dufourstraße und de Eese in Overijssel zeigen. Für die Überwindung morastiger Gegenden wurden Holzbohlenwege angelegt (PROBST 1991).

Ein allmählicher Ausbau der Handelswege führte in der Jungsteinzeit dazu, dass der Austausch von Waren und Verarbeitungstechniken sich verbesserte. Von Südeuropa her breitete sich die Metallverarbeitung nach Norden aus. In Großbritannien begann die **Bronzezeit** etwa 2100 v. Chr. Als Schiffe standen jetzt aus Planken gebaute Boote zur Verfügung, die die früheren Einbäume ersetzten, was Bootsfunde von Ferriby belegen. Spätestens ab 1500 v. Chr. war die Verarbeitung von Metallen auch in Norddeutschland und Dänemark möglich. Die ältesten nachgewiesenen Siedlungen an der deutschen Nordseeküste wurden in der Bronzezeit angelegt. Funde bei Rodenkirchen an der Weser datieren aus der Zeit um 1000 v. Chr. Der Fernhandel muss bei der Ausbreitung dieser neuen Techniken eine wesentliche Rolle gespielt haben. Welchen Anteil der Seeweg hatte und ob der Fernhandel möglicherweise durch fremde Kulturen erfolgte, ist nicht geklärt. Um 700 v. Chr. erreichte die Verarbeitung von Eisen den Nordseeraum. Man bezeichnet diese Zeit als die „Vorrömische Eisenzeit".

Viele frühe Siedlungen an der deutschen Nordseeküste lassen sich auf die **Eisenzeit** (ab 700 v. Chr.) datieren. Die damaligen Dörfer waren Flachsiedlungen auf der Marschoberfläche. Als einziger Schutz gegen Überflutungen reichte es aus, die Häuser jeweils auf den höchsten Geländeteilen zu errichten. Drei dieser eisenzeitlichen Siedlungen auf einem Uferwall der unteren Ems liegen in einer Höhe von −1 bis −0,3 Meter NN. Botanische Untersuchungen haben gezeigt, dass die Landschaft damals eine Süßwassermarsch war; es gibt keine Hinweise auf einen Gezeiteneinfluss (BEHRE 1970).

Die eisenzeitlichen Siedlungen mussten aufgegeben werden, als der Meeresspiegel anstieg. Diese Siedlungen sind heute von einer Kleischicht bedeckt, die im Zuge einer erneuten Transgression in den Jahren 300 bis 100 v. Chr. abgelagert worden ist. Die flache Marsch wurde in der folgenden Regression erneut besiedelt, wobei sich die Besiedlung sogar bis in Gebiete jenseits der heutigen Küstenlinie ausdehnte. Dies war nur möglich, wenn es zu der Zeit keine Sturmfluten gegeben hat oder diese zumindest so selten waren, dass man die Folgen hinnehmen konnte. Diese Siedlungsphase begann in Niedersachsen früher als in Schleswig-Holstein, wo die ältesten Siedlungen dieser Periode in die Zeit des 1. bis 2. Jahrhunderts n. Chr. datiert werden können.

Die Römer

Im 1. Jahrhundert v. Chr. wurde der römische Einfluss allmählich im Nordseeraum spürbar. Gallien war bis zum Rhein erobert (58 bis 52 v. Chr.), und die Römerherrschaft dehnte sich östlich des Rheins bis an den Rand der Mittelgebirge aus. Flottenvorstöße des Drusus vom Rhein in die Nordsee (12 v. Chr.) und Vorstöße zu Land durch Tiberius bis an die Elbe (5 v. Chr.) führten jedoch zu keiner wesentlichen Verschiebung der Grenze zwischen der römischen Macht und „Germanien". Cäsar stieß 54 v. Chr. bis auf die britischen Inseln vor, aber erst Aulus Plautius gelang es, den größten Teil Englands unter römische Kontrolle zu bringen (43 n. Chr.). Ein reger und regelmäßiger Schiffsverkehr zwischen den Häfen in Gallien (Portus Itius) und denen in England setzte ein. Diese Phase endete jedoch knapp 350 Jahre später, als die Römer sich gegen Ende des 4. Jahrhunderts allmählich aus Britannien zurückzogen.

Die Dänen

Im Jahre 407 zog Konstantin III. die letzten römischen Truppen von der Insel ab. Dadurch entstand in Britannien ein Machtvakuum, in das im Laufe des 5. Jahrhunderts die ursprünglich aus dem heutigen Norddeutschland und Dänemark stammenden Sachsen, Angeln und Jüten in einer großen Wanderungsbewegung über die Nordsee vorstießen. Sie siedelten sich zunächst im Süden und Osten Englands an, dehnten ihr Herrschafts- und Siedlungsgebiet jedoch immer weiter aus, wobei sie die ursprünglich dort lebenden Kelten in die Gebiete des heutigen Schottland und Wales vertrieben. Ende des 7. Jahrhunderts beherrschten sie ganz England bis zum Firth of Forth. Das Gebiet war in mehrere rivalisierende Königreiche aufgeteilt.

Die Friesen

Am gegenüberliegenden Ufer der Nordsee verstärkte sich jetzt der Einfluss der Friesen. Vom heutigen Westfriesland (Niederlande) dehnten sie Ende des 6. Jahrhunderts ihr Siedlungsgebiet nach Nordwesten bis zur Weser aus, im 7. Jahrhundert auch nach Süden bis Dorestad – nördlich von Wijk bij Duurstede zwischen Lek und Krummem Rhein – und bis Brügge. Um 800 siedelten sich Friesen im Bereich der heutigen Nordfriesischen Inseln zwischen Eiderstedt und Sylt an; später, wahrscheinlich im 11. Jahrhundert, erreichte eine zweite Einwanderungswelle das Gebiet zwischen Eider und Wiedau. Die Friesen wurden zum bedeutendsten Seefahrer- und Handelsvolk der Nordseeküste.

Die Wikinger

Gegen Ende des 8. Jahrhunderts machten zum ersten Mal kriegerische Seefahrer aus dem Norden von sich reden: die Wikinger. Im Jahre 793 überfielen und zerstörten sie das Kloster Lindisfarne an der englischen Ostküste (Abb. 9.1). Mit ihren schnellen Schiffen beherrschten sie die Nordsee, stießen entlang der Küste immer weiter nach Süden bis ins Mittelmeer vor, drangen auch in die Flüsse ein. Möglich wurden diese Raubzüge durch die Wikingerschiffe, die in verschiedenen Typen als Fracht- und Reiseschiffe, Fischerboote und hochseetaugliche Kriegsschiffe gebaut wurden. Letztere – sogenannte Langschiffe – waren an die 30 Meter lang und boten 40 bis 50 Ruderern Platz. Dorestad wurde von 834 bis 873 sechsmal von Wikingern überfallen und verlor schließlich seine Bedeutung als Handelsplatz. Als Mitte des 9. Jahrhunderts nach dem Tode Ludwigs des Frommen (840) das Frankenreich zerfiel, begannen die Wikinger, an den Küsten und Flüssen dauerhafte Siedlungen zu errichten. Von dort aus konnten auch Ortschaften am Mittel- und Oberlauf der Flüsse angegriffen werden, wie zum Beispiel Toulouse, Rouen, Paris, Hamburg, Aachen, Köln und Trier. Wer den Kampf vermeiden wollte, musste Tribut zahlen. Dauerhaft waren vor allem die Wikingersiedlungen an der Seine (Normandie) und in England, das nach 865 Zug um Zug erobert wurde.

Schließlich wurde die englische Krone dem dänischen König Sven Gabelbart angeboten (1013). Erhebliche Tributzahlungen waren zu leisten: das sogenannte Danegeld. Im Jahre 1018 betrug die Summe allein für London 10 500 Pfund Silber (EHRHARDT 2006). Die Einwanderung aus Skandinavien hielt bis etwa 1050 an. Die Vereinigung mit Dänemark währte jedoch nur wenige Jahrzehnte. Nach dem Tode König Hardiknuts zerfiel das Reich; England bekam wieder einen eigenen König, die enge Verbindung zwischen Skandinavien und England über die Nordsee hinweg war getrennt. Als Folge davon verlor die Nordsee ihre Bedeutung für den Handel. Als schließlich 1066 Wilhelm der Eroberer von der Normandie her die Herrschaft in England an sich riss, begann der Handel der britischen Inseln sich ebenso wie die Wirtschaft der belgisch-niederländischen Küstenregion stärker entlang der großen europäischen Flüsse nach Süden in Richtung Mittelmeer zu orientieren.

Der Schiffsbau war inzwischen in der Lage, Fahrzeuge herzustellen, mit denen sich Güter rasch und sicher transportieren ließen. Der Seeweg bot dadurch eine günstige Alternative zu den schlechten Straßenverhältnissen des Festlandes. Durch die Bedeichung wurden große Teile des Rheindeltas besiedelbar, und zahlreiche neue Häfen und Handelszentren entstanden. Middelburg erhielt 1217 das Stadtrecht; es folgten Dordrecht (1221), Zierikzee (1236), Brielle (1306), Goedereede (1312, Abb. 9.2) und Rotterdam (1340). Von hier aus wurde Handel vor allem mit England, aber auch mit den Ostseeländern getrieben (DE HAAN & HAAGSMA 1984).

9.1 Das Kloster Lindisfarne auf Holy Island wurde 793 von den Wikingern überfallen und zerstört (2007).

9   Handel und Wandel

Die Hanse

9.3 Tyskebryggen in Bergen (2006).

Auch in Deutschland blühte der Handel auf. Die norddeutschen Kaufleute schlossen sich zur Hanse zusammen, die sich in der zweiten Hälfte des 14. Jahrhunderts zu einem machtvollen Städtebündnis weiterentwickelte. Der Schwerpunkt der Hanse lag zwar auf dem Ostseehandel, doch gab es auch wichtige Handelskontore in Bergen (Abb. 9.3), London und Brügge. Brügge wurde erst 1134 zur Hafenstadt, als infolge einer Sturmflut eine tiefe Fahrrinne, der Zwin, entstand. Erst jetzt war es größeren Handelsschiffen möglich, die Stadt anzulaufen. Schon bald entwickelte sich zwischen Brügge und London ein lebhafter Handel, bei dem britische Wolle importiert und flandrisches Tuch exportiert wurde.

Seit dem 13. Jahrhundert reisten deutsche Hanse-Kaufleute regelmäßig nach Brügge und London. Brügge wurde zum westlichen Endpunkt des hansischen Ost-West-Handels, dessen östliches Gegenstück der Peterhof in Nowgorod (Russland) war. Brügge war über den Seeweg nicht nur mit England, sondern zugleich mit Frankreich, Italien und Spanien verbunden.

9.2 Goedereede im Rheindelta war im Mittelalter ein bedeutender Hafenort. Durch Versandung des Hafens wurde er bedeutungslos (2006).

9.4 Spuren der Salztorfgewinnung im Watt bei der Hallig Langeneß (1984).

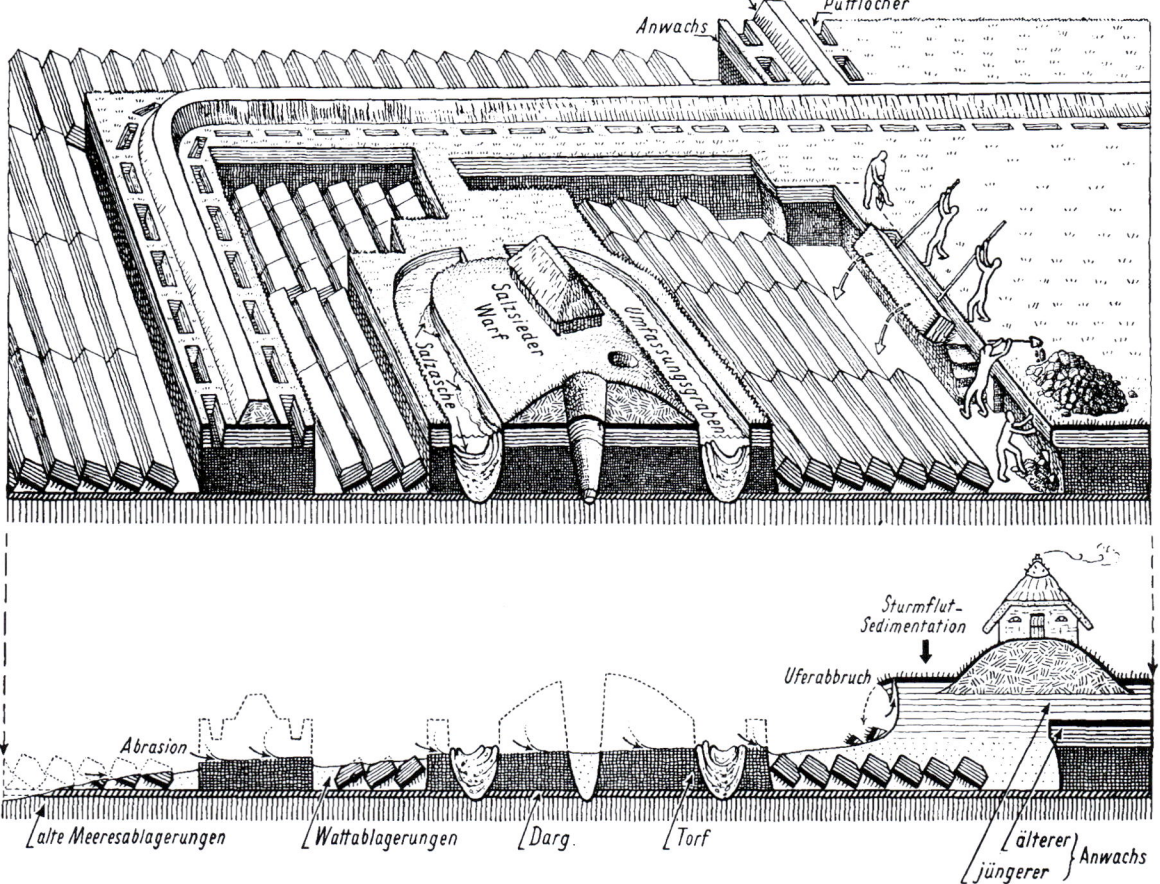

9.5 Salztorfgewinnung im nordfriesischen Wattenmeer.

Friesisches Salz

Das kostbarste friesische Handelsprodukt neben Fisch und landwirtschaftlichen Erzeugnissen war das Salz. Dieses wurde vor allem in Nordfriesland aus Torf gewonnen, in dem es durch das Salzwasser früherer Sturmfluten angereichert worden war. Die nordfriesische Salzgewinnung begann um 500 und erreichte ihren Höhepunkt im 11. bis 14. Jahrhundert. PRANGE (1982) schreibt, dass allein in dem Gebiet südwestlich von Niebüll innerhalb von 200 Jahren 800 000 Kubikmeter **Salztorf** abgebaut worden sind, durch dessen Verbrennung 20 000 Tonnen Salz gewonnen werden konnten. Der Torf wurde abgegraben, anschließend verbrannt und das Salz aus der Asche gewonnen (Abb. 9.4 und 9.5). Dies hatte den Nachteil, dass im Zuge der Salzgewinnung große Flächen um mehrere Dezimeter tiefer gelegt wurden. Dies wiederum führte dazu, dass solche Gebiete, wenn sie im Zuge einer Sturmflut vom Meer überflutet wurden, aufgrund der tiefen Lage kaum wieder zurückzugewinnen waren. Dies verstärkte die verheerenden Auswirkungen der Sturmfluten wie zum Beispiel der „Großen Mandränke" von 1362. Obwohl die nachteiligen Auswirkungen der Salzgewinnung inzwischen offensichtlich waren, hat die Produktion selbst nach der „Großen Mandränke" noch mehrere Hundert Jahre weiter angedauert – wenn auch in kleinerem Umfang.

Die Krise des 14. Jahrhunderts

Die „Große Mandränke" fällt in die schwere wirtschaftliche Krise des 14. Jahrhunderts. Kurz zuvor (1348 bis 1452) hatte die **Pest** in ganz Europa gewütet. Hamburg verlor 1350 ein Drittel seiner Einwohnerschaft an den Schwarzen Tod. Durch die Entvölkerung sank die Nachfrage nach Getreide, was einen Verfall der Preise und eine schwere Krise der Landwirtschaft nach sich zog. Höfe und ganze Siedlungen wurden aufgegeben; fast ein Viertel aller Dörfer in Deutschland fiel wüst. Ackerland wurde in Weideland umgewandelt. Noch radikaler war der Strukturwandel in England. Da unter den veränderten Bedingungen das Geschäft mit der Wolle den größten Profit versprach, wurden weitere Dörfer aufgegeben und selbst gutes Ackerland in Weide umgewandelt. Die Krise wurde verschärft durch einen allmählichen Klima-

wandel. Die Temperaturen sanken um fast ein Grad, Gletscher dehnten sich aus, Flüsse und Seen froren im Winter zu. Der Weinanbau in England musste praktisch aufgegeben werden (BÜHLER 2006). Diese **„Kleine Eiszeit"** sollte bis zur Mitte des 19. Jahrhunderts dauern.

Durch den Hundertjährigen Krieg (1337 bis 1453) waren die englischen Interessen in starkem Maße auf die Auseinandersetzung mit Frankreich ausgerichtet. Die schließliche Niederlage und der Verlust der französischen Landesteile verstärkten den Niedergang. Es folgten innere Auseinandersetzungen (die Rosenkriege 1455 bis 1485), die die Position Englands noch weiter schwächten.

Stammesfehden und Piraterie

Im Mittelalter behinderten zahlreiche Fehden und Stammeskriege den Handel in West- und Ostfriesland und damit auch die wirtschaftliche Entwicklung. Vor allem nach 1390 blühte im Zuge dieser Konflikte die Piraterie an der ostfriesischen Küste. Die sogenannten **„Vitalienbrüder"**, die durch gemeinsame Aktionen der Hanse und des Deutschen Ritterordens aus der Ostsee vertrieben worden waren, hatten ihr Tätigkeitsfeld in die Nordsee verlegt. Störtebeker wurde 1400 bei Helgoland, vielleicht sogar auf der Insel, besiegt und gefangengenommen. Gödeke Michels floh nach Norwegen, raubte Bergen aus, wurde jedoch bei seiner Rückkehr im Herbst 1401 an der Ems von Hamburger Vredeschiffen gestellt und besiegt. Die Freibeuter hatten unter dem Schutz verschiedener friesischer Häuptlinge operiert (SCHEURLEN 1974). Es dauerte bis 1433, bis es der Hanse schließlich gelang, auch die Hintermänner der Piraten endgültig auszuschalten.

Piraterie hatte es aber auch vorher schon gegeben. Bereits als sich der heilige Ansgar im Jahre 829 aufmachte, um die Schweden zum Christentum zu bekehren, wurde er von Seeräubern angegriffen und ausgeraubt (ANDERMANN 2005). Als Seeräuber galt, wer auf eigene Initiative andere Schiffe in räuberischer Absicht überfiel. Auf Raub stand die Todesstrafe. Waren die Piraten dagegen von einer politischen Gewalt, also zum Beispiel den mecklenburgischen Herzögen, als Helfer oder Verbündete anerkannt, so galten sie als legale Kaperfahrer. Störtebeker und Gödeke Michels hatten nach den Friedensverhandlungen von Falsterbo und Skanör 1395 formal den Status als Kaperfahrer verloren. Entscheidend für ihren Untergang war jedoch, dass die Hanse stark genug war, die Ergreifung und Hinrichtung der Seeräuber durchzusetzen (ANDERMANN 2005).

Die **Schiffe der Hanse** und auch der Seeräuber waren Koggen und Holken. Die Kogge war der ältere Schiffstyp, hatte einen flachen Kiel und konnte nicht gegen den Wind gesegelt werden. Die Holk war in dieser Beziehung überlegen und verdrängte um 1400 die Kogge. Die Aufbauten (Vorder- und Achterkastell) beider Schiffstypen dienten nicht so sehr als Unterkunft für die Besatzung, sondern vielmehr als erhöhter Standort für die Armbrustschützen. Zusätzlich wurde am Mast eine Plattform für Armbrustschützen angebracht (der „Mars"). Feuerwaffen waren für gezielte Schüsse noch nicht verwendbar, da den Kugeln der Drall fehlte, um die Flugbahn zu stabilisieren. Zwar wurden ab 1385 in Einsätzen gegen Seeräuber auch sogenannte Donnerbüchsen mitgeführt, doch war deren Wirkung gering. Erst im Laufe des 15. Jahrhunderts setzten sich Kanonen als Schiffsbewaffnung durch. Mit dem Aufkommen verschließbarer Geschützpforten ab 1493 konnten diese in einem eigenen Batteriedeck aufgestellt werden (ELLMERS 2005).

Die **Wassergeusen** der Niederlande waren ursprünglich Seeräuber, die erst nach der offiziellen Anerkennung durch Wilhelm von Oranien im Freiheitskampf der Niederlande gegen die spanische Herrschaft (Achtzigjähriger Krieg 1568 bis 1648) zu respektablen Kaperfahrern aufstiegen.

Zu Beginn des 16. Jahrhunderts war **Spanien** die vorherrschende Macht in Europa. Nachdem 1492 die Rückeroberung der Iberischen Halbinsel von den Mauren (Reconquista) abgeschlossen war und im gleichen Jahr Amerika entdeckt wurde, waren günstige Voraussetzungen für ein wirtschaftliches Wachstum gegeben. Die überseeischen Besitzungen brachten Profit, und König Karl I. konnte sich nach dem Tode Kaiser Maximilians I. im Jahre 1519 zum Kaiser wählen lassen. Er herrschte damit über ein gewaltiges Reich. Sein vollständiger Titel lautete: *Römischer König, künftiger Kaiser, immer Augustus, König von Spanien, Sizilien, Jerusalem, der Balearen, der kanarischen und indianischen Inseln sowie des Festlandes jenseits des Ozeans, Erzherzog von Österreich, Herzog von Burgund, Brabant, Steyr, Kärnten, Krain, Luxemburg, Limburg, Athen und Patras, Graf von Habsburg, Flandern, Tirol, Pfalzgraf von Burgund, Hennegau, Pfirt, Roussillon, Landgraf im Elsass, Fürst in Schwaben, Herr in Asien und Afrika.* Zwar war Jerusalem eindeutig nicht unter seiner Herrschaft, und auch in vielen anderen Gebieten war sein Einfluss

wesentlich geringer als der Titel vortäuscht, doch herrschte er ohne Zweifel über ein Weltreich. Sein Sohn Philipp II., der nur den spanischen Thron geerbt hatte, aber nicht die Kaiserwürde, bemühte sich, sein Reich durch eine Serie geschickter Heiraten zu festigen und zu erweitern. Die Ehe mit der englischen Königin, der katholischen Mary (1554), brachte Philipp kurzfristig den Titel „König von England", hatte jedoch wenig Wirkung, da Mary schon 1558 kinderlos starb. Philipp bemühte sich daraufhin um eine Ehe mit ihrer Thronfolgerin Elisabeth I. Diese hielt Philipp jedoch viele Jahre hin, während sie gleichzeitig durch Seeraub und Missachtung spanischer Handelsvorschriften die Ausweitung des englischen Einflusses auf Kosten der Spanier betrieb.

Der direkte spanische Einfluss im Nordseeraum ist gering geblieben. Zwar waren die **Niederlande** zu dieser Zeit noch unter spanischer Herrschaft, doch gingen die entscheidenden wirtschaftlichen Impulse von den Niederländern aus. Schon 1441 hatte die Hanse die wirtschaftliche Gleichberechtigung der Niederländer anerkennen müssen. Antwerpen war zu einem wichtigen Handelszentrum geworden und hatte Brügge den Rang streitig gemacht. Außerdem hatten sich die Niederlande mit **Dänemark** verbündet. Die Dänen hatten als „Herren des Sunds" eine wichtige Schlüsselstellung für den Ostseehandel inne. In dieser Zeit konnte auch Dänemark seinen Einfluss in der Nordsee erheblich ausweiten. Schleswig-Holstein stand seit dem 15. Jahrhundert unter dänischem Einfluss, und im Jahre 1448 wurde Graf Christian von Oldenburg gleichzeitig dänischer König. Im Seehandel und später auch beim Walfang spielte Dänemark eine große Rolle.

Handelsmacht Niederlande

Die Religion war Ursache, zum Teil auch Vorwand für viele Kriege. Die nach 1517 einsetzende Reformation spaltete die christlichen Nationen in zwei verfeindete Lager, die sich im **Dreißigjährigen Krieg** 1618 bis 1648 erbittert bekämpften. Obwohl Frankreich, Dänemark und Schweden an dem Krieg teilnahmen, fanden alle Kampfhandlungen auf deutschem Boden statt. Das Land wurde schwer verwüstet; man schätzt, dass von 17 Millionen Einwohnern rund drei bis vier Millionen ums Leben kamen, wobei die meisten Opfer durch Seuchen (ab 1634) zu verzeichnen waren. Die Zersplitterung Deutschlands in viele kleine Fürstentümer blieb auch nach dem Krieg erhalten.

Durch die Unabhängigkeit der Niederlande (bis dahin habsburgisch) und die schwedische Besetzung großer Teile der Ostseeküste hatten die deutschen Kleinstaaten weiter an Einfluss verloren und kaum noch Zugang zum Meer. Die Folge war, dass sie vom Überseehandel und vom Erwerb von Kolonien weitgehend ausgeschlossen waren.

Die Niederlande hatten sich inzwischen zur führenden Handelsmacht im Nordseeraum entwickelt. Sie waren aufgrund der starken Verstädterung ein im Vergleich zu Spanien fortschrittlicher Landesteil. Der Einfluss von Kirche und Adel war stark zurückgedrängt worden. Die Bürger der Städte dominierten. Hier fiel auch die Reformation zunächst auf fruchtbaren Boden, doch schon bald setzte eine Gegenbewegung ein. Die Unterdrückung und Vertreibung niederländischer Calvinisten unter der spanischen Herrschaft hatten eine Verbreitung des niederländischen Einflusses in den Nachbarländern zur Folge. Anfang des 17. Jahrhunderts waren mehr als drei Viertel der größeren Kaufmannshäuser in Hamburg im Besitz von Niederländern.

Nicht nur der politische Druck aus Spanien verschärfte sich, sondern auch die wirtschaftlichen Rahmenbedingungen wurden zum Nachteil der Niederlande modifiziert. Nachdem sich der spanische Staatsbankrott von 1557 ungünstig auf die Wirtschaft ausgewirkt hatte, wurde ab 1560 der Import spanischer Wolle besteuert, was ein schwerer Schlag für die Tuchherstellung war. Außerdem wurden die Niederlande vom Handel mit den Kolonien ausgeschlossen. 1566 begann schließlich der Aufstand gegen die Spanier, der sogenannte Achtzigjährige Krieg, der erst mit dem **Frieden von Münster** 1648 endete. Während die Niederlande schließlich ihre Unabhängigkeit erreichten, ging für Spanien das Goldene Jahrhundert *(siglo de oro)* zu Ende.

Schon während des Achtzigjährigen Krieges um die Unabhängigkeit hatten die Niederlande mit dem Ausbau des Überseehandels begonnen. Jetzt jagten sie Wale nahe Svalbard, betrieben Gewürzhandel mit Indien und Indonesien, gründeten **Kolonien** in Brasilien, Nordamerika (Nieuw Nederland), Südafrika und in der Karibik. Die hohen Gewinne, die dieser Handel mit sich brachte, waren die Basis des sogenannten Goldenen Zeitalters *(de gouden eeuw)* der Niederlande im 17. Jahrhundert.

Doch der Frieden mit Spanien brachte dem Land keine Ruhe. Im Jahre 1651 verhängte England zum Schutz der eigenen Handelsinteressen die sogenannte **Navigationsakte.** Der Im- und Export von Waren durfte nur noch über britische

Schiffe erfolgen. Die Niederlande konnten diese Einschränkung nicht hinnehmen. Die Auseinandersetzungen um die Akte führten zum **Ersten Englisch-Niederländischen Krieg** (1652 bis 1654), der im Frieden von Westminster endete. Darin mussten die Niederlande die Navigationsakte anerkennen.

Damit war die niederländische Position zwar geschwächt, aber die Vormacht im Seehandel nicht gebrochen. England strebte nach der Seeherrschaft. 1665 erklärten die Engländer den Niederländern wieder den Krieg. Der **Zweite Englisch-Niederländische Krieg** endete mit einem Sieg der Niederlande. Engländer und Niederländer unterzeichneten 1667 einen Friedensvertrag, den Frieden von Breda, nachdem der niederländische Admiral Michiel de Ruyter in Chatham gelandet war und einen großen Teil der englischen Flotte auf der Themse zerstört hatte. Im Friedensvertrag wurde festgelegt, dass die Engländer die zuvor eroberten niederländischen Besitzungen in Nordamerika (Nieuw Amsterdam, das heißt das Gebiet um das heutige New York City) behalten durften, während die Niederländer als Ausgleich das bis dahin englische Suriname erhielten. Auch wurde jetzt die Navigationsakte zugunsten der Niederlande modifiziert. Die Niederlande wickelten inzwischen auch 60 bis 70 Prozent des Warenhandels in der Ostsee ab (DUCHHARDT 2003).

Aufgrund ihrer hoch entwickelten Deichbau- und Entwässerungstechnik reichte der Einfluss der Niederländer weit über die Grenzen ihres Landes hinaus. Als nach der Katastrophe von 1634 die Einwohner der zerstörten Insel Nordstrand sich außerstande sahen, ihr Land neu zu bedeichen, bemühte sich der Herzog, niederländische Partizipanten für die Wiederbedeichung zu gewinnen. Tatsächlich gelang es den Niederländern, die Insel Nordstrand zurückzugewinnen. Die Landwirtschaft auf den fruchtbaren Böden der neuen Köge brachte gute Erträge. Die von den Niederländern bewirkte wirtschaftliche Blüte hatte freilich auch ihre Schattenseiten. Um einen Anreiz zu bieten, waren den Niederländern weitgehende Rechte zugebilligt worden. So wurden ihnen Gerichtsbarkeit, Polizeigewalt und Kirchenpatronat übertragen. Aller Grundbesitz auf Nordstrand einschließlich der Kirchen, Pfarrhäuser, Schleusen und Siele wurde den Partizipanten übereignet. Hinzu kam Religionsfreiheit (die Mehrzahl der Partizipanten war katholisch). Einige Hundert Deicharbeiter aus Brabant hatten sie mitgebracht, um die Arbeiten durchzuführen und die neuen Herren vor feindlichen Übergriffen der entrechteten Einwohner zu schützen. Es wurde flämisch gesprochen und gepredigt. Erst als im 18. Jahrhundert durch neue Sturmfluten hohe Kosten auf die Partizipanten zukamen, die diese nicht mehr tragen mochten, ging nach und nach das Land wieder in deutsche Hände über (QUEDENS 1984).

Die Seemacht England

Englands Aufstieg zur beherrschenden Handels- und Seemacht wurde durch eine Reihe von Kriegen erreicht. Nachdem 1588 die spanische Armada von den Engländern zerschlagen war und Spanien als Wirtschaftsmacht an Bedeutung verlor, blieben als mächtige Konkurrenten die Niederlande und Frankreich. Die Niederlande waren Ende des 17. Jahrhunderts nach drei Seekriegen erheblich geschwächt. Frankreich verlor im **Siebenjährigen Krieg** (1756 bis 1763) seine Besitzungen in Nordamerika und Asien (Indien). England hatte sich als beherrschende Seemacht durchgesetzt.

Im 17. Jahrhundert bildete sich ein Überseehandelsdreieck „Europa – Westafrika – Karibik" heraus. Waffen, Alkohol und Stoffe wurden nach Afrika geliefert, vom Erlös Sklaven gekauft, die dann in der Karibik noch bei einer Sterberate von bis zu über 50 Prozent mit Gewinn verkauft werden konnten und den Erwerb von Zucker, Kaffee, Tabak, Rum, Baumwolle, Gold und Silber für den europäischen Markt ermöglichten. Es wird geschätzt, dass etwa zwölf Millionen Schwarze auf diese Weise nach Amerika gebracht wurden. Nach

Rettung Schiffbrüchiger

9.6 „Ohne einen Moment zu zögern, stürzte sie sich in die rasenden Wogen, erreichte das Boot und zog die Passagiere an Land" (aus Hodder o. J.).

Die heldenhafte Rettung Überlebender bei Schiffbruch war bis ins 19. Jahrhundert die Ausnahme (Abb. 9.6). Der Versuch war nicht nur lebensgefährlich, sondern obendrein unökonomisch. Nach dem Strandrecht fiel Strandgut dem Finder nur zu, wenn es keine Überlebenden gab. Selbst die Tötung überlebender Schiffbrüchiger kam daher an europäischen Küsten vor. Dies änderte sich erst, als im Jahre 1824 in England die National Institution for the Preservation of Life from Shipwreck gegründet wurde (heute Royal National Lifeboat Institution, RNLI). Im gleichen Jahr wurde in den Niederlanden die Koninklijke Noord- en Zuid-Hollandsche Redding-Maatschappij und die Koninklijke Zuid-Hollandsche Maatschappij tot Redding van Schipbreukelingen ins Leben gerufen (seit 1991 vereinigt zur Koninklijke Nederlandse Redding Maatschappij, KNRM).

In Deutschland gab es zunächst nichts Vergleichbares. Nach dem Untergang des Auswandererschiffes „Johanne" am 6. 11. 1854 vor Spiekeroog mit 77 Toten wurde zwar in der Presse die Einrichtung eines Rettungsdienstes gefordert, doch nichts geschah. Am 10. 9. 1860 strandete vor Borkum die englische Brigg „Alliance". Es gab keine Überlebenden. Da Urlauber auf der Insel weilten, gab es diesmal unabhängige Augenzeugen, die ihre Eindrücke an die Presse weiterleiteten. Die Empörung war groß. Die Zeitungen schrieben, die Insulaner hätten keinen Finger gerührt, um die Schiffbrüchigen zu retten, sondern stattdessen in den Dünen gehockt und darauf gewartet, endlich das Strandgut einsammeln zu können. Dies wurde bestritten. Aber das Ereignis hatte zur Folge, dass im Jahre 1861 an der deutschen Nordseeküste erste Rettungsstationen gegründet dem Spanischen Erbfolgekrieg hatte sich England im Frieden von Utrecht 1713 für 30 Jahre das Monopol für den **Sklavenhandel** in die spanischen Kolonien in Amerika gesichert. Der Handel mit Sklaven hat wesentlich zum wirtschaftlichen Erfolg Englands im 18. Jahrhundert beigetragen. Erst 1807 wurde der Sklavenhandel für britische Staatsbürger verboten.

Deutschland hatte nur geringen Anteil am Seehandel. Hamburg gehörte offiziell zum dänisch regierten Herzogtum Holstein und war erst 1768 in der Lage, im sogenannten Gottorper Vergleich sich die Unabhängigkeit vom finanzschwachen Dänemark gegen Erlass dänischer Schulden in Höhe von einer Million Mark Courant zu erkaufen. Durch den gleichzeitigen Erwerb der bis dahin dänischen Elbinseln konnte Hamburg seinen Hafen ausbauen. Nach der Anerkennung der amerikanischen Unabhängigkeit und dem Wegfall der Handelsbeschränkungen stieg die Stadt verstärkt in den Nordamerikahandel ein und erlebte einen starken wirtschaftlichen Aufschwung, als die Niederlande 1795 von Frankreich annektiert wurden.

Nach der Niederlage in der Seeschlacht von Trafalgar verhängte Napoleon 1806 eine Wirtschaftsblockade über Großbritannien. Diese **Kontinentalsperre** dauerte bis 1814. Sie brachte allen offenen Handel über die Nordsee zum Erliegen. Stattdessen blühte der Schmuggel. Das erhoffte Ziel, England als wirtschaftlichen Konkurrenten auszuschalten, konnte Napoleon nicht erreichen. Der englische Handel war zu stark auf Übersee ausgerichtet. Außer Vorteilen für die französische Textilindustrie wirkte sich die Sperre vor allem

wurden, die sich 1865 zur „Deutschen Gesellschaft zur Rettung Schiffbrüchiger" zusammenschlossen.

Die Zahl der Schiffsunglücke in der Nordsee ist aufgrund verbesserter Technik und Navigationshilfsmittel im Vergleich zu früheren Jahrhunderten stark zurückgegangen. Dennoch ist sie nicht gleich null. Während es heute meist möglich ist, die Besatzung der Schiffe zu retten, kann es zu erheblichen Schädigungen der Umwelt kommen.

Am 20. 2. 1966 kollidierte der Tanker „Anne Mildred Brøvig" vor Helgoland mit dem britischen Frachter „Pentland". 20 000 Tonnen Rohöl liefen ins Meer.

Einen Monat nach Eröffnung des „Shetland Oil Terminal" bei Sullom Voe kollidierte am 30. 12. 1978 der Tanker „Esso Bernicia" mit den Verladeeinrichtungen; 12 000 Tonnen Treibstoff strömten ins Meer. 4000 Seevögel und Enten starben sowie 50 Schafe (Laughton Johnston 1999). Die Spuren der Verunreinigung sind noch heute am Strand sichtbar.

Am 5. 1. 1993 lief der unter liberianischer Flagge fahrende US-Tanker „Braer" vor der Südspitze der Shetlands nach einem Maschinenausfall auf Grund. Das Schiff zerbrach in drei Teile, und die gesamte Ladung von 620 000 Barrels (84 700 Tonnen) Norwegian light crude strömte ins Meer. Das stürmische Wetter hat die Bergung der Ladung verhindert, gleichzeitig aber auch dazu geführt, dass der Ölfilm rasch zerschlagen wurde und die ökologischen Schäden gering blieben. Die offizielle Zählung ergab 1542 tote Seevögel, erhebliche Mengen an totem Lachs in den betroffenen Fischfarmen, zehn tote Seehunde und vier tote Otter. Die Verluste für den Fremdenverkehr wurden auf 18,2 Millionen Pfund bis zum Jahre 2000 geschätzt, was aber wahrscheinlich zu hoch geschätzt war. Die Verluste durch stornierte Buchungen im Jahr nach dem Unglück beliefen sich auf 1,3 Millionen Pfund (Laughton Johnston 1999).

Am 25. 10. 1998 geriet vor Esbjerg der Holzfrachter „Pallas" in Brand. Vier Tage später lief das brennende Schiff vor Amrum auf Grund. Obwohl bei diesem Unglück nur eine vergleichsweise geringe Menge Öl von 90 Tonnen auslief, gab es an der deutschen Nordseeküste eine starke Ölverschmutzung. Etwa 12 000 Seevögel, vor allem Eiderenten, fielen diesem Unglück zum Opfer (Schwabedissen 2004).

An vielen Stränden der Nordsee sind deshalb auch Spuren von Öl zu finden (Abb. 9.7). Aber Verunreinigungen durch Öl stammen nicht nur von Schiffsunglücken. Illegales Waschen der Tanks und Ablassen von Öl auf hoher See sind die Quelle der meisten Verunreinigungen.

9.7 Spuren von Ölpest auf Felsen in Norwegen (2006).

Am 21. 6. 1919 kam gegen 11.30 Uhr der Winkspruch „Paragraph 11 bestätigen" vom deutschen Flottenkommandanten. Das war keine Routinemeldung, sondern ein vorher verabredetes Signal, das bedeutete: „Flutventile öffnen". Unter der irrigen Annahme, dass der am Ende des Ersten Weltkriegs ausgehandelte Waffenstillstand ausgelaufen sei und man sich wieder im Krieg befinde, versenkte sich daraufhin die deutsche Flotte in der Bucht von Scapa Flow selbst. Als die zu einem Übungsschießen ausgelaufenen Schiffe der englischen Bewacher zurückkamen, waren elf Schlachtschiffe, fünf Schlachtkreuzer, acht kleine

9.8 Ein Wrack auf der Sandbank. Im Dezember 1967 war im Sturm ein Segelschiff am Ostende Norderneys auf Grund geraten. Die Besatzung wurde gerettet. Der Eigner eines Muschelbaggers aus Bensersiel sah die Chance, sich das Bergegeld zu verdienen. Doch sein Schiff geriet ebenfalls auf Grund. Während das Segelschiff im März 1968 geborgen werden konnte, war der Muschelbagger endgültig verloren (2005).

Kreuzer und 48 Torpedoboote gesunken oder so weit abgesackt, dass sie nicht mehr geborgen werden konnten. Lediglich zwei Torpedoboote konnten noch gerettet werden. Die Bucht von Scapa Flow wurde zum größten Schiffsfriedhof der Nordsee.

Der Boden der Nordsee ist übersät mit Schiffswracks. Die meisten davon stammen aus den beiden Weltkriegen. Die Wracks sind eine Gefahr für die Schifffahrt; deswegen wird ihre genaue Lage kartiert und in Seekarten eingetragen. In Deutschland ist hierfür das Bundesamt für Seeschifffahrt und Hydrographie zuständig. Andererseits halten sich in der Nähe der Wracks gern viele Fische auf. Insofern bilden diese Hindernisse einen gefährlichen Anziehungspunkt für die Fischer. Wenn sich das Netz im Wrack verfängt, muss es in der Regel aufgegeben werden; wer das Netz nicht rechtzeitig kappt, gerät

in Gefahr, das eigene Boot in die Tiefe zu ziehen. Manche Wracks sind, so heißt es, mit Fischernetzen übersät.

Außer den Fischern interessieren sich auch Hobbytaucher für die Wracks. Trotz der schwierigen Strömungsbedingungen und der sehr schlechten Sicht in der Nordsee wird immer wieder versucht, zu den versunkenen Schiffen hinunterzutauchen. Im Internet finden sich zahlreiche Webseiten mit Hinweisen auf Tauchziele und geplante oder durchgeführte Exkursionen. Einige Objekte sind leicht zu finden, wie zum Beispiel die selbstversenkten Schiffe der deutschen Hochseeflotte in Scapa Flow. Die meisten Einheiten sind zwar nachträglich gehoben und verschrottet worden, aber drei Schlachtschiffe („König", „Markgraf" und „Kronprinz Wilhelm") sowie vier kleine Kreuzer („Brummer", „Dresden", „Karlsruhe" und „Köln") liegen noch immer am

Meeresgrund. Aufgrund der sehr schlechten Sicht ist es jedoch unmöglich, sich unter Wasser einen Überblick über die Schiffe zu verschaffen. Die Wracks müssen in dem trüben Wasser regelrecht ertastet werden.

Mit Sidescan-Sonar kann man allerdings die Lage alter Wracks orten und den Zustand beurteilen. So zeigt beispielsweise eine Aufnahme des Bundesamts für Seeschifffahrt und Hydrographie das Wrack des Sperrbrechers „Vigo" (Abb. 9.9). Die „Vigo" war ein 128 Meter langes Schiff mit einer Größe von 7387 Bruttoregistertonnen (BRT), das 1922 für die „Hamburg Süd" gebaut worden war. Im Zweiten Weltkrieg wurde sie als Sperrbrecher zum Räumen von Minen eingesetzt. Obwohl Sperrbrecher, zum Beispiel durch das Auffüllen der Laderäume mit leeren Fässern, geschützt waren, waren sie nicht unsinkbar. Und so ging auch die „Vigo" am 7. 3. 1944 nach einem Minentreffer nördlich von Norderney unter (Arndt 2005).

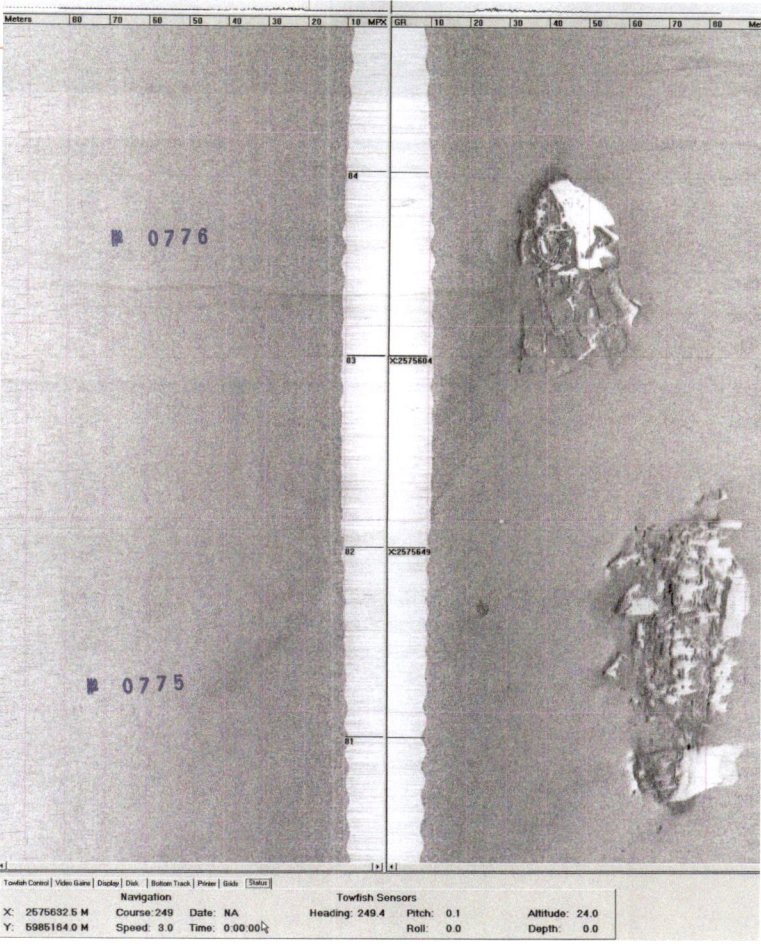

9.9 Sidescan-Sonar-Aufnahme des Wracks der „Vigo". Das Bild zeigt, dass das Schiff von der Minenexplosion in zwei Teile zerrissen wurde.

schädlich für die Wirtschaft Frankreichs und seiner Verbündeten aus. Die norddeutschen Hafenstädte, die Holz und Getreide nach England exportiert hatten, waren stark betroffen, zumal auch der gerade erst aufgeblühte Überseehandel unterbunden wurde.

Im 19. Jahrhundert ging England allmählich zum **Freihandel** über. Die Beseitigung aller Zölle war für England von Vorteil, weil man nur auf diese Weise die Rohstoffe billig importieren konnte, die man benötigte, um Fertigprodukte teuer wieder verkaufen zu können. Selbst die Navigationsakte wurde 1849 abgeschafft. Der Freihandel nützte zunächst Großbritannien, weil die britischen Produkte international überlegen waren. Andere Länder zogen nach. Im Jahre 1857 wurde auch der dänische Sundzoll abgeschafft. Als jedoch nach 1870 die Konjunktur weltweit zurückging, kehrten die meisten Länder nach und nach zur Einführung von Schutzzöllen zurück (NIEMANN 2006a).

Im 19. Jahrhundert war jedoch auch die Bevölkerung der führenden Industrienationen in einem bisher nicht gekannten Maße gewachsen. Die Einwohnerzahl Großbritanniens verdoppelte sich von 1800 bis 1850, und in der zweiten Hälfte des 19. Jahrhunderts fast noch einmal. Dies hatte ein starkes Überangebot an Arbeitskräften zur Folge, das in der ersten Hälfte des Jahrhunderts zu Lohnsenkungen, Armut und Hunger führte (NIEMANN 2006b).

Armut und Auswanderung

Auch für die Küste des Wattenmeeres war das 19. Jahrhundert überwiegend eine Zeit der Armut und des Verfalls. Die Handelsschifffahrt, die während der Napoleonischen Kriege aufgrund der Kontinentalsperre geruht hatte, erholte sich nicht wieder. Die Insulaner wandten sich der Landwirtschaft zu. Die Bevölkerung war aber im „Goldenen Zeitalter" rasch angewachsen; die landwirtschaftliche Nutzfläche der Inseln reichte nicht aus, um für alle Arbeit und Brot zu bieten. Vielen blieb nur die Auswanderung. Und als 1849 in Kalifornien Gold gefunden wurde, verstärkte sich der Anreiz vor allem für die jungen Männer, ihr Glück in Amerika zu versuchen. In Schleswig-Holstein hatte seit 1735 ein Privileg gegolten, das „die nordfriesischen Seefahrer auf ewige Zeiten vom Kriegsdienst befreite". Als Schleswig-Holstein im Jahre 1864 nach dem Deutsch-Dänischen Krieg an Preußen fiel, wurde dieses Sonderrecht hinfällig. Von Föhr wanderten in den folgenden Jahrzehnten rund 60 bis 70 Prozent der jungen Männer und 30 Prozent der Mädchen aus (QUEDENS 1985). Die Bevölkerung von Rømø nahm von 1800 im Jahre 1737 auf nur 925 im Jahre 1895 ab (SØRENSEN 1982).

Zunächst waren viele Insulaner noch in der Küstenschifffahrt beschäftigt. So nennt die Liste der Erwerbstätigen von Spiekeroog für das Jahr 1885 noch 22 Seeleute (bei einer männlichen erwerbstätigen Bevölkerung von 53). Doch nach 1870 wurden die Segelschiffe zunehmend durch Dampfer ersetzt, wodurch die Zahl der Arbeitsplätze weiter abnahm. Eine Rückkehr zum Fischfang bot keinen Ausweg. Ende des 19. Jahrhunderts waren die lokalen Fischkutter durch moderne Trawler ersetzt worden, die von den großen Häfen des Festlandes aus operierten (MEYER-DEEPEN & MEIJERING 1983).

Während des 19. Jahrhundert wurde auf dem Festland eine Reihe neuer Häfen gegründet, die aufgrund ihrer günstigeren Lage rasch allen Handel an sich zogen. Bremerhaven wurde im Jahre 1826 gegründet. Den Helder florierte für kurze Zeit als Handelshafen, bis dann 1875 durch den Bau des Noordzeekanaals der Handel an der Provinz Noordholland vorbei direkt nach Amsterdam geleitet wurde. Wilhelmshaven entstand 1853 als preußischer Marinehafen. Esbjerg wurde 1868 gegründet, nachdem Dänemark seine Nordseehäfen im Krieg von 1864 an Preußen verloren hatte. Schließlich entstand im Jahre 1880 der Fischereihafen in Cuxhaven.

Handel und Wandel

Schiffsverkehr, Häfen und Wasserstraßen

Dockhäfen oder Tidehäfen?

Hull war die erste Stadt, die einen tideunabhängigen Hafen, ein sogenanntes Dock baute. Ein Dockhafen erleichtert das Be- und Entladen der Schiffe. Die Wasserstände in den Hafenbecken werden durch Schleusentore auf einem gleichmäßigen Stand gehalten. Das Queen's Dock wurde 1778 eröffnet. London folgte wenige Jahre später mit dem Bau der West India Docks (1802 eröffnet), der London Docks (1805) und der St. Katherine Docks (1828). Auch weitere Häfen wurden nach diesem Prinzip angelegt. Das markanteste Beispiel in Deutschland war der Reichskriegshafen in Wilhelmshaven.

Die Anforderungen an Häfen unterliegen einem ständigen Wandel. Alte Häfen haben in den letzten Jahrzehnten zum Teil ihre Bedeutung an neue, günstiger positionierte Standorte abgeben müssen. Ein typisches Beispiel ist London. Einen erheblichen Standortnachteil hatte der Londoner Hafen während des Zweiten Weltkrieges aufzuweisen. Da die Zufahrtswege in Reichweite der deutschen Luftwaffe lagen, war die Nutzung des Hafens erheblich erschwert. Nach dem Krieg zeigte sich schon bald, dass die alten Hafenbecken für die immer größeren Schiffe nicht mehr geeignet waren. Eine Erweiterung war aufgrund der dichten Bebauung nicht möglich, sodass sich heute die Hafenanlagen Londons an die Themsemündung nach Tilbury verlagert haben. Die ältesten Docks wie das Royal Victoria Dock (eröffnet 1855), das South Dock (1860), das Royal Albert Dock (1880) und das King George V. Dock (1921) haben alle ihren Hafenbetrieb um 1980 eingestellt. Die ehemaligen Hafenanlagen sind danach vollständig beseitigt worden, das alte Docklandgelände wurde zu einem Finanzzentrum (Canary Wharf) und zu modernen Luxus-Wohnanlagen am Wasser umgebaut (GAEBE & HALL 1991). Anstatt das Wasser künstlich aufzustauen, um die gewünschte Wassertiefe zu erhalten, wird heute in der Regel gebaggert. Tidehäfen sind schneller als Dockhäfen, da das aufwändige Ein- und Ausschleusen entfällt. Der moderne Hafen Londons in Tilbury ist ein Tidehafen.

Container

Auch beim Verladen der Güter hat sich die Geschwindigkeit erhöht. Während früher die meisten Güter in Kisten oder Säcken transportiert wurden, werden heute in der Regel genormte Container verwendet. Der Vorteil liegt darin, dass die Güter zu Lande und zu Wasser in demselben Behältnis transportiert werden können, ohne dass man sie umpacken muss. Der nach ISO-Norm bemessene 20-Fuß-Container gilt als Maßeinheit im Containerverkehr. Er ist 20 Fuß (6,096 Meter) lang, acht Fuß (2,44 Meter) breit und acht Fuß und sechs Zoll (2,59 Meter) hoch. Diese Größe wird als *Twenty-foot equivalent unit* (TEU) bezeichnet. Überwiegend werden aber heute 40-Fuß-Container (12,19 Meter lang) verwendet. Darüber hinaus gibt es verschiedene Sondermaße.

Die Container können auf den Schiffen in bis zu 13 Lagen übereinandergestapelt werden. Sie sind durch sogenannte Twistlocks miteinander verbunden. Der Güterumschlag mit Containern kann etwa zehnmal schneller erfolgen als mit herkömmlichem Stückgut. Wegen der genormten Größen kann das Umladen weitgehend automatisiert werden (Abb. 10.3). 70 Prozent des Stückguts wird heute in Containern transportiert, aber auch Waren wie Kaffee oder Bananen. Die Transportkosten haben sich dabei drastisch verringert. Der Transport einer Flasche Wein von Australien nach Europa kostet etwa zwölf Cent; ein Pfund Kaffee aus Mittelamerika kann für sechs Cent nach Deutschland gebracht werden (Quelle: www.wikipedia.de).

10.1 Der Hamburger Hafen wenige Wochen nach Kriegsende. Das Luftbild zeigt zerstörte Fabrikhallen und zum Teil versenkte Schiffe im Bereich Steinwärder Kanal/Norderloch.

Ende und neuer Anfang

Viele Häfen im Umkreis der Nordsee wurden vom Luftkrieg schwer getroffen. Am größten waren die Zerstörungen in Hamburg (Abb. 10.1). Unmittelbar nach Kriegsende war nur ein einziges Hafenbecken, der Kaiser-Wilhelm-Hafen mit neun Meter Wassertiefe und einer 500 Meter langen Kaimauer, in einem Zustand, dass er für den Güterumschlag genutzt werden konnte. Seit 1948 waren deutsche Schiffsmakler wieder zugelassen, aber nach dem Potsdamer Abkommen durfte Deutschland keine Schiffe über 2000 BRT besitzen. Noch 1948 war das größte Passagierschiff die 1925 gebaute Hafenfähre Jan Molsen (860 BRT), die zwischen Hamburg und Cuxhaven verkehrte. Mehrere Kapitäne machten als Decksleute Dienst auf dem kleinen Schiff. Für viele der etwa 60 000 Hamburger Seeleute gab es überhaupt keine adäquate Arbeit;

Schiffsverkehr, Häfen und Wasserstraßen

manche mussten in den Trümmern der Stadt Steine klopfen (Quelle: Die Neue Zeitung, 18.9.1948).

Am Ende des Krieges wurden auch unbedeutende Ziele flächenhaft bombardiert. Nach dem schweren Angriff auf Helgoland wurde zwei Wochen vor Kriegsende die In-sel Wangerooge mit 480 Bombern angegriffen. 5000 Bomben wurden über der Insel abgeworfen; das Luftbild zeigt den verwüsteten Westteil der Insel unmittelbar nach dem Angriff (Abb. 10.2). Einige der Krater sind noch heute im Gelände sichtbar.

10.2 Wangerooge unmittelbar nach dem Luftangriff vom 25.4.1945. Die Einschläge am Strand sind noch nicht vom nächsten Hochwasser verwischt. Handschriftliche Einträge markieren die Küstenbatterien, denen der Angriff galt. Das Bild ist nordorientiert, daher steht die Schrift auf dem Kopf.

Der Container wurde in den USA erfunden. Malcolm P. McLean gründete die Sea-Land Corporation Ltd. und ließ einen Tanker so umbauen, dass er die genormten Behälter transportieren konnte. Die erste Fahrt fand am 26.4.1956 statt; damals wurden 58 Container von Newark (New Jersey) nach Houston (Texas) transportiert. Diese Art der Beförderung von Waren setzte sich in den USA rasch durch. Im Jahre 1966 kam das erste Containerschiff, die „Fairland" nach Europa. Am 2.5.1966 legte sie in Rotterdam an, am 6.5. in Bremen. Das erste deutsche Containerschiff wurde 1968 in Hamburg in Dienst gestellt. 1981 war

die „Frankfurt Express" der Hapag-Lloyd AG mit einer Lademöglichkeit von 3430 TEU das größte Containerschiff der Welt.

Die Ausbreitung des Containerverkehrs glich einer Revolution im Gütertransport. Im ersten Jahr (1966) wurden im Bremer Hafen 16 000 TEU verladen. Ein Jahr später war es bereits die dreifache Menge. Eine Obergrenze der Schiffsgrößen war zunächst durch die Abmessungen des Panamakanals gegeben. Seine Schleusentore haben nur eine Breite von 32,3 Metern. Die größten Schiffe, die den Kanal passieren können – sogenannte **Panamax-Schiffe** –, dürfen auch nicht

Tiefgang von 13,5 Metern. Sie kann 4170 TEU laden.

Im Jahre 1988 wurden zum ersten Mal Containerschiffe gebaut, die breiter waren als die Panamaschleusen. Diese Schiffe waren ausschließlich für den Pazifikdienst bestimmt. 1996 wurde das erste Super-Postpanamax-Containerschiff in Dienst gestellt. Die „Regina Maersk" ist 42,8 Meter breit und 300 Meter lang und hat eine Stellplatzkapazität von 7000 TEU – das sind über 50 Prozent mehr als das bis dahin größte Containerschiff. Inzwischen sind die Schiffsgrößen weiter angewachsen. Das zur Zeit größte Containerschiff, die „Emma Maersk", hat ein Fassungsvermögen von über 13 000 TEU. Sie ist 398 Meter lang, 56,4 Meter breit und hat einen maximalen Tiefgang von 16 Metern. Sie kann damit zur Zeit mit voller Ladung keinen deutschen Hafen anlaufen. Der neue Euromax-Terminal in Rotterdam, dessen erster Abschnitt 2007 fertiggestellt wurde, bietet eine Wassertiefe von 16,65 Metern; die Kaianlagen sind jedoch bereits für eine potenzielle Wassertiefe von 19,65 Metern ausgelegt (Quelle: www.portofrotterdam.com). In Deutschland wird zuerst JadeWeserPort in der Lage sein, voll beladene Schiffe dieser Größen abzufertigen; die Inbetriebnahme ist für 2010 geplant (WITTHÖFT 2004).

Der nächste Schwellenwert liegt bei der Schiffsgröße, die noch voll beladen den Suezkanal durchfahren kann (Suezmax). Die „Emma Maersk" ist ein solches **Suezmax-Schiff.** Da der Suezkanal im Gegensatz zum Panamakanal keine Schleusen aufweist, ist hier die Wassertiefe der limitierende Faktor. Der zulässige Tiefgang ist auf 16 Meter festgesetzt. Die Breite des Kanals (64 Meter zulässige Schiffsbreite) ist groß genug, um nicht hinderlich zu wirken. Der Suezkanal soll in den nächsten Jahren vertieft werden. Bei großen Tankern wird heute ein Teil der Ladung vor dem Passieren des Kanals auf ein kleineres Tankschiff umgeladen und nach Passieren des Kanals wieder zurückgepumpt.

Große Containerschiffe laufen nur wenige Häfen an, sogenannte **Hubs.** Von dort aus werden die Container teils über Land weitertransportiert, teils mit kleineren **Feederschiffen** auf andere Seehäfen verteilt. Feederschiffe können meist einige Hundert Standardcontainer (TEU) transportieren. Die Ostseehäfen werden in der Regel von Feederschiffen beliefert. Diese Art der Verteilung (Transshipment) bedingt, dass als Hubs auch dezentral gelegene Häfen infrage kommen. So sind selbst die englischen Häfen als ernst zu nehmende Konkurrenten für die großen Containerhäfen des Festlandes anzusehen.

länger als 294 Meter sein, um in die Schleusenkammern zu passen. Noch heute werden viele Containerschiffe unter Beachtung dieser Grenzwerte gebaut. Wichtig ist beim Transport über große Entfernungen nicht nur die Größe der Schiffe, sondern auch die Geschwindigkeit. Die im Mai 2006 von der Volkswerft (Stralsund) gelieferte „Maersk Boston" als Typschiff von sieben sehr schnellen Panamax-Containerschiffen erreicht eine Dienstgeschwindigkeit von 29,2 Knoten (54 Stundenkilometer) und ist damit das schnellste Containerschiff der Welt. Die „Maersk Boston" ist 294 Meter lang, 32 Meter breit und hat einen

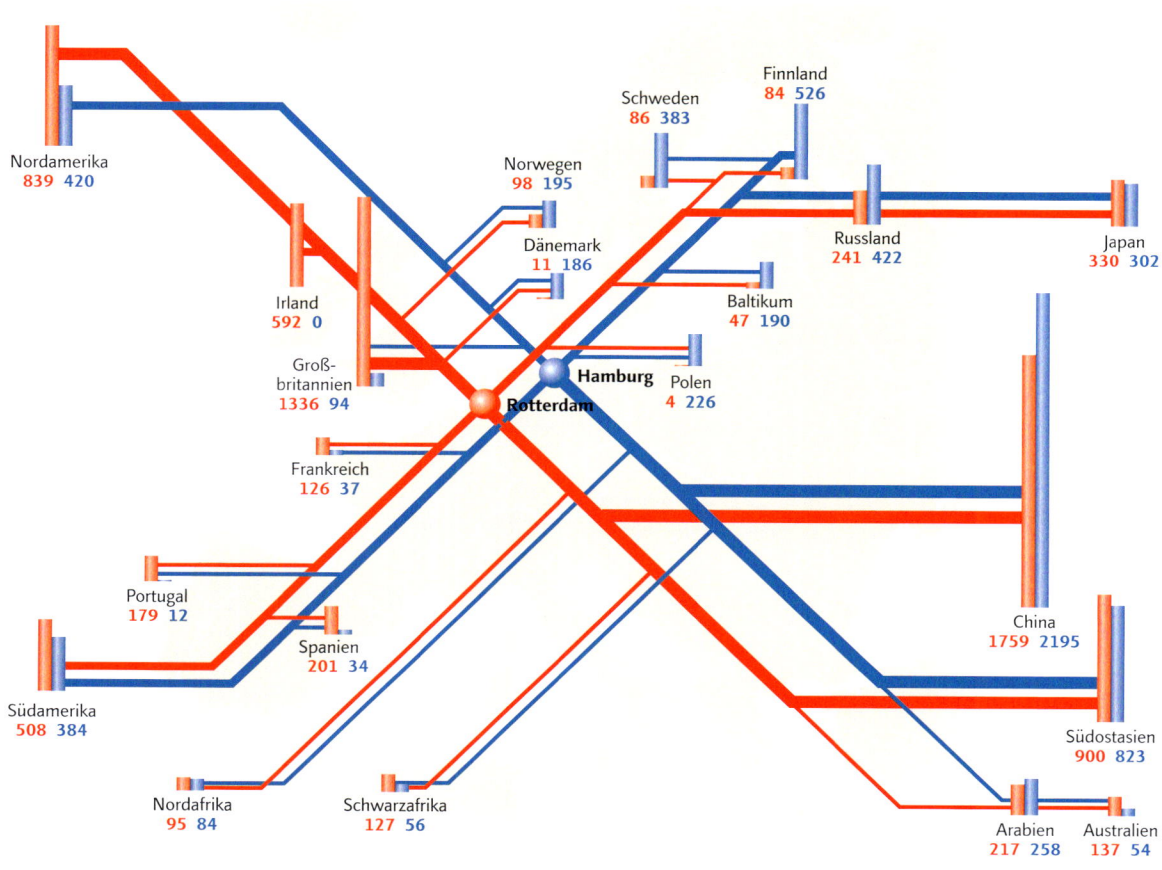

10.4 Vergleich der Containerhäfen Hamburg (blau) und Rotterdam (rot). Hamburg bedient überwiegend den skandinavischen Raum und Nordost-europa, Rotterdam überwiegend West- und Südwesteuropa (Zahlen in 1000 TEU für 2006, nach Angaben des Port of Rotterdam und der Hamburg Port Authority).

Nordamerika
839 420

Schweden
86 383

Finnland
84 526

Norwegen
98 195

Irland
592 0

Dänemark
11 186

Russland
241 422

Japan
330 302

Baltikum
47 190

Groß-
britannien
1336 94

Hamburg
Rotterdam

Polen
4 226

Frankreich
126 37

China
1759 2195

Portugal
179 12

Spanien
201 34

Südamerika
508 384

Südostasien
900 823

Nordafrika
95 84

Schwarzafrika
127 56

Arabien
217 258

Australien
137 54

10.5 Ro-Ro-Ver-ladung im Hafen von Rotterdam (2007).

Ro-Ro-Verkehr

Neben den Containern spielt der Ro-Ro-Verkehr (Roll on / Roll off) im Warentransport per Schiff eine erhebliche Rolle. Insgesamt werden im Nord-seeraum per Ro-Ro zur Zeit etwa 8,1 Millionen TEU bewegt. Das ist ein knappes Drittel (29 Pro-zent) der Gütermenge, die per Container bewegt wird. Der Ro-Ro-Verkehr konzentriert sich jedoch auf andere Schwerpunkte. Während die deut-schen Seehäfen beim Containerverkehr eine füh-rende Rolle spielen, sind sie hier deutlich unterre-präsentiert. Die wichtigsten Ro-Ro-Häfen liegen in der Südlichen Nordsee. Hier stehen Zeebrugge, Rotterdam, Felixstowe und Harwich sowie die Humber-Häfen an der Spitze des Verkehrsaufkom-mens (Abbildungen 10.4 und 10.5).

Massengüter

Massengüter wie Erz und Öl, aber auch Getreide, werden nicht in Containern transportiert. Der größte Ölhafen der Nordseeküste ist Rotterdam (98 Millionen Tonnen im Jahre 2006). In Deutschland ist Wilhelmshaven der bedeutendste Ölhafen mit einem Umschlag von gut 30 Millionen Tonnen im Jahre 2006 (Abb. 10.6). Für Kohle sind Amsterdam, Rotterdam und Antwerpen die Hauptimporthäfen an der Nordseeküste, wobei Rotterdam der größte Umschlagplatz für Importkohle ist. Etwa ein Drittel der Importe aus Übersee nach Westeuropa laufen über Rotterdam. Der größte Anteil wird am EMO-Terminal entladen, an der Maasvlakte direkt an der Nordsee, wo die größten Schiffe mit einer Ladekapazität von bis zu etwa 350 000 TDW *(tons dead weight)* bei einer Wassertiefe von 23 Metern jederzeit entladen werden können. Vier Liegeplätze für solche **Capesize-Schiffe** (Schiffe, die so groß sind, dass sie den Suezkanal nicht durchfahren können) stehen hier zur Verfügung. Im Jahre 2006 wurden über den Hafen von Rotterdam 27 Millionen Tonnen Kohle importiert. Der Gesamtbedarf der Niederlande liegt nur bei zwölf Millionen Tonnen.

Künftige Entwicklung

Eine Untersuchung im Rahmen des *Interreg IIIB North Sea Programme* der EU kommt zu dem Ergebnis, dass die künftige Entwicklung zu einer weiteren Verstärkung des Containerverkehrs in den bisherigen Schwerpunkten führen wird (BAIRD 2004). Bis zum Jahre 2010 wird sich die Kapazität der Nordseehäfen auf insgesamt knapp 30 Millionen TEU erhöhen. 41 Prozent dieses Zuwachses (verglichen mit den Daten für 2003) entfallen auf die deutschen Häfen, weitere 24 Prozent auf Antwerpen, 12 Prozent auf Rotterdam. Diese Häfen werden mehr als drei Viertel des zu erwartenden Zuwachses zu verzeichnen haben.

Auch der Ro-Ro-Verkehr wird weiter zunehmen. Hier liegen die Schwerpunkte der Entwicklung ebenfalls im Bereich der heute schon führenden Häfen an den Küsten der Südlichen Nordsee, nämlich der Häfen am Humber, sowie der soge-

10.6: Ölverladung in Wilhelmshaven (9. 9. 2004).

nannten Haven Ports (Felixstowe und Harwich), Zeebrugge, Rotterdam und Ostende, die zusammen fast 90 Prozent des zu erwartenden Ausbaus leisten werden.

Schiffsbau

Bis in die Mitte des 20. Jahrhunderts waren die europäischen Länder führend im Schiffsbau. Dann wurden Betriebe in Übersee konkurrenzfähig und der Schiffsbau hat sich zunehmend nach Japan, Taiwan, Südkorea und China verlagert. Die Deutsche Werft in Hamburg-Finkenwerder wurde 1973 nach der Fusion mit den Howaldtswerken geschlossen. 1983 musste die AG Weser in Bremen Konkurs anmelden. Die Bremer Vulkan-Werft musste 1997 ihren Betrieb einstellen. Die drei größten deutschen Werften Deutsche Nordseewerke (Emden), Blohm & Voss (Hamburg) und HDW wurden 2005 zusammengeschlossen und von Thyssen-Krupp übernommen. Einen erheblichen Teil der Aufträge machen Reparaturen aus. Während anfangs europäische Werften bei der Herstellung der Containerschiffe erhebliche Anteile hatten, hat sich der Schiffsbau inzwischen fast vollständig nach Ostasien verlagert. Lediglich die zu Maersk gehörende Schiffswerft im dänischen Odense hat auch in jüngster Zeit noch für den Mutterkonzern große Containerschiffe gebaut (Odense Staalskibsværft).

Eine Besonderheit im Schiffsbau ist der Standort der Meyer-Werft in Papenburg an der Ems, 36 Kilometer flussaufwärts von der Mündung in den Dollart. Die **Meyer-Werft** baut große (Panamax-) Seeschiffe, sie hat sich in der Nachkriegszeit spezialisiert auf den Bau von Autofähren, Passagierfähren, Ro-Ro-Schiffen, Containerschiffen, Tiertransportern, Gastankern und seit Mitte der 1980er-Jahre vor allem auf den Bau von luxuriösen Kreuzfahrtschiffen. Der Betrieb ist ein wichtiger Arbeitgeber in der ansonsten stark landwirtschaftlich geprägten Region des Emslandes. Um den Bestand der Werft zu sichern und den Bau immer größerer Schiffe zu ermöglichen, ist die Ems wiederholt vertieft worden. Für das Auslaufen großer Schiffsneubauten muss die Ems zusätzlich aufgestaut werden. Die bisher größten Schiffe, die in Papenburg gebaut werden sollen, sind zwei Kreuzfahrtschiffe von jeweils 124 000 BRT für die Disney Cruise Line. Ihre Fertigstellung ist für 2011 oder 2012 geplant.

Für diesen wirtschaftlichen Erfolg waren massive **Eingriffe in den Naturhaushalt** der Ems erfor-

derlich. Der Fluss wurde zunächst auf 6,30 Meter (1991), dann auf 6,80 Meter (1993) und schließlich auf 7,30 Meter (1994) vertieft. Um die Wassertiefe weiter zu vergrößern (auf 8,50 Meter), wurde 1998 ein Sperrwerk mit Staufunktion gebaut. Diese Maßnahmen führen zu vergrößertem Tidenhub, erhöhtem Tidehochwasser, höheren Fließgeschwindigkeiten und einer starken Verschlickung, der durch Baggern entgegengewirkt werden muss. Weitere Ausbaggerungen, Verbreiterungen, Begradigungen und ein Aufstau um 2,70 Meter (statt bisher 1,75 Meter) sind beantragt.

Verbindungen über das Wasser

Gewässer sind nicht nur Verkehrswege, sondern gleichzeitig auch Verkehrshindernisse. Fährüberfahrten sind sehr zeitaufwendig. So hat man früh damit begonnen, die größeren Flüsse so nah wie möglich an der Mündung durch **Brücken** zu queren. Die technischen Möglichkeiten waren zunächst stark begrenzt. Da der Straßenverkehr bis zu Beginn des 20. Jahrhunderts mit Pferdefuhrwerken erfolgte, bestand für den schnellen Transport über größere Entfernungen zunächst vor allem ein Bedarf an großen Eisenbahnbrücken.

Im Jahre 1850 wurde die Royal Border Bridge für die „York, Newcastle and Berwick Railway" über den Tweed bei Berwick eröffnet. In Deutschland entstanden 1872 die beiden Eisenbahnbrücken über die Norder- und Süderelbe bei Hamburg. Die entsprechende Straßenverbindung folgte erst rund 25 Jahre später, im Jahre 1899 (FHH 2002). Die Eisenbahnbrücke über den Firth of Forth in Schottland wurde 1890 eingeweiht. Ursprünglich hatte sie nach einem Entwurf von Thomas Bouch gebaut werden sollen. Aber nachdem dessen Brücke über den Firth of Tay 1879 eingestürzt war, kamen den Verantwortlichen Bedenken. Nun wurden die Ingenieure Sir John Fowler und Benjamin Baker mit der Erarbeitung eines neuen, solideren Entwurfs beauftragt (WOLMAR 2007). Die 2512 Meter lange Straßenbrücke (Forth Road Bridge) folgte erst 85 Jahre später; sie wurde im Jahre 1964 eröffnet. Mängel in der Bauausführung und erheblich stärkere Verkehrsbelastung als geplant haben dazu geführt, dass die Lebensdauer dieser Brücke heute erheblich geringer eingeschätzt wird als beim Bau. Eine Vollsperrung für 2020 wird für möglich gehalten (Brown 2005).

Die 2,2 Kilometer lange Humber Bridge (1981 eröffnet, Abb. 10.7) war bis 1998 die längste Hängebrücke der Welt (inzwischen übertroffen durch die dänische Beltbrücke und die Akashi-Kaikyo-Brücke in Japan).

Eine Alternative zum Bau großer Brücken ist die **Untertunnelung** der Gewässer. Diese bietet sich besonders dort an, wo eine Behinderung der Schifffahrt auf jeden Fall vermieden werden soll. Bereits in den 1930er-Jahren entstand der Plan, elf Kilometer östlich von Newcastle den Tyne durch einen Auto-, Fahrrad- und Fußgängertunnel zu unterqueren. Der Fußgänger- und der Fahrradtunnel wurden 1951 fertiggestellt, der 1,68 Kilometer lange Autotunnel erst 1967. Um den stark frequentierten Autotunnel zu entlasten, ist heute der Bau eines zweiten Tunnels geplant, sodass künftig zwei Fahrspuren in jede Richtung verfügbar wären (MOFFAT & ROSIE 2006).

Ging es früher in erster Linie darum, die großen Zentren auf kürzestem Wege miteinander zu verbinden, so steht bei jüngeren Flussquerungen vor allem die Umgehung der großen Städte im Mittelpunkt. Für die Querung der Themse ist östlich von London die Dartford Crossing eingerichtet worden. Sie besteht aus zwei Tunneln (1963 und 1980

eröffnet) und einer 2852 Meter langen Schrägseilbrücke (Queen Elizabeth II Bridge), die im Jahre 1991 eröffnet wurde.

Die Niederlande sind auf Grund der zahlreichen breiten Wasserläufe ein Land der Brücken und Tunnel. Die Entwicklung setzte jedoch später ein als in Großbritannien. Der erste große Straßentunnel, der 1070 Meter lange Maastunnel in Rotterdam, ist erst während der deutschen Besatzungszeit 1942 fertiggestellt worden. Die 1957 in Betrieb genommenen beiden Velsertunnel bei Ijmuiden (Eisenbahn- und Straßentunnel) haben eine Länge von 2076 Meter beziehungsweise 1667 Meter. Der 2003 eröffnete Westerscheldetunnel in den Niederlanden ist ein 6,6 Kilometer langer Straßentunnel, der Ellewoutsdijk auf Walcheren mit Terneuzen in Zeeuws-Flanderen verbindet. Es ist der längste Straßentunnel der Niederlande. Die mit 5022 Meter nur wenig kürzere Zeelandbrug ist die längste Brücke des Landes. Sie quert die Oosterschelde von Zierikzee auf Schouwen-Duiveland nach Colijnsplaat auf Noord-Beveland. Die Brücke wurde 1965 eröffnet.

In Dänemark wurde zunächst der Kleine Belt durch eine Eisenbahnbrücke (1935) und eine Autobahnbrücke (1970) gequert. Seit 1998 sind auch

10.7 Humber Bridge (2007).

die Inseln Fyn und Seeland durch die Storebælts-broen verbunden. Sie besteht aus zwei Teilabschnitten. Die 6611 Meter lange Westbrücke führt von Fyn zur kleinen Insel Sprogø, von wo die 6790 Meter lange Ostbrücke nach Seeland weiterführt. Die 2694 Meter lange Hängebrücke (Teil der Ostbrücke) ist zur Zeit die längste Hängebrücke Europas. Die Eisenbahn wird nicht über diese Brücken geführt, sondern quert den Großen Belt in einem acht Kilometer langen Tunnel. Im Jahre 2000 wurde die Brücke über den Øresund eröffnet, sodass heute ein Landweg über die dänischen Inseln zur Skandinavischen Halbinsel existiert.

Brücken und Tunnel bedeuten in der Regel das Ende der **Fährverbindungen.** Die Querung des größten Gewässers, der Nordsee, erfolgte traditionellerweise per Schiff. Heute sind den Fähren im Personenverkehr durch billige Flugverbindungen und im Eisenbahnverkehr durch den 50,45 Kilometer langen, 1994 eröffneten Kanaltunnel zwischen Coquelles bei Calais und Folkestone bei

Dover starke Konkurrenten erwachsen. Einige Fährlinien mussten eingestellt werden. So gibt es heute (Stand 2008) keine einzige Fährverbindung von Deutschland nach Großbritannien mehr. Auch die Fähre von Esbjerg nach Newcastle ist eingestellt worden. Es gibt noch eine Fähre, die zwischen Esbjerg und Harwich verkehrt, sowie die Verbindungen von den Niederlanden (Amsterdam – Newcastle, Hoek van Holland – Harwich, Rotterdam – Hull; Abb. 10.8) und von Belgien (Zeebrugge – Rosyth, Zeebrugge – Hull). Im Norden bestehen nach wie vor Fährverbindungen von Norwegen (Bergen, Haugesund und Stavanger) nach Newcastle. Und auch um von Jütland nach Norwegen zu gelangen, benutzt man am besten die Fähre. Zu den traditionellen Fährlinien von Frederikshavn nach Oslo, von Hirtshals nach Larvik, Kristiansand, Langesund, Stavanger oder Bergen ist der schnelle Katamaran von Hanstholm nach Kristiansand gekommen, der die Strecke in zwei Stunden zurücklegt.

10.8 Fähre „Pride of York" verlässt Hull auf dem Weg nach Rotterdam (2007).

Schiffsverkehr, Häfen und Wasserstraßen

Von der „entsetzlichen Wasserwüste" zum Urlaubsparadies

Anfänge des Fremdenverkehrs

„Cromer is a market town close to the shoar of this dangerous coast, I know nothing it is famous for (besides it's being thus the terror of the sailors) ..." (DEFOE 1724). Als der Autor des berühmten Romans *„Robinson Crusoe"* diese Zeilen schrieb, war die See in erster Linie ein gefährlicher Ort, den man nicht freiwillig aufsuchte, und auch im „Robinson" spielen Seenot und Schiffbruch eine große Rolle. Schon bevor der Held des Buches auf seine einsame Insel verschlagen wird, übererlebt er in der Nordsee nur knapp einen Schiffsuntergang. Defoe hat als Quelle für diese Passagen Beschreibungen des verheerenden Sturms von 1703 benutzt, bei dem an der englischen Ostküste viele Schiffe verloren gingen (TEMPLE 1974). Und noch im Jahre 1807 klagt der Verfasser der *„Reis door Holland in 1807–1812"* beim Anblick des Wattenmeeres: *„O, welch eine entsetzliche Wasserwüste ..."* (VAN DER MOLEN 1978). Erst später setzte sich die Auffassung durch, dass die Küste des Meeres ein freundlicher und angenehmer Ort sei, durchaus geeignet, um seinen Urlaub dort zu verbringen. Heute ist Cromer deshalb nicht mehr der Schrecken der Seeleute, sondern ein gut besuchter Ferienort, und an der Küste des Wattenmeeres drängen sich die Touristen.

Als Vorläufer des heutigen Tourismus mag man die Pilgerreise, die *Grand Tour* junger Adliger seit dem 14./15. Jahrhundert und die seit dem Spätmittelalter vorgeschriebene Walz der jungen Handwerker ansehen. Die beiden Letzteren hatten in erster Linie eine praktische Bedeutung: Der junge Adelige sollte auf seine Rolle in der Welt der Herrschenden vorbereitet werden und entsprechend nützliche Kontakte knüpfen, während der Handwerker fremde Arbeitstechniken kennenlernen sollte. Erst später kamen zusätzlich Reisen zum Wohle der Gesundheit in Mode (HACHTMANN 2007).

Das erste **Heilbad** an der Nordseeküste war allerdings nicht als Seebad entstanden. Im Jahre 1626 hatte eine Mrs. Elizabeth Farrow entdeckt, dass südlich der Stadt Scarborough ein Strom säurehaltigen Wassers über das Kliff ins Meer floss. Ein Heilwasser? Möglicherweise. Diese Entdeckung blieb zunächst ohne Folgen; England wurde von 1642 bis 1646 vom Bürgerkrieg erschüttert. Scarborough und die Burg wechselten siebenmal den Besitzer und mussten zwei längere Belagerungen aushalten. Am Ende des Bürgerkriegs lag die Stadt in Trümmern. Da entsann man sich des Mineralwassers. Im Jahre 1660 veröffentlichte ein Dr. Wittie ein Buch über das Heilwasser von Scarborough, und in der Folge setzte ein Strom von Besuchern ein.

Auch Whitby verdankt den frühen Beginn seiner Entwicklung als Ferienort der Entdeckung von Heilquellen. Die angebliche Wirkung des Heilwassers ist in einem Gedicht eines örtlichen Zollbeamten aus dem Jahre 1718 verewigt worden *„im Andenken an Mr. Andrew Longs Genesung von der Gelbsucht durch das Trinken des Heilwassers von Whitby"* (WHITE 2004).

Scarborough und Whitby waren zwar Englands erste Badeorte an der See, aber das Baden in der See begann erst im Jahre 1735, als die ersten Badekarren *(rolling bathing machines)* eingeführt wurden. In seinem Buch *„De usu aquae marinae in morbis glandularum"* hatte der Arzt Russel (1750) das Baden im Meer wegen seiner heilenden Wirkung empfohlen. Das Baden wurde folglich unter medizinischen Gesichtspunkten betrachtet und geschah sozusagen unter ärztlicher Anleitung (WHITE 2004). Auch der englische König Georg III. hat seit 1789 seinen Sommerurlaub am Meer verbracht (in Weymouth). Seine Krankheit (Wahnsinn) konnte freilich auch das Meer nicht heilen.

Die Zahl der Seebäder nahm rasch zu. Genaue Zahlen liegen nicht vor, aber das Vine Hotel in Skegness warb 1772 mit dem Angebot von Unter-

11.1 Scarborough, Burg im Hintergrund, Eselreiten am Strand – ein typisch englisches Vergnügen (2007).

kunft für *„gentlemen, ladies and others"* und mit dem Hinweis auf eine der saubersten Küsten Englands (DOWLING 2005). Das Baden in der See wurde zwar vor allem wegen seiner Heilkraft propagiert, doch gingen die Seebäder bald dazu über, auch andere Attraktionen anzubieten. So entwickelte sich in Cleethorpes (Lincolnshire) eine Art Jahrmarkt, das *„Folly Feast"*, das sich immer größerer Beliebtheit erfreute und das schließlich aufgrund des mit zunehmender Besäufnis einhergehenden Frohsinns im Jahre 1786 wegen der „Entweihung des Sonntags" verboten werden musste.

Die Zahl der Badegäste war in diesen frühen Jahren äußerst gering. Man darf nicht vergessen, dass die Seebäder damals nicht leicht zu erreichen waren. Der Erzdiakon von Nottingham, John Eyre, berichtet von einer „Expedition", die er im Jahre 1817 per Pferdekutsche nach Cleethorpes unternahm. Die Entfernung betrug etwa 90 Kilometer. Die Gesellschaft war um 7.30 Uhr von Nottingham aufgebrochen, hatte unterwegs zwei Pausen eingelegt und erreichte schließlich gegen 19.00 Uhr das Dorf Great Limber. Hier wurde übernachtet und dann am folgenden Morgen die

verbleibenden 16 Meilen nach Cleethorpes zurückgelegt. Die Reisenden verbrachten einige Stunden am Strand, erreichten abends wieder Great Limber und brauchten den folgenden Tag, um nach Nottingham zurückzukehren. Die Fahrt war vermutlich kein reines Vergnügen; der Erzdiakon schreibt, dass die Straßen zum Teil in schlechtem Zustand waren und dass es geregnet hat (DOWLING 2005).

Diese Beschreibung verdeutlicht, dass für die weitere Entwicklung der Seebäder die **mangelnde Infrastruktur** ein ernstes Hindernis darstellte. Erst der Bau der Eisenbahn schaffte Abhilfe. Als im Jahre 1841 die Möglichkeit einer Bahnlinie von York nach Scarborough diskutiert wurde, erkannte der junge Architekt John Gibson zuerst die Zeichen der Zeit. Er baute einen großen Beherbergungsbetrieb in Scarborough, den er im Unterschied zur bisher üblichen Praxis nicht als „Hostel" (also Herberge), sondern als „Hotel" bezeichnete – das erste seiner Art in Großbritannien. 1845 wurde die Eisenbahn in Betrieb genommen, und am 10. 6. 1845 wurde Gibsons „Crown Hotel" eröffnet. Doch die Konkurrenz schlief nicht, und schon bald folgte der Bau des „Grand Hotel" in

Scarborough. Als es 1867 eröffnet wurde, war es eines der größten Hotels Europas. Es hatte vier Türme (einen für jede Jahreszeit), zwölf Stockwerke (für jeden Monat eines), 52 Schornsteine (einen für jede Woche) und 365 Zimmer (für jeden Tag des Jahres eines). Dieser Monumentalbau wird genau wie das Crown noch heute als Hotel genutzt.

Viele der englischen Küstenorte hatten **Burgen** oder **Ruinen** aufzuweisen, die in der Romantik äußerst beliebt waren und im Vergleich zu den noch beliebteren, aber schwer erreichbaren klassischen Altertümern in Italien oder Griechenland eine willkommene Alternative boten. Burgen und Schlösser haben bis heute ihre Bedeutung als Anziehungspunkte für den Fremdenverkehr behalten. Die Nordseeküste des Festlandes hat hier wenig zu bieten. Die Ringwälle der Lembecksburg auf Föhr oder der Tinnumburg auf Sylt können mit einer „echten" Burg ebenso wenig konkurrieren wie die Schanzen aus der Franzosenzeit auf Norderney und Spiekeroog. An der englischen und schottischen Küste sind dagegen zahlreiche alte Schlösser und Burgen zu besichtigen, Scarborough Castle zum Beispiel (Abb. 11.1), Bamburgh, Lindisfarne, Berwick Castle, Dunbar Castle oder St. Andrews Castle. Eines der größten ist Alnwick Castle in Northumberland, nach Windsor Castle die zweit-größte noch bewohnte Burg Englands. Alnwick Castle liegt etwa 50 Kilometer nördlich von Newcastle. Die Besucherzahlen der Burg sind sprunghaft in die Höhe geschnellt, als die Anlage als Kulisse für die ersten beiden Harry-Potter-Filme diente. Wo keine Burgen oder Klosterruinen (Whitby) zur Verfügung standen, wurden gelegentlich auch künstliche Ruinen angelegt, so genannte *Follies*. Dazu gehört zum Beispiel die 1885 erbaute Ruine „Ross Castle" an der Promenade von Cleethorpes (DOWLING 2005).

Orte ohne Ruinen waren eindeutig im Nachteil. In dem englischen Reiseführer *„Heligoland and the Islands of the North Sea"* heißt es dementsprechend auch gleich entschuldigend: *„In Helgoland gibt es nur wenige Bäume, kein fließendes Wasser und keine malerischen Ruinen ..."* (BLACK 1889). Die Seebade-anstalt auf der Insel wurde 1826 eingerichtet. Auch hier wird zunächst der medizinische Nutzen angepriesen: Die Seeluft hilft gegen Drüsenleiden, Reizungen der Schleimhäute und langwierige Heiserkeit. Aber auch *„gegen die Zustände gereizter Nervenschwäche mit erethischem Blutsysteme, die vielfachen hypochondrischen und hysterischen Uebel, die mannigfachen von den Nerven ausgehenden Schmerzen und Lähmungen, die Verstimmungen des Gemüthes [...], gegen diese leistet Helgoland Grosses"* (VON KOBBE & CORNELIUS 1841).

Im Jahre 1826 wurde Helgoland zum Seebad. Wie romantisch ein Aufenthalt auf der Insel sein konnte, beschreibt Reinhardt (1866/68): „Die Nächte boten das unvergleichliche Spiel des Mondlichtes auf den Wellen und die Menschen waren mehr als je geneigt, die Erde schön zu finden und einander Liebe zu schwören, besonders wenn sie, wie die Badegäste, nichts weiter zu tun hatten. In einer solchen Nacht, in welcher der Mond sehr spät aufging, fand eine Grottenbeleuchtung statt, zu welcher sich zufällig noch ein starkes Meerleuchten gesellte, zwei Schauspiele, die niemand vergessen wird, der sie jemals sah. [...] Aber selbst dieses Licht ward jetzt zum phantasievollen Schein verwandelt, als plötzlich die Teertonnen in der Höhle aufleuchteten und mit ihren intensiven Flammen die ohnehin schon roten Klippen glühend erhellten, so dass der Mondschein wie zartes Silbergewebe dagegen erschien. In einigen Booten stand die Champagnerflasche im Eiskübel, und das Glas ging in der Runde. Aus einer anderen Gruppe erklang Männergesang durch die wundervolle laue Nacht, und als die Teertonnen niedergebrannt waren, ging alles höchst befriedigt nach Hause."

Der Fremdenverkehr ist heute die Haupteinnahmequelle. Durch die Bestimmungen der EU ist heute die Möglichkeit des zollfreien Einkaufs auf Helgoland, wie er jahrelang praktiziert wurde, verschwunden. Lediglich die Mehrwertsteuer spart man noch beim Kauf von Alkohol und Zigarren. Die Attraktivität der Insel als Urlaubsziel hat merklich nachgelassen. Außer der Natur, den Felsen und den Seevögeln, die darauf nisten, hat die Insel wenig zu bieten – keinen Golfplatz, kein Meerwasserwellenbad. Der Ort lebt vor allem von den Tagesausflüglern, die für wenige Stunden die Inseln bevölkern.

Abends wird es sehr ruhig. Die Abwanderung der Bevölkerung ist ein großes Problem. Wohnten Mitte der 1980er-Jahre noch knapp 2000 Menschen auf der Insel, waren es 2004 nur noch 1488. Etwa ein Drittel der Bevölkerung ist über 65 Jahre alt. Es gibt kaum Arbeit. Die nächste Oberschule ist in Cuxhaven, auf dem Festland, und der nächste Zahnarzt auch (Krüger 2006).

11 Entwicklung zum Urlaubsparadies

11.2 Der Pier in Cleethorpes. Die Seebrücke wurde 1874 eröffnet. Sie war zunächst 528 Fuß lang, wurde später auf 1200 Fuß erweitert. Während des Zweiten Weltkriegs wurde der Pier – wie andere Piers in Großbritannien auch – durchbrochen, um keine Möglichkeit für die Landung feindlicher Truppen zu bieten. Lediglich der landwärtige Stummel von 335 Fuß wurde nach dem Krieg restauriert (2007).

Eine Besonderheit, die an der Nordseeküste nur die englischen Seebäder aufzuweisen haben, sind die **Piers** – Seebrücken, die zum Teil einige Hundert Meter weit ins Meer hinaus gebaut wurden, um den Besuchern den Anblick der wilden See zu ermöglichen, ohne dass sie sich der Gefahr aussetzen, etwa nass zu werden. Alle Piers stammen aus der viktorianischen Zeit. Die größte jemals gebaute Seebrücke dieser Art ist 2158 Meter lang. Sie steht in Southend-on-Sea in der Themsemündung. Clacton-on-Sea hat eine Seebrücke, Cleethorpes (Abb. 11.2), Cromer und Felixstowe auch. 1881 wurde der Pier in Skegness gebaut, eine 562 Meter lange Seebrücke, seinerzeit die viertlängste Englands, von der auch Dampfbootfahrten zum Wash und nach Hunstanton unternommen wurden. 1919 wurde der Pier durch ein Schiff gerammt und schwer beschädigt, 1978 durch einen Sturm erneut stark in Mitleidenschaft gezogen. Heute steht nur noch ein kurzer Stummel, der kaum über die Niedrigwasserlinie ins Meer hinaus ragt. Auch den Pier von Hunstanton hat der Sturm von 1978 zerstört. Die Piers in Coatham und Redcar wurden mehrfach von Schiffen gerammt und schließlich abgerissen. Auch von dem 1877 gebauten Pier in Withernsea steht nur noch das Torhaus. Viermal kollidierten Schiffe mit dem 364 Meter langen Bauwerk, bis schließlich 1903 nur noch 15 Meter übrig waren. Dieser klägliche Rest wurde in den 1930er-Jahren abgerissen.

Zu den Attraktionen der englischen Küste gehört auch die Suche nach **Versteinerungen.** Derartige Petrefakte stießen beim Publikum schon früh auf großes Interesse und lockten viele Sammler nicht nur an die englische Südküste. In Teilen von Yorkshire besteht die Küste aus Juragestein. Vom felsigen Strand bei Whitby wurde schon im 16. Jahrhundert berichtet: *„Wenn man die Steine aufschlägt, findet man in ihrem Inneren steinerne Schlangen, zu Kreisen aufgerollt, aber im allgemeinen ohne Köpfe"* (WHITE 2004). Der Sage nach handelte es sich bei diesen Gebilden, die später von den Naturforschern des 18. Jahrhunderts als *Cornua ammonis* (Ammonshörner) bezeichnet wurden, um Schlangen, die von der heiligen Hilda in Stein verwandelt worden waren. In Wirklichkeit waren es fossile Ammoniten. Die Jagd nach Fossilien wurde rasch zu einer beliebten Freizeitbeschäftigung, und schon in der ersten Hälfte des 19. Jahrhunderts gab es Fossilienhändler, bei denen man notfalls nach erfolgloser Suche am Strand die begehrten Ammoniten erwerben konnte (WHITE 2004).

Das **erste deutsche Seebad** öffnete in Doberan an der Ostsee 1794 seine Pforten (KULINAT 1969). Im Jahre 1797 folgte Norderney an der Nordseeküste. Die Insel besaß sehr günstige Voraussetzungen. Sie lag dicht an der Küste des Festlandes und konnte daher bei Niedrigwasser per Pferdefuhrwerk erreicht werden (VON KOBBE & CORNELIUS 1841).

Zunächst war das Baden in der See ein auf die Oberschicht beschränktes Vergnügen. Die größeren, von der Regierung betriebenen Seebäder florierten, während andere Orte sich sehr langsam entwickelten. Das Seebad in Norderney wurde 1814 von der Königlich Hannoverschen Regierung übernommen, und das Seebad in Wangerooge durch die Großherzoglich Oldenburgische Regierung im Jahre 1829 (KULINAT 1969). Im Jahre 1834 weilte König Ernst-August von Hannover zu einem Besuch auf Norderney. Im Jahre 1844 verbrachte Bismarck hier seinen Urlaub. Als Georg V. im Jahre 1851 König von Hannover wurde, verlegte er seine Sommerresidenz nach Norderney (NORDSEEHEILBAD NORDERNEY 1980). Wyk auf Föhr begann erst aufzublühen, als König Christian VII. von Dänemark begann, dort seinen jährlichen vier- bis fünfwöchigen Urlaub zu verbringen (1842 bis 1847, QUEDENS 1985). Das Baden in der See war zur Nebensache geworden. Man reiste in diese Orte, um gesehen zu werden.

Die anderen Bäder hatten erhebliche Anfangsschwierigkeiten. Nach nur fünf Jahren musste das Seebad in Nes (Ameland) auf Grund Besuchermangels geschlossen werden; ein zweiter Versuch wurde erst 1902 gestartet (BAKKER 1973). Ähnliche Gründe erzwangen die Schließung des Seebades auf Juist 1858; es wurde jedoch bereits 1866 wieder eröffnet (KULINAT 1969). Die „Aktiengesellschaft Wittdün-Amrum", die das Seebad in Wittdün gegründet hatte, musste im Jahre 1906 Konkurs anmelden (QUEDENS 1979), genau wie das Seebald Lakolk im Jahre 1903 (SØRENSEN 1982).

Eine schwache Verkehrsanbindung behinderte vielerorts die Entwicklung der Seebäder. Norderney und Borkum hatten eine bevorzugte Position, weil sie schon früh über tideunabhängige Fährverbindungen verfügten. Borkum erlebte einen deutlichen Aufschwung, als Emden 1856 an die Eisenbahn angeschlossen wurde. Wangerooge (über Carolinensiel) folgte 1890, Norderney und Juist (über Norddeich) 1892. In der Folgezeit setzte an der gesamten Küste ein steiler Anstieg des Fremdenverkehrs ein, der zwar durch die Weltkriege, die Weltwirtschaftskrise und die Währungsreform jeweils unterbrochen wurde, aber sich nach jeder Pause verstärkt fortsetzte und bis heute unvermindert anhält.

11.3: Ferienhauslandschaft auf Fanø, Dänemark. Der Flächenverbrauch ist relativ hoch; die Grundstücksgröße liegt im Schnitt bei 1500 Quadratmetern (2006).

Regionale Unterschiede

Die Ausprägung des Fremdenverkehrs im Bereich der Nordseeküste ist in den Anrainerstaaten grundsätzlich verschieden. Während sich der Urlauberstrom in Dänemark und in den Niederlanden weitgehend auf die Inseln konzentriert, ist in der Bundesrepublik der Fremdenverkehr auch an der Küste des Festlandes stark entwickelt. Das Bettenangebot auf den Inseln reicht nicht aus, um die große Nachfrage zu decken. Hinzu kommen Preisunterschiede. Durch höhere Kurtaxe und Kosten für die Schiffspassage sowie teurere Quartiere und höhere Lebenshaltungskosten ist ein Urlaub auf den Inseln erheblich teurer als auf dem Festland. Während die deutschen Inseln fast ausschließlich durch deutsche Urlauber besucht werden, wird der Fremdenverkehr auf den dänischen und niederländischen Inseln in starkem Maße durch ausländische (das heißt überwiegend deutsche) Touristen bestimmt.

In Deutschland übernachten die Urlauber meist in Ferienwohnungen, Hotels und Privatpensionen, in den Niederlanden herrscht das Camping vor, in Dänemark überwiegen die Ferienhäuser bei zusätzlich hohem Campinganteil (Abb. 11.3). Während es auf den Campingplätzen der deutschen Inseln 2900 Stellplätze für Touristen und Dauergäste gibt, sind es in Dänemark 2750 Stellplätze bei nur zwei Inseln (Rømø und Fanø), in den Niederlanden (auf Texel, Terschelling und Ameland) immerhin 4250 Stellplätze. Auf den entsprechenden Abschnitten des Festlandes gibt es in Dänemark und den Niederlanden wenige Zeltplätze, in Deutschland dagegen 13 350 Stellplätze für Zelte und Wohnwagen (ADAC 2007).

Eine Besonderheit der englischen Seebäder sind die ausgedehnten Caravanparks mit Wohnwagenanhängern zum Mieten (Abb. 11.4). Während ältere Parks in der Regel recht primitiv ausgestattet sind, haben die neueren **Caravanparks** ein deutlich erweitertes Angebot. Der Petticur Bay Holiday Park bei Burntisland, Fife, Schottland zum Beispiel bietet nicht nur „Five Star deluxe Holiday Homes" zum Kauf oder zum Mieten, sondern gleich auch Laden, Hallenbad, Fitness-Studio und – zumindest an den Wochenenden – Bingo, Live-Musik und andere Arten von Unterhaltung bis hin zur Boxnacht England gegen Schottland.

Burntisland ist ein kleiner Caravanpark. Hier stehen in landschaftlich reizvoller Lage zurzeit 557 Caravans. Wesentlich größere Einrichtungen dieser Art findet man zum Beispiel an der Küste von

Lincolnshire. Allein in dem kleinen Ort Ingoldmells (nördlich von Skegness) gibt es 10 550 derartige Ferienunterkünfte, wie die Auswertung von Luftbildern zeigt, sowie einige Hundert Stellplätze für Wohnwagen und Zelte. Die Caravans (im Schnitt etwa elf mal vier Meter groß) stehen hier meist in einem regelmäßigen Abstand von vier Metern, und da das Gelände eben ist, blickt man in jeder Richtung auf den nächsten Caravan. Der Strand ist eher reizlos, aber es gibt einen großen Vernügungspark, einen Golfplatz, und das größere Skegness mit Bingo, Riesenrad und Wasserrutsche ist nicht fern. Wenn man seinen eigenen **Wohnwagen** mit in den Urlaub nehmen will, hat man in der Regel noch etwas weniger Platz zur Verfügung – nicht nur in Großbritannien, auf Norderney sind es zum Beispiel zwischen 60 und 100 Quadratmeter pro Stellplatz.

Die Mehrzahl der Briten pflegte bis vor kurzem ihren Urlaub im eigenen Land zu verbringen (SCHNELL 1991). Der Anteil der Auslandsreisen ist jedoch inzwischen von 17 Prozent im Jahre 1988 auf gut 35 Prozent im Jahr 2003 angestiegen. Bei den Inlandsreisen überwiegen die Kurzreisen mit weniger als drei Übernachtungen (Wehling 2007). Für die zunehmende Zahl von Ausländern, die in Großbritannien Urlaub machen, stehen kulturelle Aspekte (British Museum, Tate Gallery) und Naturschönheit im Vordergrund (Schottland), während die etwas heruntergekommenen viktorianischen Seebäder nur wenige Ausländer reizen dürften.

11.4: Caravanpark bei Burntisland, Fife, Schottland. Pro Caravan stehen im Schnitt etwa 150 Quadratmeter zur Verfügung (2007).

Umgestaltung der Naturlandschaft

Der Fremdenverkehr hat die Landschaft der Nordseeküste verändert. Die Silhouetten von Westerland, St. Peter-Ording, Büsum und Sahlenburg bei Cuxhaven wirken aufgrund der in den 1960er- und 1970er-Jahren gebauten Hochhäuser nahezu großstädtisch. Auch wenn die übrigen Orte sich unauffälliger in die Küstenlandschaft einpassen, hat das Anwachsen des Fremdenverkehrs doch einen steigenden **Landschaftsverbrauch** zur Folge. Einer starken Ausdehnung der bebauten Gebiete nach dem Zweiten Weltkrieg bis in die späten 1970er-Jahre folgte in allen Teilen des Wattenmeeres eine deutliche Einschränkung des Wachstums, und heute ist die Ausdehnung der Ortschaften praktisch beendet. Ausnahmen gibt es im Bereich der deutschen Inseln vor allem für Repräsentativbauten der Kurverwaltung wie Kurhäuser, Sportanlagen oder Freizeiteinrichtungen. Trotz der

Einschränkungen hat sich das Bettenangebot auf den Inseln weiterhin stark erhöht, vor allem durch Erweiterungen bereits bestehender Fremdenverkehrsbetriebe. Ob derartige Um- und Anbauten zum architektonischen Reiz der Gebäude beitragen, mag bezweifelt werden. Fest steht jedoch, dass hierdurch keine Ortserweiterungen erforderlich sind.

Der Bedarf an **Verkehrsflächen** auf den Inseln des Wattenmeeres ist zum Teil sehr hoch. Flugplätze gibt es auf Texel, Ameland, Borkum, Juist, Norderney, Baltrum, Langeoog, Wangerooge, Föhr und Sylt. An der ostfriesischen Küste ist damit etwa alle zehn Kilometer ein Flugplatz zu finden. Autoverkehr ist auf allen Inseln des Wattenmeeres außer Juist, Baltrum, Langeoog, Spiekeroog und Wangerooge zugelassen. In Dänemark können die Autos zum Teil mit an den Strand genommen werden.

Die **Aufwärtstendenz der Besucherzahlen** in den Küstenorten hat sich allenthalben unvermindert fortgesetzt. Die jahreszeitliche Verteilung der

Sport im Urlaub – davon hat jeder seine eigenen Vorstellungen. Für das englische Bowling ist relativ wenig Platz erforderlich. Bowling Greens gibt es in verschiedenen Formen und Größen. Bei dem abgebildeten Green in Hunstanton (Abb. 11.5) handelt es sich um zwei Quadrate von 38 mal 38 Metern, die jedoch jeweils von drei Mannschaften bespielt werden können.

Minigolf ist an der gesamten Nordseeküste verbreitet, Golf dagegen vor allem in Großbritannien, wo sich in vielen Abschnitten der Küste ein Golfplatz an den anderen reiht. Zwischen Whitby und Berwickupon-Tweed findet sich an der Nordseeküste im Schnitt alle acht Kilometer ein Golfplatz.

Für das Strandsegeln braucht man zunächst einmal einen breiten, möglichst menschenleeren Strand. Hier bieten St. Peter-Ording in

11.5 Ein Sport für ruhige Menschen: Bowling in Hunstanton, Norfolk (2007).

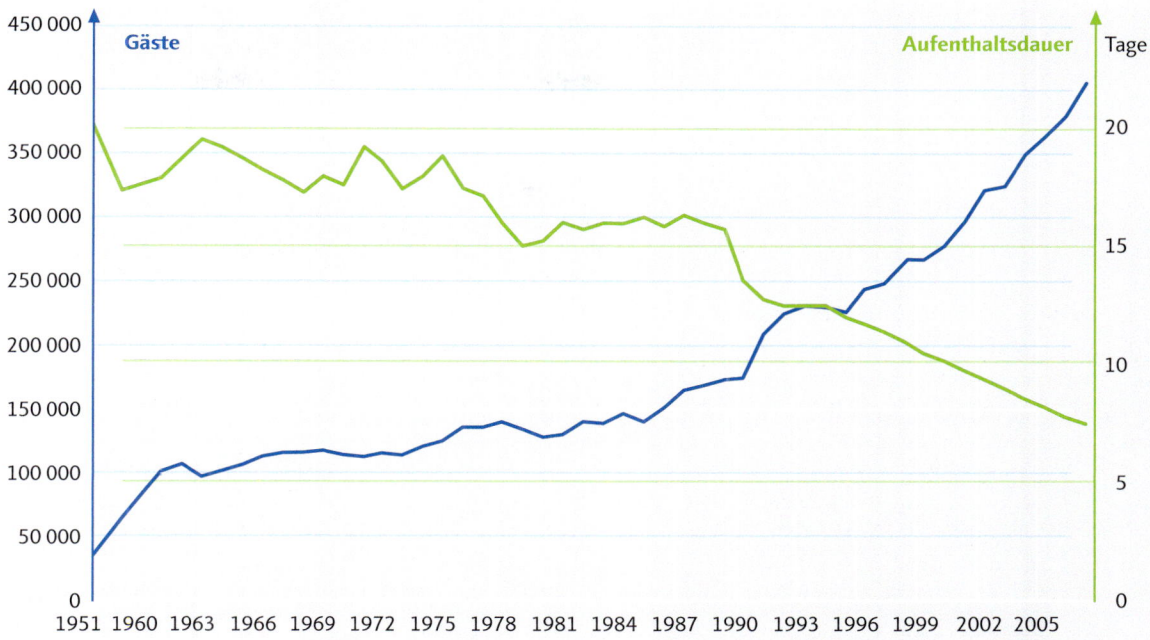

450 000 | **Gäste** | **Aufenthaltsdauer** | Tage
400 000
350 000
300 000
250 000 | 20
200 000 | 15
150 000 | 10
100 000 | 5
50 000
0 | 0

1951 1960 1963 1966 1969 1972 1975 1978 1981 1984 1987 1990 1993 1996 1999 2002 2005

11.7 Anzahl und Aufenthaltsdauer der Gäste auf Norderney. Während die Zahl der Besucher ständig gestiegen ist, hat sich die Aufenthaltsdauer erheblich verringert. Norderney ist wegen der guten Erreichbarkeit durch die tideunabhängige Fährverbindung für Kurzurlauber besonders attraktiv.

Schleswig-Holstein und Rømø in Dänemark günstigste Voraussetzungen. An manchen Stränden, zum Beispiel auf Norderney, darf dieser Sport aus Sicherheitsgründen nur im Winterhalbjahr ausgeübt werden. Strandsegler erreichen Geschwindigkeiten von über 120 Stundenkilometer. Zum Strandsegeln sind eine spezielle Haftpflichtversicherung und ein Führerschein erforderlich. Seit Anfang der 1990er-Jahre ist neben dem traditionellen Strandsegeln das Kitebuggyfahren in Mode gekommen, bei dem ein Lenkdrachen das Segel ersetzt.

Das Kitesurfen oder Kiteboarden (Abb. 11.6) ist eine junge Sportart, wobei sich der Surfer mithilfe eines Lenkdrachens fortbewegt. Kitesurfen ist Ende der 1990er-Jahre aufgekommen und hat sich rasch zu einem populären Freizeitvergnügen entwickelt.

11.6 Ein Sport für junge, dynamische Urlauber: Kitesurfen in der Nordsee vor Texel (2005).

11.8 Yachthafen Marina Port Zélande in den Niederlanden, mit benachbartem Center Parc. Hier liegen über 700 Sportboote (2006).

Neue Attraktionen

Manche Meerestiere bekommt der normale Tourist nur zu sehen, wenn sie tot am Strand liegen. Die Tourismusindustrie bemüht sich, dem entgegenzuwirken. Verletzte Seehunde und Seevögel werden in entsprechenden Stationen gepflegt und ausgestellt, so zum Beispiel in den Seehundstationen Friedrichskoog, Norddeich und Pieterburen in den Niederlanden. Darüber hinaus bieten viele Orte den Besuch von Aquarien an. Dazu gehören zum Beispiel das Aquarium und Fischereimuseum in Hvide Sande, das „Ecomare" auf Texel und das „Sea Life" in Scheveningen. Das Syltaquarium in Wes-

terland lockt gar mit einem Unterwassertunnel und großem Aquarium mit 500 000 Liter Wasser. Das im März 2002 eröffnete „The Deep" in Hull nimmt für sich in Anspruch, das einzige „Submarium" zu sein. Das größte Aquarium von „The Deep" (ebenfalls mit Tunnel) fasst 2,5 Millionen Liter Wasser und ist damit noch lange nicht das größte Aquarium der Nordseeküsten. Das befindet sich im Nordseemuseum in Hirtshals, dem „Ozeanarium" mit 4,5 Millionen Liter Wasser.

Auch wer an der Nordsee Urlaub macht, muss nicht zwangsläufig im Meer schwimmen. Schließlich gibt

es doch das Hallenbad in Hvide Sande, die Dünen-Therme „Freizeit- und Erlebnisbad St. Peter-Ording", das Erlebnisbad Piratenmeer in Büsum, das Freizeitbad Sylter Welle (seit Dezember 2007 mit drei Riesenwasserrutschen) und viele andere.

Man kann auch das Fischereimuseum und Wrackmuseum in Cuxhaven besuchen, den Nordic-Walking-Park Dithmarschen (2007 in Friedrichskoog eröffnet) oder die Sturmflutenwelt in Büsum („spannendes Erlebnis-Center auf drei Ebenen", verspricht die Werbung). Viele Seebäder an der Nordsee sind im Begriff, sich in eine Art Themen-

Gästezahlen zeigt, dass sich das Geschäft im Wesentlichen auf die Monate Juni bis September konzentriert. Alle Prospekte weisen jedoch auch auf die Reize des jeweiligen Ortes im Winter hin. Um die Attraktivität zu steigern, werden viele Seebäder zunehmend mit Extras ausgestattet, um die Konkurrenz zu überflügeln. Viele dieser touristischen Attraktivitäten verbrauchen allerdings weitere Anteile der zur Verfügung stehenden Landschaft. Dies gilt zum Beispiel für Freizeiteinrichtungen wie Yachthäfen (Abb. 11.8), Sportplätze, Schwimmbäder, Reithallen. Dazu kommen Erschließungswege, Parkplätze, Rad-, Wander- und Reitwege.

Während die meisten Inseln über natürliche Strände verfügen, ist dies bei den konkurrierenden Seebädern an der Festlandsküste in der Regel nicht der Fall. Die touristisch weniger attraktiven Rasenstrände und Schlick-Badestrände früherer Zeit (KULINAT 1969) sind heute meist durch per Sandvorspülung künstlich geschaffene Sandstrände ersetzt worden. Allein im Küstenabschnitt zwischen Jade und Ley-Bucht in Niedersachsen kommen auf etwa 70 Kilometer Küstenlinie gut fünf Kilometer künstlich aufgespülten Strandes (sieben Prozent).

Park zu verwandeln. Es scheint so, als biete die Wirklichkeit der Gegenwart nicht allen Besuchern der Küste genügend Reize.

Wie wäre es zur Abwechselung mit einem Atomkrieg? Die geheime Kommandozentrale für Schottland befindet sich – als Bauernhof getarnt – in der Nähe von Anstruther an der Nordseeküste (Abb. 11.9). Was von 1958 bis 1968 als Hauptquartier der Streitkräfte und provisorischer Regierungssitz für den Ernstfall vorgesehen war, ist heute frei zugänglich. Von drei Meter dicken Betonwänden geschützt, sollte sich von hier aus die Regierung um das Wohl der Bevölkerung kümmern, denn für die war im Schutzraum natürlich kein Platz. Die erläuternde Broschüre endet mit dem fröhlichen Satz: „It is hoped that you have enjoyed your visit to the Bunker …"

Nicht jedermanns Sache? Kein Problem, die Vergangenheit hinter sich zu lassen! „Jetzt ist es Zeit für die Zukunft! Begeben Sie sich in die Druckschleuse und machen Sie sich bereit, das Kommando einer Tiefseestation zu übernehmen! Wir schreiben das Jahr 2050, und die Station ‚Deep Blue One' forscht in den Weltmeeren nach Gefahren, die das Leben der Meerestiere bedrohen …", heißt es auf der Homepage von „The Deep" (Abb. 11.10).

11.9 Wegweiser zum „geheimen" Bunker. Überbleibsel aus Krieg und Kaltem Krieg werden zu Touristenattraktionen. Atomkrieg in Europa? Hier kann man ihn gefahrlos nachvollziehen (2006).

11.10 Science Fiction unter Wasser. In „The Deep" kann man die Leitung einer Unterwasser-Forschungsstation übernehmen (2007).

Literaturverzeichnis

AARTSMA, K. (1977): Nederland en de zee. Wageningen, Zomer & Keuning, 142 S.

ADAC (2007): Camping Caravan Führer Deutschland/Nordeuropa, 881 S.

ANDERMANN, U. (2005): Spätmittelalterlicher Seeraub als Kriminaldelikt und seine Bestrafung. In: Störtebeker. 600 Jahre nach seinem Tod. Seeraub an der südlichen Nordseeküste vom 14. bis 16. Jahrhundert, S. 23 – 36.

ANDERSEN, B. G. & BORNS, H. W. jr. (1994): The Ice Age World. Oslo, Scandinavian University Press, 208 S.

ANDERSEN, L. T. (1994): Bovbjerg – Engbjerg. Profil gennem den glaciale landskabsserie ved Hovedopholdslinien. In: LARSEN, G. & KRONBORG, Chr. (Hrsg.) Geologisk set – Det mellemste Jylland. Brenderup, Geografforlaget, S. 209 – 215.

ANDERSEN, L. T. (2004): The Fanø Bugt Glaciotectonic Thrust Fault Complex, Southeastern Danish North Sea. A study of large-scale glaciotectonics using high-resolution seismic data and numerical modelling. Ph. D. thesis 2004. Danmarks og Grønlands Geologiske Undersøgelse Rapport 2004/30, 143 S.

ANDERSEN, St. & SJØRRING, St. (Hrsg.) (1992): Geologisk set – Det nordlige Jylland. Brenderup, Geografforlaget, 208 S.

ARENDS, F. (1833): Physische Geschichte der Nordseeküste und deren Veränderungen durch Sturmfluthen seit der Cymbrischen Fluth bis jetzt. Emden, Woortmann. 2 Bände, 384 S. / 355 S. Reprint 1974. Leer, Schuster.

ARNDT, P. (2005): Deutsche Sperrbrecher 1914 – 1945. Konstruktion – Ausrüstung – Bewaffnung – Aufgaben – Einsatz. 2. Auflage, Bonn, Bernard U. Graefe Verlag, 314 S.

AUGUSTINY, W. (1943): Die große Flut. Chronik der Insel Strand. Hamburg, Hanseatische Verlagsanstalt, 643 S.

BÄSEMANN, H. (1979): Feinkiesanalytische und morphometrische Untersuchungen an Oberflächensedimenten der Deutschen Bucht. Dissertation, Hamburg, 143 S.

BAETEMAN, C., SCOTT, D. B. & VAN STRYDONCK, M. (2002): Changes in coastal zone processes at a high sea-level stand: a late Holocene example from Belgium. Journal of Quaternary Science 17, S. 547 – 559.

BAIRD, A. (2005): Major Intermodal Ports in the North Sea Region. Sutranet – A project within the Interreg IIIB North Sea Programme. Final Report. Napier University, Transport Research Institute.

BAKKER, H. (1973): Ameland – Insel der Freien. Haren, Knoop & Niemeijer, 96 S.

BANTELMANN, A. (1966): Die Landschaftsentwicklung im nordfriesischen Küstengebiet, eine Funktionschronik durch fünf Jahrtausende. Die Küste 14 (2), S. 5 – 99.

BARCKHAUSEN, J. (1969): Entstehung und Entwicklung der Insel Langeoog. Oldenburger Jahrbuch 68, S. 239 – 281.

BARNE, J. H., ROBSON, C. F., KAZNOWSKA, S. S., DOODY, J. P. & DAVIDSON, N. C. (1995): Coasts and seas of the United Kingdom. Region 5 North-east England: Berwick-upon-Tweed to Filey Bay. Peterborough, Joint Nature Conservation Committee, 194 S.

BARNE, J. H., ROBSON, C. F., KAZNOWSKA, S. S., DOODY, J. P., DAVIDSON, N. C. & Buck, E. L. (1997): Coasts and seas of the United Kingdom. Region 4 South-east Scotland: Montrose to Eyemouth. Peterborough, Joint Nature Conservation Committee, 224 S.

BEETS, D. J. & VAN DER SPEK, A. J. F. (2000): The Holocene evolution of the barrier and the back-barrier basins of Belgium and the Netherlands as a function of late Weichselian morphology, relative sea-level rise and sediment supply. Geologie en Mijnbouw 79, S. 3 – 16.

BEETS, D. J., DE GROOT, T. A. M. & DAVIES, H. A. (2003): Holocene tidal back-barrier development at decelerating sea-level rise: a 5 millennia record, exposed in the western Netherlands. Sedimentary Geology 158, S. 117 – 144.

BEETS, D. J., MEIJER, T., BEETS, C. J., CLEVERINGA, P., LABAN, C. & VAN DER SPEK, A. J. F. (2005): Evidence for a Middle Pleistocene glaciation of MIS 8 age in the southern North Sea. Quaternary International 133/134, S. 7 – 19.

BEHRE, K.-E. (1970): Die Entwicklungsgeschichte der natürlichen Vegetation im Gebiet der unteren Ems und ihre Abhängigkeit von den Bewegungen des Meeresspiegels. Probleme der Küstenforschung im südlichen Nordseegebiet 9, S. 13 – 47.

BEHRE, K.-E. (1999): Die Veränderungen der niedersächsischen Küstenlinien in den letzten 3000 Jahren und ihre Ursachen. Probleme der Küstenforschung im südlichen Nordseegebiet 26, S. 9 – 33.

BEHRE, K.-E. & MENKE, B. (1969): Pollenanalytische Untersuchungen an einem Bohrkern der südlichen Doggerbank. Deutsche Akademie der Wissenschaften Berlin, Beiträge zur Meereskunde 24/25, S. 122 – 129.

BINOT, F. (1991): Die Entwicklung des Salzkissens Helgoland im Hinblick auf den kretazischen Anteil an der Strukturbildung. Geologisches Jahrbuch A120, S. 9 – 18.

BLACK, W. G. (1889): Helgoland und die Nordfriesischen Inseln. Deutsch bearbeitet und vermehrt von B. von Werlhof. Reprint 1978, Leer, Schuster, 126 S.

BLACKADDER, J. S. (2003): Shetland. Grantwon on Spey, Colin Baxter Photography, 256 S.

BONDEVIK, S., LØVHOLT, F., HARBITZ, C., MANGERUD, J., DAWSON, A. & SVENDSEN, J. I. (2005): The Storegga Slide tsunami – comparing field observations with numerical simulations. Marine and Petroleum Geology 22, S. 195 – 208.

BONDEVIK, S., MANGERUD, J., DAWSON, S., DAWSON, A. & LOHNE, Ø. (2003): Record-breaking Height for 8000-Year-Old Tsunami in the North Atlantic. EOS, Transactions, American Geophysical Union 84, S. 289 – 300.

BOORMANN, L. A. & RANWELL, D. S. (1977): Ecology of Maplin Sands and the Coastal Zones of Suffolk, Essex and North Kent. Institute of Terrestrial Ecology, Cambridge. 56 S.

BORCHERT, G. (1958): Klimaoasen in den Fjorden Westnorwegens. Mitteilungen der Geographischen Gesellschaft in Hamburg 53, S. 14 – 159.

BORTH-HOFFMANN, B. (1980): Flachseismische Untersuchung geologischer Strukturen in der östlichen Deutschen Bucht. Universität Kiel, Diplomarbeit, 93 S.

BOSCH, J. H. A., CLEVERINGA, P. & MEIJER, T. (2000): The Eemian stage in the Netherlands: history, character and new research. Geologie en Mijnbouw 79, S. 135 – 145.

BOULTON, G. S. (1990): Sedimentary and sea level changes during glacial cycles and their control on glacimarine facies architecture. In: DOWDESWELL, J. A. & SCOURSE, J. D. (Hrsg.) Glacimarine Environments: Processes and Sediments. Geological Society Special Publication No 53, S. 15 – 52.

BRANDT, K. (1981): Siedlungsgeschichte und historische Entwicklung. In: STREIF, H.: Geologische Karte von Niedersachsen 1:25.000, Erläuterungen zu Blatt GK 2414 Wilhelmshaven. Hannover, Niedersächsisches Landesamt für Bodenforschung, S. 73 – 83.

BROWN, A. (2005): Traffic wrecking Forth road bridge. The Scotsman, Thursday 5 May.

BRÜCKNER-RÖHLING, S., FORSBACH, H. & KOCKEL, F. (2005): The structural development of the German North Sea sector during the Tertiary and the Early Quaternary. Zeitschrift der Deutschen Gesellschaft für Geowissenschaften 156, S. 341 – 355.

BRUUN-PETERSEN, J. & KRUMBEIN, W. E. (1975): Rippelmarken, Trockenrisse und andere Seichtwassermerkmale im Buntsandstein von Helgoland. International Journal of Earth Sciences. Geologische Rundschau, 64, S. 126 – 143.

BÜHLER, A. (2006): Wüstungen und Weideland: Landwirtschaft im späten Mittelalter. In: Die Zeit Welt- und Kulturgeschichte, 07 Europa im Mittelalter II (500 – 1500). Hamburg, Zeitverlag, S. 287 – 295.

BUSSCHERS, F. S. (2008): Unravelling the Rhine. Response of a fluvial system to climate change, sea-level oscillation and glaciation. Dissertation, Vrije Universiteit Amsterdam, Geology of the Netherlands 1, 183 S.

CARR, S. (2004): The North Sea basin. In: EHLERS, J. & GIBBARD, P. L. (Hrsg.) Quaternary Glaciations – Extent and Chronology. Developments in Quaternary Science 2, S. 261 – 270.

CHILDERS, E. (1903): The Riddle of the Sands. Neuauflage bei J. M. Dent & Sons, London, 1984.

CLEMMENSEN, L. B. (1979): Triassic Lacustrine Redbeds and Palaeoclimate: The „Buntsandstein" of Helgoland and the Malmross Member of East Greenland. Geologische Rundschau 68, S. 748 – 774.

CLEMMENSEN, L. B., PEDERSEN, K., MURRAY, A. & HEINEMEIER, J. (2006): A 7000-year record of coastal evolution, Vejers, SW Jutland, Denmark. Bulletin of the Geological Society of Denmark 53, S. 1 – 22.

COHEN, K. W. (2003): Differential subsidence within a coastal prism. Late-Glacial – Holocene tectonics in the Rhine-Meuse delta, The Netherlands. Nederlandse Geografische Studies 316, 172 S.

COOPER, D. (2007): Shetland Folklore – Monsters & Myths. Shetland Visitor 2007, S. 31 – 32.

VON COSEL, R., DÖRJES, J. & MÜHLENHARDT-SIEGEL, U. (1982): Die amerikanische Schwertmuschel Ensis directus (Conrad) in der Deutschen Bucht. I Zoogeographie und Taxonomie im Vergleich mit den einheimischen Schwertmuschel-Arten. Senckenbergiana maritima 14 (3/4), S. 147 – 173.

DAVIES, J. L. (1964): A morphogenetic approach to world shorelines. Zeitschrift für Geomorphologie, Sonderheft zum 70. Geburtstag Prof. H. Mortensen, S. 127 – 142.

DE HAAN, H. & HAAGSMA, I. (1984): De Deltawerken – techniek, politiek, achtergronden. Delft, Waltmann, 136 S.

DE LA VEGA-LEINERT, A. C., SMITH, D. E. & JONES, R. L. (2007): Holocene coastal environmental changes on the periphery of an area of glacio-isostatic uplift: an example from Scapa Bay, Orkney, UK. Journal of Quaternary Science 22, S. 755–772.

DE MULDER, F. J., GELUK, M. C., RITSEMA, I. L., WESTERHOFF, W. E. & WONG, Th. E. (2003): De ondergrond van Nederland. Groningen/Houten, Wolters-Noordhoff, 379 S.

DEFOE, D. (1724): A Tour Through the Whole Island of Great Britain, Vol. 1, 376 S.

DENDERMONDE, M. & DIBBITS, H. A. M. C. (1956): The Dutch und their dikes. Amsterdam, De Bezige Bij, 175 S.

DIJKEMA, K. S. (1980): Large-scale geomorphologic pattern of the Wadden Sea area. In: DIJKEMA, K. S., REINECK, H.-E. & WOLFF, W. J. (Hrsg.) Geomorphology of the Wadden Sea, Rotterdam, Balkema, S. 72–84.

DONNER, J. (1980): The Determination and Dating of Synchronous Late Quaternary Shorelines in Fennoscandia. In: MÖRNER, N.-A. (Hrsg.) Earth Rheology, Isostasy and Eustasy. Chichester, New York, Brisbane, Tornonto, John Wiley & Sons, S. 285–293.

DOWLING, A. (2005): Cleethorpes. The Creation of a Seaside Resort. Chichester, Phillimore, 176 S.

DUCHHARDT, H. (2003): Europa am Vorabend der Moderne. Stuttgart, Ulmer, 464 S.

EHLERS, J. (1988a): The Morphodynamics of the Wadden Sea. Rotterdam, Balkema, 397 S.

EHLERS, J. (1988b): Skandinavische Geschiebe in Großbritannien. Der Geschiebesammler 22, S. 49–64.

EHLERS, J. (2006): Geo-Touren in Hamburg. Hamburg, Geologisches Landesamt, 147 S.

EHLERS, J., EISSMANN, L., LIPPSTREU, L., STEPHAN, H.-J. & WANSA, S. (2004): Pleistocene glaciations of North Germany. In: EHLERS, J. & GIBBARD, P. L. (Hrsg.) Quaternary Glaciations – Extent and Chronology, Part I: Europe. Developments in Quaternary Science, Vol. 2a, S. 135–146.

EHLERS, J. & GIBBARD, P. L. (1997): The contorted drift of Norfolk, England. Leipziger Geowissenschaften 5, S. 105–113.

EHLERS, J. & WINGFIELD, R. (1991): The extension of the Late Weichselian/Late Devensian ice sheets in the North Sea Basin. Journal of Quaternary Science 6, S. 313–326.

EHRHARDT, H. (2006): Im Drachenboot zu fernen Ufern. In: Die Zeit Welt- und Kulturgeschichte, 07 Europa im Mittfelalter II (500–1500). Hamburg, Zeitverlag, S. 12–26.

ELLENBERG, H. (1996): Vegetation Mitteleuropas mit den Alpen. Stuttgart, Ulmer, 1096 S.

ELLMERS, D. (2005): Die Schiffe der Hansen und Seeräuber in der Nordsee. In: EHBRECHT, W. (Hrsg.) Störtebeker 600 Jahre nach seinem Tod. Hansische Studien XV, S. 153–168.

EMERY, K. O. & UCHUPI, E. (1984): The Geology of the Atlantic Ocean. New York, Berlin, Heidelberg, Tokyo, Springer, 1050 S. + Karten.

EYLES, N. & MCCABE, A. M. (1989): The Late Devensian (22,000 BP) Irish Sea Basin: The sedimentary record of a collapsed ice sheet margin. Quaternary Science Reviews 8, S. 304–351.

FACHVERBAND STEINE KERAMIK (2007): Jahresbericht 2006/2007, 20 S.

FALK, F. J. (1983): Die Grönlandfahrer der Nordseeinsel Rømø. Bredstedt, Nordfriisk Instituut, Studien und Materialien 17, 279 S.

FAO FISHERIES AND AQUACULTURE DEPARTMENT (2007): The State of World Fisheries and Aquaculture. Rom, 162 S.

FHH (Freie und Hansestadt Hamburg) (Hrsg.) (2002): Drunter oder drüber – Elbquerungen gestern und heute. Hamburg, Staatsarchiv und Amt für Geoinformation und Vermessung, 54 S.

FIGGE, K. (1980): Das Elbe-Urstromtal im Bereich der Deutschen Bucht (Nordsee). Eiszeitalter und Gegenwart 30, S. 203–211.

FIGGE, K., KÖSTER, R., THIEL, H. & WIELAND, P. (1980): Schlickuntersuchungen im Wattenmeer der Deutschen Bucht – Zwischenbericht über ein Forschungsvorhaben des KFKI. Die Küste 35, S. 187–204.

FITCH, S., THOMSON, K. & GAFFNEY, V. (2005): Late Pleistocene and Holocene depositional systems and the palaeogeography of the Dogger Bank, North Sea. Quaternary Research 64, S. 185–196.

FLEMMING, B. W., BARTHOLOMÄ, A., IRION, G., KRÖNCKE, I. & WEHRMANN, A. (2002): Naturraum Wattenmeer. Akademie der Geowissenschaften zu Hannover, Veröffentlichungen 20, S. 150–159.

FOCK, G. (1912): Seefahrt ist not! Hamburg, M. Glogau, 282 S.

FÖRSTER, M.-B., FRAEDRICH, W., RIEGERT, J. & SCHUBERT, M. (2000): Felseninsel Helgoland – ein geologischer Führer. Stuttgart, Enke, 155 S.

FRISCH, W. & MESCHEDE, M. (2005): Plattentektonik. Darmstadt, Wissenschaftliche Buchgesellschaft, 196 S.

FÜHRBÖTER, A. (1971): Über die Bedeutung des Lufteinschlages für die Energieumwandlung in Brandungszonen. Die Küste 21, S. 34–42.

GAEBE, W. & HALL, J. (1991): London – Positive und negative Entwicklungstendenzen in den 80er Jahren. Geographische Rundschau 43, S. 14–20.

GALLOIS, R. W. (1978): King's Lynn and The Wash, One-Inch and 1:50 000 Geological Maps of England and Wales, Sheet 145 and part of 129, Solid and Drift Edition, Institute of Geological Sciences (Karte).

GAST, R., KÖSTER, R. & RUNTE, K.-H. (1984): Die Wattsedimente in der nördlichen und mittleren Meldorfer Bucht. Die Küste 40, S. 165–257.

GAZ DE FRANCE (2007): Produktion Exploration Deutschland GmbH, Unternehmensbericht 2006. Lingen, 40 S.

GEELHOED, P. T. (1973): Negative surges in the southern North Sea. International Hydrographic Review L, S. 61–73.

GIBBARD, P. L. (1994): The Pleistocene history of the Lower Thames Valley. Cambridge, Cambridge University Press, 229 S.

GIBBARD, P. L. (2007): Europe cut adrift. Nature 448, S. 259–260.

GLENNIE, K. W. (2001): Exploration activities in the Netherlands and North-West Europe since Groningen. Geologie en Mijnbouw 80, S. 33–52.

GÖHREN, H. (1968): Triftströmungen im Wattenmeer. Mitteilungen des Franzius-Instituts für Grund- und Wasserbau der Technischen Universität Hannover 30, S. 142–270.

GÖHREN, H. (1979): Gegenläufige Restströmungen im Küstenmeer zwischen Amrum und Knechtsand und ihr Einfluß auf die Sandbewegung. In: DEUTSCHE FORSCHUNGSGEMEINSCHAFT (Hrsg.) Sandbewegung im Küstenraum – Rückschau, Ergebnisse und Ausblick, S. 97–111.

GOLDSMITH, O. (1826): A History of the Earth and Animated Nature, 4 Bde. London, Henry Fisher, 416+416+424+452 S.

GÖNNERT, G., DUBE, Sh. K., MURTY, T. & SIEFERT, W. (2001): Global Storm Surges: Theory, Observations and Applications. Die Küste 63, 623 S.

GREENSMITH, J. T. & TUCKER, E. V. (1977): Stop 2: Sales Point, Essex. In: WEST, R. G. (Hrsg.) International Congress for Quaternary Research, X Congress 1977, Guidebook for Excursions A1 and C1, East Anglia, S. 42–43.

GRÖGER, J. & ROHLF, N. (2007): Mögliche Ursachen des geringen Heringsnachwuchses in der Nordsee. Informationen aus der Fischereiforschung 54, S. 13–21.

GUNN, D. A., PEARSON, S. G., CHAMBERS, J. E., NELDER, L. M., LEE, J. R., BEAMISH, D., BUSBY, J. P., TINSLEY, R. D. & TINSLEY, W. H. (2006): An evaluation of combined geophysical and geotechnical methods to characterize beach thickness. Quarterly Journal of Engineering Geology and Hydrogeology 39, S. 339–355.

GUPTA, S., COLLIER, J. S., PALMER-FELGATE, A. & POTTER, G. (2007): Catastropic flooding origin of the shelf valley systems in the English Channel. Nature 448, S. 342–345.

HACHTMANN, R. (2007): Tourismusgeschichte. Göttingen, Vandenhoeck & Ruprecht, 192 S.

HAGEN, D. (2005): Die jämmerliche Flut von 1717 – Untersuchungen zu einer Karte des frühen 18. Jahrhunderts. Oldenburg, Kom-Regis, 92 S.

HANISCH, J. (1981): Sand transport in the tidal inlet between Wangerooge and Spiekeroog (W. Germany). In: NIO, S.-D., SCHÜTTENHELM, R. T. E. & VAN WEERING, Tj. C. E. (Hrsg.) Holocene Marine Sedimentation in the North Sea Basin. Special Publication Number 5 of the International Association of Sedimentologists, S. 175–185.

HAYES, M. O. (1975): Morphology of sand accumulations in estuaries. In: CRONIN, L. E. (Hrsg.) Estuarine Research, Vol. 2, S. 3–22.

HAYES, M. O. (1979): Barrier Island Morphology as a Function of Tidal and Wave Regime. In: LEATHERMAN, S. P. (Hrsg.) Barrier Islands, S. 1–27.

HIGELKE, B. (1978): Morphodynamik und Materialbilanz im Küstenvorfeld zwischen Hever und Elbe. Ergebnisse quantitativer Kartenanalysen für die Zeit von 1936 bis 1969. Regensburger Geographische Schriften 11, 167 S.

HIGELKE, B. (1982): Geographische Untersuchungen. In: HIGELKE, B., HOFFMANN, D. & MÜLLER-WILLE, M. (Hrsg.) Das Norderhever-Projekt. Beiträge zur Landschafts- und Siedlungsgeschichte der nordfriesischen Marschen und Watten. Offa 39, S. 261–270.

HINSCH, W. (1993): Marine Molluskenfaunen in Typusprofilen des Elster-Saale-Interglazials und des Elster-Spätglazials. Geologisches Jahrbuch A 138, S. 9–34.

HODDER, E. o. J. (ca. 1880): Heroes of Britain in Peace and War, 2 Volumes. London, Cassell, Pelter & Galpin, 320+328 S.

HOMANN, J. B. (1718): Geographische Vorstellung der jämmerlichen Wasser-Flutt in Nieder-Teutschland, welche den 25. Dec. A° 1717, in der heiligen Christ-Nacht, mit unzähligen Schaden, und Verlust vieler tausend Menschen einen großen Theil derer Herzogth. Holstein und Bremen, die Grafsch. Oldenburg, Frislandt, Gröningen und Nort-Holland überschwemmt hat (Karte).

HOMEIER, H. & LUCK, G. (1971): Untersuchung morphologischer Gestaltungsvorgänge im Bereich der Accumer Ee als Grundlage für die

Beurteilung der Strand- und Dünenentwicklung im Westen und Nordwesten Langeoogs. Forschungsstelle für Insel- und Küstenschutz, Jahresbericht 1970, XXII, S. 7–42.

HOMEIER, H. & KRAMER, J. (1957): Verlagerung der Platen im Riffbogen vor Norderney und ihre Anlandung an den Strand. Forschungsstelle Norderney, Jahresbericht 1956, VIII, S. 37–60.

HOMEIER, H. (1979): Die Verlandung der Harlebucht bis 1600 auf der Grundlage neuer Befunde. Forschungsstelle für Insel- und Küstenschutz, Jahresbericht 1978, XXX, S. 106–115.

HOSELMANN, C. & STREIF, C. (1997): Bilanzierung der holozänen Sedimentakkumulation im niedersächsischen Küstenraum. Zeitschrift der Deutschen Geologischen Gesellschaft 148, S. 431–445.

HOUMARK-NIELSEN, M. (2004): The Pleistocene of Denmark: a review of stratigraphy and glaciation history. In: EHLERS, J. & GIBBARD, P. L. (Hrsg.) Quaternary Glaciations – Extent and Chronology, Part I: Europe. Developments in Quaternary Science, Vol. 2a, S. 35–46.

HOWARTH, M. K. (2002): The Lower Lias of Robin Hood's Bay, Yorkshire, and the work of Leslie Bairstow. Bulletin of The Natural History Museum, Geology Series 58, S. 81–152.

HUGHES, T. (1987): Ice dynamics and deglaciation models when ice sheets collapsed. In: RUDDIMAN, W. F. & WRIGHT, H. E. jr. (Hrsg.) North American and Adjacent Oceans During the Last Deglaciation. The Geology of North America K-3, Boulder, Geological Society of America, S. 183–220.

HUMMEL, P. & CORDES, E. (1969): Holozäne Sedimentation und Faziesdifferenzierung beim Aufbau der Lundener Nehrung (Norderdithmarschen). Meyniana 19, S. 103–112.

HÜPPOP, O. & EXO, K.-M. (2004): Offshore-Windenergieanlagen und Vögel in Nord- und Ostsee. Jahresbericht des Instituts für Vogelforschung 6, S. 19–20.

HUUSE, M. (2002): Cenozoic uplift and denudation of southern Norway: insights from the North Sea Basin. In: DORÉ, A. G., CARTWRIGHT, J. A., STOKER, M. S., TURNER, J. P. & WHITE, N. (Hrsg.) Exhuming of the North Atlantic Margin: Timing, Mechanisms and Implications for Petroleum Exploration. Geological Society, London, Special Publications 196, S. 209–233.

HUUSE, M. & LYKKE-ANDERSEN, H. (2000a): Large-scale glaciotectonic thrust structures in the eastern Danish North Sea. In: MALTMAN, A., HAMBREY, M. & HUBBARD, B. (Hrsg.) Deformation of Glacial Materials. Geological Society, London, Special Publications 176, S. 293–305.

HUUSE, M. & LYKKE-ANDERSEN, H. (2000b): Over-deepened Quaternary valleys in the eastern Danish North Sea: morphology and origin. Quaternary Science Reviews 19, S. 1233–1253.

ICES (INTERNATIONAL COUNCIL FOR THE EXPLORATION OF THE SEA) (2003): Environmental Status of the European Seas, 75 S.

IPCC (INTERGOVERNMENTAL PANEL ON CLIMATE CHANGE) (2007): Climate Change 2007: The Physical Science Basis. Contribution of Working Group I to the Fourth Assessment Report of the Intergovernmental Panel on Climate Change [SOLOMON, S., QIN, D., MANNING, M., CHEN, Z., MARQUIS, M., AVERYT, K. B., TIGNOR, M. & MILLER, H. L. (Hrsg.)] Cambridge University Press, Cambridge, 996 S.

JAKOBSEN, B. (1962): Morfologiske og hydrografiske undersøgelser af flod- og ebbeskar i tidevandsrender. Geografisk Tidsskrift 61, S. 119–141.

JAKOBSEN, B. (1964): Vadehavets Morfologi. En geografisk analyse af vadelandskabets formudvikling med særlig hensyntagen til Juvre-Dybs tidevandsområde. Folia Geographica Danica XI (1), 176 S.

JARITZ, W. (1973): Zur Entstehung der Salzstrukturen Nordwestdeutschlands. Geologisches Jahrbuch A 10, 79 S.

JENSEN, J. (1984): Änderungen der mittleren Tidewasserstände an der Nordseeküste. Mitteilungen des Leichtweiß-Instituts für Wasserbau der Technischen Universität Braunschweig 83, S. 435–550.

JENSEN, J., MUDERSBACH, Chr., MÜLLER-NAVARRRA, S. H., BORK, I., KOZIAR, Chr. & RENNER, V. (2006): Modellgestützte Untersuchungen zu Sturmfluten mit sehr geringen Eintrittswahrscheinlichkeiten an der deutschen Nordseeküste. Die Küste 71, S. 123–167.

JOON, B., LABAN, C. & VAN DER MEER, J. J. M. (1990): The Saalian glaciation in the Dutch part of the North Sea. Geologie en Mijnbouw 69, S. 151–158.

KEILHACK, K. (1925): Geologische Karte von Preußen und benachbarten deutschen Ländern 1 : 25.000, Erläuterungen zu Lieferung 259, Blatt Borkum, Juist-West, Juist-Ost und Norderney, Berlin: Preußische Geologische Landesanstalt, 33 S.

KELLETAT, D. (1999): Physische Geographie der Meere und Küsten. 2. Auflage, Stuttgart, Borntraeger, 258 S.

KENNEDY, H. (2000): Castles of Fife. In: OMAND, D. (Hrsg.) The Fife Book. Edinburgh, Birlinn, S. 145–153.

KFKI (KURATORIUM FÜR FORSCHUNG IM KÜSTENINGENIEURWESEN) (Hrsg.) (2001): KFKI – 25 Jahre Forschung im Küsteningenieurwesen, 73 S.

KIME, W. (2005): The Lincolnshire Seaside. Stroud, Sutton, 192 S.

KING, E. L., HAFLIDASON, H., SEJRUP, H.-P. & LØVLIE, R. (1998): Glacigenic debris flows on the North Sea Trough Mouth Fan during ice stream maximum. Marine Geology 152, S. 217–246.

KOCH, M. & NIEMEYER, H. D. (1980): Strömungsmessungen im Bereich der Wattwasserscheiden von Norderney und Baltrum sowie im Seegat Wichter Ee. Forschungsstelle für Insel- und Küstenschutz, Jahresbericht 1979, XXXI, S. 37–55.

KÖNIG, D. (1972): Deutung von Luftbildern des schleswig-holsteinischen Wattenmeeres, Beispiele und Probleme. Die Küste 22, S. 29–74.

KONRADI, P. B., LARSEN, B. & SØRENSEN, A. B. (2005): Marine Eemian in the Danish eastern North Sea. Quaternary International 133/134, S. 21–31.

KRISTENSEN, T. B., HUUSE, M., PIOTROWSKI, J. A. & CLAUSEN, O. R. (2007): A morphometric analysis of tunnel valleys in the eastern North Sea based on 3D seismic data. Journal of Quaternary Science 22. S. 801–815.

KROHN, H. (1949): Die Bevölkerung der Insel Sylt. Kiel. Dissertation, veröffentlicht als Noordfriisk Instituut, Bredstedt (1984), Studien und Materialien Nr. 14, 195 S.

KRÜGER, R. (2006): Helgoland – Deutschlands einzige Hochseeinsel. Bremer Beiträge zur Geographie und Raumplanung 43, S. 160–166.

KULINAT, K. (1969): Geographische Untersuchungen über den Fremdenverkehr der niedersächsischen Küste. Göttingen, Wurm, 140 S.

LABAN, C. (1995): The Pleistocene glaciations in the Dutch sector of the North Sea. A synthesis of sedimentary and seismic data. PhD Thesis University of Amsterdam, 194 S.

LABAN, C. & VAN DER MEER, J. J. M. (2004): Pleistocene glaciation in The Netherlands. In: EHLERS, J. & GIBBARD, P. L. (Hrsg.) Quaternary Glaciations – Extent and Chronology. Developments in Quaternary Science 2a, S. 251–260.

LADAGE, F. (2004): Morphologische Entwicklung im Bereich Juist/Memmert. Berichte der Forschungsstelle Küste 42, S. 31–51.

LANDESAMT FÜR DEN NATIONALPARK SCHLESWIG-HOLSTEINISCHES WATTENMEER (2006a): Wattvögel werden weniger. August/September, S. 3.

LANDESAMT FÜR DEN NATIONALPARK SCHLESWIG-HOLSTEINISCHES WATTENMEER (2006b): Seehundbestand gut erholt. August/September, S. 4.

LANG, A. W. (1975): Untersuchungen zur morphologischen Entwicklung des Dithmarscher Watts von der Mitte des 16. Jahrhunderts bis zur Gegenwart. Hamburger Küstenforschung 31: 154 S.

LANG, G. (1994): Quartäre Vegetationsgeschichte Europas. Methoden und Ergebnisse. Jena, Stuttgart, Gustav Fischer, 462 S.

LAUGHTON JOHNSTON, J. (1999): A Naturalist's Shetland. London, Academic Press, 506 S.

LEATHERMAN, S. P. (1982): Barrier Island Handbook, 2nd edition, College Park, University of Maryland, 109 S.

LINDE, R. (1908): Die Niederelbe. Velhagen & Klasing, Bielefeld, Leipzig und Berlin, 251 S.

LINDE, R. (1913): Die Niederelbe, 4. Auflage, Velhagen & Klasing, Bielefeld, Leipzig und Berlin, 192 S.

LINDGREN, A. (1981): Ronja rövardotter. Rabén & Sjögren, Stockholm, 236 S.

LINKE, G. (1979): Ergebnisse geologischer Untersuchungen im Küstenbereich südlich Cuxhaven – ein Beitrag zur Diskussion holozäner Fragen. Probleme der Küstenforschung im südlichen Nordseegebiet 13, S. 39–83.

LINKE, G. (in Vorbereitung): Der Salzstock Scharhörn und seine Bedeutung für das Küstenholozän der inneren Deutschen Bucht. Verhandlungen des Naturwissenschaftlichen Vereins in Hamburg.

LONG, D. & STOKER, M. S. (1986): Channels in the North Sea: The Nature of a Hazard. Advances in Underwater Technology, Ocean Science and Offshore Engineering 6, S. 339–351.

LONG, D., LABAN, C., STREIF, H., CAMERON, T.D.J. & SCHÜTTENHELM, R. T. E. (1988): The sedimentary record of climatic variation in the southern North Sea. Philosophical Transactions of the Royal Society of London B 318, S. 523–537.

LOZÁN, J.L., LENZ, W., RACHOR, E., WATERMANN, B. & VON WESTERNHAGEN, H. (1990): Warnsignale aus der Nordsee. Hamburg, Parey, 431 S.

LUCK, G. (1975): Der Einfluß der Schutzwerke der ostfriesischen Inseln auf die morphologischen Vorgänge im Bereich der Seegaten und ihrer Einzugsgebiete. Mitteilungen aus dem Leichtweiß-Institut für Wasserbau der Technischen Universität Braunschweig 47, S. 1–122.

LUCK, G. & WITTE, H.-H. (1974): Erfassung morphologischer Vorgänge der ostfriesischen Riffbögen in Luftbildern. Forschungsstelle für Insel- und Küstenschutz, Jahresbericht 1973, XXV, S. 33–54.

LUCZAK, C., DEWARUMEZ, J.M., & ESSINK, K. (1993): First record of the American jack knife clam

Ensis directus on the French coast of the North Sea (short communication). Journal of the Marine Biological Association of the United Kingdom 73, S. 233–235.

LYELL, Ch. (1830): Principles of Geology, vol. I. London, J. Murray, 511 S. Reprint: The University of Chicago Press (1990).

MANGERUD, J. 2004): Ice sheet limits in Norway and on the Norwegian continental shelf. In: EHLERS, J. & GIBBARD, P.L. (Hrsg.) Quaternary Glaciations – Extent and Chronology. Developments in Quaternary Science 2a, S. 271–294.

MAY, V. J. & HANSOM, J. D. (2003): Coastal Geomorphology of Great Britain. Geological Conservation Review Series 28. 737 S.

MELTOFTE, H., BLEW, J., FRIKKE, J., RÖSNER, H.-U. & SMIT, C.J. (1994): Numbers and distribution of waterbirds in the Wadden Sea. Results and evaluation of 36 simultaneous counts in the Dutch-German-Danish Wadden Sea 1980–1991. IWRB Publications 34, Wader Study Group Bulletin 74, Special Issue, 192 S.

MELVILLE, H. (1851): Moby Dick; or, The Whale. New York, Harper & Brothers, 635 S.

MENKE, B. (1976): Befunde und Überlegungen zum nacheiszeitlichen Meeresspiegelanstieg (Dithmarschen und Eiderstedt, Schleswig-Holstein). Probleme der Küstenforschung im südlichen Nordseegebiet 11, S. 145–161.

MEYER, K.-D. (1970): Zur Geschiebeführung des Ostfriesisch-Oldenburgischen Geestrückens. Abhandlungen des naturwissenschaftlichen Vereins zu Bremen 37 (3/2), S. 227–246.

MEYER-DEEPEN, J. & MEIJERING, M.P.D. (1983): Spiekeroog – Geschichte einer ostfriesischen Insel. 2. Auflage, Spiekeroog, Kurverwaltung, 188 S.

MILJØMINISTERIET, SKOV- OG NATURSTYRELSEN (2001): Råbjerg Mile. Vandreture, Nr. 39, 10 S.

MOFFAT, A. & ROSIE, G. (2006): Tyneside – A history of Newcastle and Gateshead from earliest times. Edinburgh and London, Mainstream Publishing, 416 S.

MÜLLER, F. (1917): Die Halligen. Das Wasserwesen an der schleswig-holsteinischen Nordseeküste, Erster Teil, 2 Bände. Berlin, Reimer, 377 + 428 S.

MÜLLER, F. & FISCHER, O. (1938): Sylt. Das Wasserwesen an der schleswig-holsteinischen Nordseeküste, Zweiter Teil: Die Inseln, Band 5. Berlin, Reimer, 237 S.

NELSON, B. (2002): The Atlantic Gannet. 2nd edition, Great Yarmouth, Fenix Books, 396 S.

NESJE, A. & DAHL, S.O. (1990): Autochthonous block fields in southern Norway: implications for the geometry, thickness, and isostatic loading of the Late Weichselian Scandinavian ice sheet. Journal of Quaternary Science 5, S. 225–234.

NEWIG, J. (2004): Die Küstengestalt Nordfrieslands im Mittelalter nach historischen Quellen. In: SCHERNEWSKI, G. & DOLCH, T. (Hrsg.) Geographie der Meere und Küsten, Coastline Reports 1, S. 22–36.

NIEMANN, H. W. (2006a): Plädoyer für offene Grenzen: Die Wirtschaft zwischen Freihandel und Protektionismus. Die Zeit Welt- und Kulturgeschichte 11: Zeitalter der Expansionen, S. 433–444.

NIEMANN, H. W. (2006b): Ein Heer von Hungrigen: Der Pauperismus. Die Zeit Welt- und Kulturgeschichte 11: Zeitalter der Expansionen, S. 477–487.

NIEMEYER, H. D. (1977): Seegangsmessungen auf Deichvorländern. Forschungsstelle für Insel- und Küstenschutz, Jahresbericht 1976, XXVII, S. 113–139.

NIEMEYER, H. D. (1979): Untersuchungen zum Seegangsklima im Bereich der Ostfriesischen Inseln und Küste. Die Küste, 34, S. 53–70.

NORDSEEHEILBAD NORDERNEY (Hrsg.) (1980): Chronik einer Insel … seit 1797. 2. Auflage, Norderney, Soltau, 36 S.

NORTH EAST COASTAL AUTHORITIES GROUP (Hrsg.) (2007): Shoreline Management Plan 2, River Tyne to Flamborough Head. Peterborough, 408 S.

NORTH NORFOLK DISTRICT COUNCIL (Hrsg.) (2007): Coastal Planning in North Norfolk: Information Sheet no. 1 (May 2007), 4 S.

O. VERF. (1818): Über das Eis des Nordpols und die gegenwärtige brittische Ausrüstung zur Entdeckung eines Seeweges nach dem nördlichen Eismeer nach dem großen Ocean. Magazin für die Kunde und neueste Geschichte der außer-europäischen Länder und Völker, Hamburg, Hoffmann und Campe, 3, S. 37–82.

O. VERF. (1915): Whale Fishery of New England. Boston, State Street Trust Company, 63 S.

OESAU, W. (1955): Hamburgs Grönlandfahrt. Hamburg, Augustin, 316 S.

ORDEMANN, W. (1912): Beiträge zur morphologischen Entwicklungsgeschichte der deutschen Nordseeküste mit besonderer Berücksichtigung der Dünen tragenden Inseln. Mitteilungen der Geographischen Gesellschaft (für Thüringen) zu Jena 30, S. 15–150.

PEDERSEN, S. A. S. (2005): Structural analysis of the Rudbjerg Knude Glaciotectonic Complex, Vensyssel, northern Denmark. Geological Survey of Denmark and Greenland Bulletin 8, 192 S.

PETERSEN, M. & ROHDE, H. (1977): Sturmflut. Die großen Fluten an den Küsten Schleswig-Holsteins und in der Elbe. Neumünster, Wachholtz, 148 S.

PETROLEUM EXPLORATION SOCIETY OF GREAT BRITAIN (2007): Structural Framework of the North Sea and Atlantic Margin (Karte).

PRANGE, W. (1982): Ribersalt. Skalk 2, S. 28–30.

PRATJE, O. (1948a): Das veränderte Helgoland. Neues Archiv für Niedersachsen, H. 6, S. 249–260.

PRATJE, O. (1948b): Stadien der Entwicklung der Insel Helgoland. Erdkunde II, S. 322–330.

PRINGLE, A. W. (2003): Classic landforms of the coast of the East Riding of Yorkshire. Sheffield, Geographical Association, 64 S.

PROBST, E. (1991): Deutschland in der Steinzeit. Jäger, Fischer und Bauern zwischen Nordseeküste und Alpenraum. München, Bertelsmann, 620 S.

QUEDENS, G. (1979): Amrum. 7. Auflage, Breklum, Breklumer Verlag, 123 S.

QUEDENS, G. (1984): Nordstrand. 3. Auflage, Breklum, Breklumer Verlag, 112 S.

QUEDENS, G. (1985): Föhr. 9. Auflage, Breklum, Breklumer Verlag, 128 S.

RAPPOL, M., HALDORSEN, S., JØRGENSEN, P., VAN DER MEER, J.J.M. & STOLTENBERG, H.M.P. (1989): Composition and origin of petrographically stratified thick till in the Northern Netherlands and a Saalian glaciation model for the North Sea basin. Mededelingen van de Werkgroep voor Tertiaire en Kwartaire Geologie 26, S. 31–64.

RÄTZ, H.-J., EHRICH, S. & BETHKE, E. (2005): Wer fischt was? – Gemischte Bodenfischereien und ihre Auswirkungen auf die wichtigsten Nutzfischbestände in der Nordsee. Informationsblatt aus der Fischereiforschung 52, S. 91–100.

REID, J. B., EVANS, P. G. H. & NORTHRIDGE, S. P. (2003): Atlas of cetacean distribution in northwest European waters. Peterborough, Joint Nature Conservation Committee, 75 S.

REINHARDT, C. (1866/68): Der fünfte Mai. Leipzig, Wigand. Gekürzte Neuausgabe 1948: Hamburg, Broschek & Co., 715 S.

REVIER, H. (2007): Bruinvissen op de snijtafel. Waddenmagazine 42 (1), S. 22–24.

RUSSEL, R. (1750): De usu aquae marinae in morbis glandularum. Oxford.

SCHEURLEN, U. (1974): Über Handel und Seeraub im 14. und 15. Jahrhundert an der ostfriesischen Küste. Dissertation, Universität Hamburg, 187 S.

SCHMIDT-THOMÉ, P. (1982): Geologische Karte der Insel Helgoland mit Erläuterungen. Geologisches Jahrbuch A 62, 17 S.

SCHNELL, P. (1991): Tourismus und Tourismusstrukturen in Großbritannien. Geographische Rundschau 43, S. 26–32.

SCHULZ, W. (2003): Geologischer Führer für den norddeutschen Geschiebesammler. Schwerin, cw Verlagsgruppe, 507 S.

SCHWABEDISSEN, T. (2004): Gestrandet – Schiffsunglücke vor der Nordseeküste. Hamburg, Koehler, 199 S.

SEPÚLVEDA, A. (1994): Daily growth increments in the otoliths of European smelt *Osmerus eperlanus* larvae. Marine Ecology Progress Series 108, S. 33–42.

SHACKLETON, N. J. (1987): Oxygen isotopes, ice volume and sea level. Quaternary Science Reviews 6, S. 183–190.

SHENNAN, I. (1989): Holocene crustal movements and sea-level changes in Great Britain. Journal of Quaternary Science 4, S. 77–89.

SHENNAN, I., HORTON, B. P., INNES, J. B., GEHRELS, W. R., LLOYD, J. M., McARTHUR, J. J. & RUTHERFORD, M. M. (2000): Late Quaternary sea-level changes, crustal movements and coastal evolution in Northumberland, UK. Journal of Quaternary Science 15, S. 215–237.

SISSONS, J. B. (1977): The Scottish Highlands. International Union for Quaternary Research, X Congress 1977, Guidebook for Excursions A11 and C11, 51 S.

SMITH, D. (1993a): Introduction to the Coastal Geomorphology. In: BIRNIE, J., GORDON, J., BENNETT, K. & HALL, A. (Hrsg.) The Quaternary of Shetland. Field Guide, Quaternary Research Association, S. 4–5.

SMITH, D. (1993b): The St. Ninian's Tombolo, Mainland Shetland. In: BIRNIE, J., GORDON, J., BENNETT, K. & HALL, A. (Hrsg.) The Quaternary of Shetland. Field Guide, Quaternary Research Association, S. 47.

SØRENSEN, H. F. (1982): Rømøs Historie. 2. Auflage, Skærbek, Melbyhus, 288 S.

STAATSBOSBEHEER (Hrsg.) (1979): De bossen van Terschelling. Landloperreeks Nr. 18, 8 S.

STAATSBOSBEHEER (Hrsg.) (1980): De bossen van Vlieland. Landloperreeks Nr. 22, 8 S.

STEERS, J. A. (1969): The coastline of England and Wales. 2nd edition, Cambridge, Cambridge Universiy Press, 762 S.

STEERS, J. A. (1973): The coastline of Scotland. Cambridge, Cambridge University Press, 335 S.

STEERS, J. A. (1981): Coastal Features of England and Wales. Cambridge, The Oleander Press, 206 S.

STORM, Th. (1888): Der Schimmelreiter. Deutsche Rundschau LV, S. 1–34, 161–203.

STREIF, H. (1975): Versuch einer Bilanzierung der Sedimentation im Küstenholozän Ostfrieslands. Geologisches Jahrbuch A 28, S. 3–14.

STREIF, H. (1986): Zur Altersstellung und Entwicklung der Ostfriesischen Inseln. Offa 43, S. 29–44.

STREIF, H. (1990): Das ostfriesische Küstengebiet. Nordsee, Inseln, Watten und Marschen. 2. Auflage, Berlin, Stuttgart, Borntraeger, Sammlung Geologischer Führer 57, 376 S.

TEMPLE, C.R. (1974): East Coast Shipwrecks. Norwich, Wensum Books, 112 S.

THIEL, H., GROSSMANN, M. & SPYCHALA, H. (1984): Quantitative Erhebungen über die Makrofauna in einem Testfeld im Büsumer Watt und Abschätzung ihrer Auswirkungen auf den Sedimentverband. Die Küste 40, S. 259–314.

TIETZE, G. (1983): Das Jungpleistozän und marine Holozän nach seismischen Messungen nordwestlich Eiderstedts, Schleswig-Holstein. Dissertation, Universität Kiel, 118 S.

UMWELTBEHÖRDE HAMBURG (2001): Nationalparkatlas Hamburgisches Wattenmeer, 166 S.

VALENTIN, H. (1954): Der Landverlust in Holderness, Ostengland, von 1852 bis 1952. Die Erde 6, S. 296–315.

VAN DEN BERG, M. W. & BEETS, D. J. (1987): Saalian glacial deposits and morphology in The Netherlands. In: VAN DER MEER, J. J. M. (Hrsg.) Tills and Glaciotectonics. Rotterdam, Balkema, S. 235–251.

VAN DER MOLEN, S. J. (1978): O, welk een ontzettende waterplas! – Vergeten epistels over de Waddenzee. Baarn, P. N. van Kampen & Zon, 230 S.

VAN GOOR, M. A., ZITMAN, T. J., WANG, Z. B & STIVE, M. J. F. (2003): Impact of sea-level rise on the morphological equilibrium state of tidal inlets. Marine Geology 202, S. 211–227.

VAN VEEN, J. (1936): Onderzoekingen in de Hoofden. Den Haag: Landsdrukkerij, 252 S.

VAN VEEN, J. (1950): Eb- en Vloedschaar Systemen in de Nederlandse Getijwateren. Tijdschrift van het Koninklijk Nederlandsch Aardrijkskundig Genootschaap, Tweede Reeks LXVlI, S. 303–325.

VERWEY, J. (1981): The blue mussel Mytilus edulis. In: DANKERS, N., KÜHL, H. & WOLFF, W. J. (Hrsg.) Invertebrates of the Wadden Sea, S. 114–115.

VON KOBBE, Th. & CORNELIUS, W. (1841): Wanderungen an der Nord- und Ostsee, 116+128 S. Leipzig, Wigand. Reprint Hildesheim, New York, Olms Presse, 1973.

VOS, P. C. & GERRETS, D. A. (2005): Archaeology: a major tool in the reconstruction of the coastal evolution of Westergo (northern Netherlands). Quaternary International 133/134, S. 61–75.

WALTER, R. (2007): Geologie von Mitteleuropa. 7. Auflage, Stuttgart, Schweizerbart, 511 S.

WEERTS, H.J.T., WESTERHOFF, W. E., CLEVERINGA, P., BIERKENS, M. F. P., VELDKAMP, J. G. & RIJSDIJK, K. F. (2005): Quaternary geological mapping of the lowlands of The Netherlands, a 21st century perspective. Quaternary International 133/134, S. 159–178.

WEHLING, H.W. (1991): Jüngere Tendenzen in der wirtschaftlichen Entwicklung Schottlands. Geographische Rundschau 43, S. 34–43.

WEHLING, H.W. (2007): Großbritannien. Darmstadt, Wissenschaftliche Buchgesellschaft, 224 S.

WEHRMANN, A., HERLYN, M., BUNGENSTOCK, F., HERTWECK, G. & MILLAT, G. (2000): The distribution gap is closed – First record of natural settled pacific oysters Crassostrea gigas in the East Frisian Wadden Sea, North Sea. Senckenbergiana maritima 30 (3/4), S. 153–160.

WHEELER, W. H. (1896): A History of the Fens of South Lincolnshire, being a description of the rivers Witham and Welland and their Estuary, and an Account of the Reclamation, Drainage and Enclosure of the Fens adjacent thereto. 2nd edition, Boston, J M Newcomb, 489 S.

WHITE, A. (2004): A History of Whitby. 2nd edition, Chichester, Phillimore, 210 S.

WIELAND, P. (2000): Trischen – die Geschichte einer alluvialen Insel im Dithmarscher Wattenmeer. Die Küste 62, S. 101–140.

WILDVANG, D. (1938): Die Geologie Ostfrieslands. Abhandlungen der Preußischen Geologischen Landesanstalt N. F. 181, 211 S.

WITCHELL, N. (1975): Loch Ness and the Monster. Dixon, Newport, 32 S.

WITTHÖFT, H.-J. (2004): Container. Die Mega-Carrier kommen. 2. Auflage, Koehler, Hamburg, 263 S.

WOEBCKEN, C. (1924): Deiche und Sturmfluten an der Nordseeküste. Bremen, Wilhelmshaven, Friesen-Verlag, 229 S.

WOHLENBERG, E. (1950): Entstehung und Untergang der Insel Trischen. Mitteilungen der Geographischen Gesellschaft in Hamburg XLIX, S. 158–187.

WOLDSTEDT, P. & DUPHORN, K. (1974): Norddeutschland und angrenzende Gebiete im Eiszeitalter. Stuttgart, Köhler, 500 S.

WOLMAR, Chr. (2007): Fire and Steam – A New History of the Railways in Britain. London, Atlantic Books, 364 S.

Abbildungsnachweis

Alle Fotos von Jürgen Ehlers, soweit nicht anders angegeben.

1.1 Übersichtskarte der Nordsee. Quelle: GTOPO30 Geländemodell.

1.2 Landsat-7-ETM-Aufnahme des Hardangerfjords in Norwegen. NASA Landsat Program, Landsat ETM+ scene p201r017_7K20000721_Z32, USGS, Sioux Falls, vom 21.7.2001, Band 1,2,3. Quelle: Global Land Cover Facility, www.landcover.org.

1.3 Ausgleichsküste in Jütland – die „Eiserne Küste". NASA Landsat Program, Landsat ETM+ scene p197r021_7T20010509_Z32, USGS, Sioux Falls, vom 9.5.2001, Band 4,8,3. Quelle: Global Land Cover Facility, www.landcover.org.

1.5 Landsat-7-ETM-Satellitenbild der Rhein- und Maasmündung. NASA Landsat Program, Landsat ETM+ scene p199r024_7t20010523, USGS, Sioux Falls, vom 23.5.2001, Band 4,8,3. Quelle: Global Land Cover Facility, www.landcover.org.

1.8 Erosion der Marschkante in Essex bei Sales Point, Dengie Peninsula, und Verlagerung der Strandwälle (Cheniers) von 1981 bis 2006. Quellen: Luftbild der Air Photograph Library, University of Cambridge (1981) sowie aktueller Luftbildplan in Google Earth (Infoterra & BlueSky, Befliegung 2006).

2.1 Geologische Übersichtskarte des Nordseeraumes. Quelle: International Geological Map of Europe and Adjacent Areas 1 : 5 000 000, Hannover, 2005.

2.2 Geologische Zeittafel (nach EHLERS 2006).

2.11 Die Ostfriesische Insel Langeoog weist drei Dünenkerne auf (Aufnahme: Schwieder).

3.1 Oberflächenformen im Bereich einer Barrierküste: a) an der amerikanischen Ostküste (nach HAYES 1975 und 1979) und b) Oberflächenformen im Bereich des Wattenmeeres (nach EHLERS 1988a).

3.5 Wanderdüne im Listland auf Sylt. Vergleich des ASTER-Satellitenbildes von 2007 mit der Darstellung auf der Deutschen Grundkarte 1 : 5000, Blatt 0916/22 Sylt-Mannemorsumtal, Ausgabe 1985. Vervielfältigung des Kartenausschnitts mit Genehmigung des Landesvermessungsamts Schleswig-Holstein. ASTER-Satellitenbild vom 1.5.2007. These data are distributed by the Land Processes Distributed Active Archive Center (LPDAAC), located at the U.S. Geological Survey (USGS) Center for Earth Resources Observation and Science (EROS) http://LPDAAC.usgs.gov.

3.6 Entwicklung der Insel Juist. Quellen: Luftbilder verschiedenen Alters.

3.7 Der Leuchtturm von Lønstrup a) im Jahre 1984 (Aufnahme: Ehlers) und b) im Jahre 2007 (Aufnahme: Rohmann).

4.5 Morphologische Veränderungen im nordfriesischen Wattenmeer. a) Vergleich der Situation von 1958 (Luftbild in KÖNIG 1970) mit Luftbildern aus dem Jahre 1980. b) Vergleich der Situation von 1980 mit einem ASTER-Satellitenbild vom 27.5.2005, Band 3N,1,2. These data are distributed by the Land Processes Distributed Active Archive Center (LPDAAC), located at the U.S. Geological Survey (USGS) Center for Earth Resources Observation and Science (EROS) http://LPDAAC.usgs.gov.

4.8 Die Falle im Watt bei Neuwerk würde noch heute funktionieren. a) umgezeichnete englische Seekarte aus dem Buch von Erskine Childers. b) ASTER-Satellitenbild vom 14.6.2005, Band 3N,1,2. These data are distributed by the Land Processes Distributed Active Archive Center (LPDAAC), located at the U.S. Geological Survey (USGS) Center for Earth Resources Observation and Science (EROS) http://LPDAAC.usgs.gov.

4.9 Blockbild des Seegats Accumer Ee (nach EHLERS 1988).

4.10 Oberflächenformen im Bereich eines Seegats (nach EHLERS 1988).

4.11 Umlagerungen im Gezeitendelta (nach EHLERS 1988a).

4.12 Barren vor der Mündung des Seegats Hever in Schleswig-Holstein (verändert nach EHLERS 1988).

4.13 Amrum (links) und Rømø (rechts). Die ASTER-Satellitenbilder stammen beide aus dem Jahre 2007. Amrum: 15.5.2007, Rømø: 1.5.2007, jeweils Band 3N,1,2. These data are distributed by the Land Processes Distributed Active Archive Center (LPDAAC), located at the U.S. Geological Survey (USGS) Center for Earth Resources Observation and Science (EROS) http://LPDAAC.usgs.gov.

4.14 Hallig Süderoog (Aufnahme: Aufwind, 10.9.2000).

4.15 Hallig Hooge auf dem Messtischblatt von 1881 (Vervielfältigung des Ausschnittes aus dem Messtischblatt Nr.1417 von 1880 mit Genehmigung des Landesvermessungsamts Schleswig-Holstein) über dem ASTER-Satellitenbild vom 27.5.2005, Band 3N,1,2. These data are distributed by the Land Processes Distributed Active Archive Center (LPDAAC), located at the U.S. Geological Survey (USGS) Center for Earth Resources Observation and Science (EROS) http://LPDAAC.usgs.gov.

4.16 Der Hakensand in der Elbmündung (Aufnahme: Aufwind, 18.5.2004).

4.17 Blick über die Inselgruppe der Väderöarna (Aufnahme: Schwieder).

5.2 Geräucherte Makrelen (Aufnahme: picture-alliance/Helga Lade Fotoagentur GmbH).

5.3 Frisch gefangener Stint (Aufnahme: picture-alliance/dpa).

5.4 Schwarm von Seelachsen (Aufnahme: picture-alliance/dpa).

5.5 Fischkutter TX 27 „Nova Cura" in Oudeschild, Texel (Aufnahme: Schwieder).

5.6 Kabeljau auf dem Fischmarkt in Lowestoft (Aufnahme: picture-alliance/dpa/dpaweb).

5.16 Der Meerdrache aus Hamburg (Quelle: Wikimedia 2007).

6.3 Hanswarft auf Hallig Hooge (Quelle: Deutsche Grundkarte 1:5000, Hooge (Kirchwarft), Ausgabe 1986 (Nachträge: 2006). Vervielfältigt mit Genehmigung des Landesvermessungsamts Schleswig-Holstein).

6.4 Bedeichungsgeschichte im Bereich des Jadebusens (nach BEHRE 1999).

6.5 Ausdehnung und Rückgewinnung der Harlebucht (nach BEHRE 1999).

6.6 Meereseinbruch des Dollart und Wiederbedeichung (nach BEHRE 1999).

6.10 Die Küste der Insel Sylt 1968 (a) und 2006 (b). a) vervielfältigt mit Genehmigung des Landesvermessungsamts Schleswig-Holstein; b) Luftbild: GeoContent GmbH Magdeburg.

6.13 Die Küste der Halbinsel Holderness in Yorkshire liegt stark im Abbruch. a) Aufnahme: Simon Kench, 21.3.2007; b) Aufnahme: Simon Kench, 16.1.2006.

6.14 a) Happisburgh im Mai 1998; b) Happisburgh, 10.11.2007 (Aufnahmen: Mike Page, www.mike-page.co.uk).

6.15 Der Ausschnitt aus dem *Shoreline Management Plan „Kelling to Lowestoft Ness"* (2006, vervielfältigt mit Genehmigung).

7.2 „Die ‚Kathleen' aus New Bedford sinkt mitten im Ozean, nachdem sie von einem ungeheuren Wal gerammt worden ist. Die Flaggen an den Mastspitzen fordern die Fangboote auf, zum Schiff zurückzukehren …" (O.VERF. 1915, Quelle: Internet Archive, www.archive.org).

8.1 Erdöl und Erdgas in der Nordsee (Quelle: Petroleum Exploration Society of Great Britain 2007).

8.2 Ölplattform Mittelplate (Aufnahme: Aufwind, 22.1.2006).

8.4 Moderne Nutzung der Windkraft (Aufnahme: Aufwind, 22.1.2006).

9.5 Salztorfgewinnung im nordfriesischen Wattenmeer (aus BANTELMANN 1966, vervielfältigt mit Genehmigung des KfKI).

9.9 Sidescan-Sonar-Aufnahme des Wracks der „Vigo" (Aufnahme: Bundesamt für Seeschifffahrt und Hydrographie).

10.1 Der Hamburger Hafen wenige Wochen nach Kriegsende (Aufnahme: Luftbild 3034, Flug US-7 13 SQ 24B vom 29.5.1945, Quelle: Luftbilddatenbank Ingenieurbüro Dr. Carls).

10.2 Wangerooge unmittelbar nach dem Luftangriff vom 25.4.1945 (Aufnahme: Luftbild 3027, Flug 106G.5451. 25 APR 45. F36// 542 SQDN, Quelle: Luftbilddatenbank Ingenieurbüro Dr. Carls).

10.3 Containerverladung Eurogate, Bremerhaven (Aufnahme: Aufwind, 9.9.2004).

10.6 Ölverladung in Wilhelmshaven (Aufnahme: Aufwind, 9.9.2004).

11.7 Anzahl (a) und Aufenthaltsdauer (b) der Gäste auf Norderney (Quelle: www.norderney-chronik.de).

Register